航空宇航科学与技术一流学科学术著作

弹性卫星网络设计与评估

裴忠民　罗章凯　任林涛
胡博仁　刘　朦　王英杰　著

西北工業大學出版社

西　安

【内容简介】 太空已成为大国博弈新焦点、国家安全新边疆、军事斗争新战场。空间信息网络已被各航天大国列为战略性共用信息基础设施重点建设。打造弹性卫星网络体系，为太空活动提供核心支撑，已成为国家重要战略发展方向。本书紧密聚焦空间信息网络这一对象，着眼网络的弹性体系结构设计、建模仿真、评估与优化等问题，把空间信息网络构建中的现实问题抽象为典型的学术问题开展研究，并将初步研究成果汇集成册，以飨读者。

本书作为卫星网络领域专业性较强的技术书籍，既可作为从事卫星网络、航天通信工程、复杂性科学等方面研究或工作的学者、工程师的学习用书，也可作为相关领域研究生培养的理论参考用书。

图书在版编目(CIP)数据

弹性卫星网络设计与评估 / 裴忠民等著. — 西安：西北工业大学出版社，2024. 6. — ISBN 978 - 7 - 5612 - 9302 - 7

Ⅰ. TN927

中国国家版本馆 CIP 数据核字第 20247NX464 号

TANXING WEIXING WANGLUO SHEJI YU PINGGU

弹 性 卫 星 网 络 设 计 与 评 估

裴忠民　罗章凯　任林涛　胡博仁　刘朦　王英杰　著

责任编辑：孙　倩　　**策划编辑：**杨　军

责任校对：高茸茸　　**装帧设计：**高永斌　赵　烨

出版发行：西北工业大学出版社

通信地址：西安市友谊西路 127 号　　邮编：710072

电　　话：(029)88491757，88493844

网　　址：www.nwpup.com

印 刷 者：陕西向阳印务有限公司

开　　本：720 mm×1 020 mm　　1/16

印　　张：13.125

字　　数：264 千字

版　　次：2024 年 6 月第 1 版　　2024 年 6 月第 1 次印刷

书　　号：ISBN 978 - 7 - 5612 - 9302 - 7

定　　价：79.00 元

前　言

太空因其“站得高、看得远”的“得天独厚”的优势，已成为人类探索神秘宇宙、对地观测、大国战略博弈的新疆域。随着航天科技、电子信息、计算机网络等技术的飞速发展，特别是微小卫星及低成本发射回收技术的突破，在轨航天器的数量日益增多，航天器组网已成为重要的发展趋势。以Starlink为典型代表的低轨巨星座的出现已对国际政治、经济、文化、社会、军事等领域产生深刻的影响，在军、民、商等多个领域不断改变着人们的生产、生活方式，空间信息网络的概念应运而生而不断成为研究热点。建设“太空高速公路”已被很多航天大国列为“新基建”的范畴，空间信息网络已被定义为一个国家的战略性共用信息基础设施。

空间信息网络不同于万维网、光纤局域网、手机移动通信网等网络。一是其尚处于起步发展阶段，在网络规模和用户数量上还无法与地面网络相媲美。二是其运行在太空环境中，受电源供给、物理结构等资源限制，在技术体制方面与地面网络存在很大差异。三是其受天体物理运行规律的限制，网络节点及其链接关系具有典型的时变性，网络拓扑结构动态变化而不固定。四是其网络节点通过无线通信并“裸露”在太空中，网络安全问题更加突出。因此，现有的地面组网技术（如通信技术体制、IP网络协议等）无法直接应用于空间信息网络的构建中，亟需对空间信息网络开展崭新的设计与优化研究。

近几年，本研究团队结合自身科研与教学工作，紧紧围绕空间信息网络这一研究对象，着眼网络的弹性体系结构设计、建模仿真、评估与优化等问题持续开展研究，特别是结合复杂网络、网络模体、系统动力学等前沿理论与方法，把空间信息网络构建中的现实问题抽象为典型的学术问题进行探讨，试图深刻揭示空间信息网络的运行机理、内在规律，反过来再进一步指导空间信息网络的建设。经过几年的探索，我们取得了初步研究成果，相关学术成果也得到了业内专家的初步认可。出于总结提炼、学术分享的目的，把相关内容汇集成册，编成此书，以飨读者。

本书共分为7章，裴忠民副研究员对全书进行了构思、设计，指导全书编写工作，并撰写了第1章、第2章内容。第3章、第7章内容由任林涛工程师编写；第4章内容由罗章凯助理研究员编写；第5章内容由胡博仁助理工程师编写；第6章内容由刘朦编写；王英杰参与了第1章内容资料的收集和全书文稿的排版、校对等工作。

本书的出版得到了复杂电子系统仿真重点实验室基金项目的资助，对此表示感谢。衷心感谢同行专家对本书的撰写及出版给予的大力支持。真诚地期望本书的出版能够达到抛砖引玉的作用，助力未来卫星网络建设发展。

由于笔者理论水平和实践经验有限，且卫星网络作为新兴领域技术发展日新月异，本书的研究成果也只是初步的，且难免存在不足之处，敬请广大读者批评指正。

裴忠民

2024年2月于北京怀柔

目　　录

第1章　卫星网络发展现状

1.1　卫星网络相关概念

太空是人类探索宇宙、追逐梦想的新疆域,已成为当前大国战略博弈的新高地。随着航天通信、计算机网络、人工智能等高新技术的飞速发展,以及卫星通信、导航定位、遥感测绘等空间信息系统多样化业务需求的不断增长,传统的天地直连式单体卫星系统构建模式已难以适应时代要求。将分布在不同轨道的卫星以建立星间链路的形式连接起来,并与空中、地面系统形成天地一体化的信息网络已成为重要的发展趋势。卫星网络作为国家新一代共用信息基础设施,成为近几年学术研究、商业投资、国家建设等领域的热点。

卫星网络的概念与国际互联网、局域网、移动通信网等不尽相同,是由星座、星群/星簇、空间信息系统等概念延伸发展而来的,目前也未形成完全统一的定义。与空间信息网络提法相近的概念有很多,如卫星网络、天地一体化信息网络、空间信息系统、星座、星群/星簇等。为达成概念认知上的共识,本书先对所研究的对象——卫星网络的相关概念进行梳理、探讨。

1.星座、星群/星簇

星座、星群/星簇是传统意义上对卫星互联的认识与定义。在人造卫星研究领域,通常把发射入轨正常工作且具有相同业务功能卫星的集合称为星座,如全球定位系统(GPS)星座、格洛纳斯卫星导航系统(GLONASS)星座、伽利略卫星导航系统(GALILEO)星座、北斗星座等。星座概念的提出更加重视卫星一致的业务整体目标,且该目标往往是单一的。例如,前面提到的全球定位系统星座,就是按照一定的方式对卫星进行配置与组网,最终构成网络,实现在任何时刻、在全球范围内都可以进行卫星导航定位的目的。为了达到全球覆盖的要求,需要在不同轨位部署一定数量的卫星,并按照不同协议,采取有效的通信手段和技术体制实现卫星之间、星地之间的互联,形成事实上的卫星业务网络。众所周知，GPS 星座的基本构型由部署在 6 个轨道平面上的 24 颗卫星构成，GALILEO 星座由均匀分布在 3 个轨道上的 30 颗中高度轨道卫星构成。

星群/星簇属于一类概念，是从探索宇宙星体构成研究领域发展起来的，被应用于人造卫星研究领域。星群/星簇的概念更加强调星体的规模性、群体性。天文学中将出现在天空中非正式星座型态的恒星集团称为星群。像星座一样，它们基本上是由一些在相同方向的恒星组成的，但不强调物理上的实质关联性。例如，由大角星、角宿一、五帝座一和常陈一组成的室女钻石星群。在人造卫星领域，可以把大量卫星组成的群体称为星群/星簇。相比较而言，星簇进一步强调了群体卫星的同质性，而星群可以涵盖异质的大规模卫星。从网络结构看，星群、星簇都构成了分布式的卫星网络结构体系。

2.卫星网络

随着网络时代的到来，万维网、车联网、物联网等概念层出不穷，进一步泛化到航天领域，并演化出卫星网络的概念。从卫星星座概念演化到卫星网络概念，一个重大变化就是强调的重点不同了。卫星网络概念更加强调“网络”属性，借鉴计算机网络发展经验，通过高度抽象，将卫星个体抽象为网络节点来看待，进一步研究节点之间的连接关系，也就是研究其组网问题，强调的是群体卫星之间的网络化问题。由此可见，卫星网络的概念更加宏观和宽泛，造成了对这一概念的定义并未达成统一。

全国科学技术名词审定委员会将卫星网络[1]定义为“借助卫星转发器中继信号的能力完成其各个节点之间数据传输的网络”。开源搜索引擎学术网站 Bing 将卫星网络定义为“利用地球轨道上的通信卫星为用户提供网络接入”。图 1-1 为卫星网络构成示意图。与星群/星簇是用于描述在轨卫星数量多及密集分布的概念不同，卫星网络概念更加强调系统中的元素以网络的形态产生相互联系。

3.天地一体化信息网络

天地一体化信息网络是以地面网络和天基网络为双骨干，在不同系统之间采用相同的连接模式实现互联互通，从而实现多种功能平台之间的数据融合与信息共享的网络系统。该概念的提出是伴随着我国天地一体化信息网络“科技创新 2030”[2]重大项目而产生的。在天地一体化信息网络“科技创新 2030”重大项目的前期论证中，吴巍等学者给出了天地一体化信息网络的定义：“天地一体化信息网络是指由互联卫星节点组成的天基网络与地面网络系统，并与地面互联网和移动通信网互联互通的网络系统”[3]。其基本架构分为天基骨干网、天基接入网和地基节点网三部分。

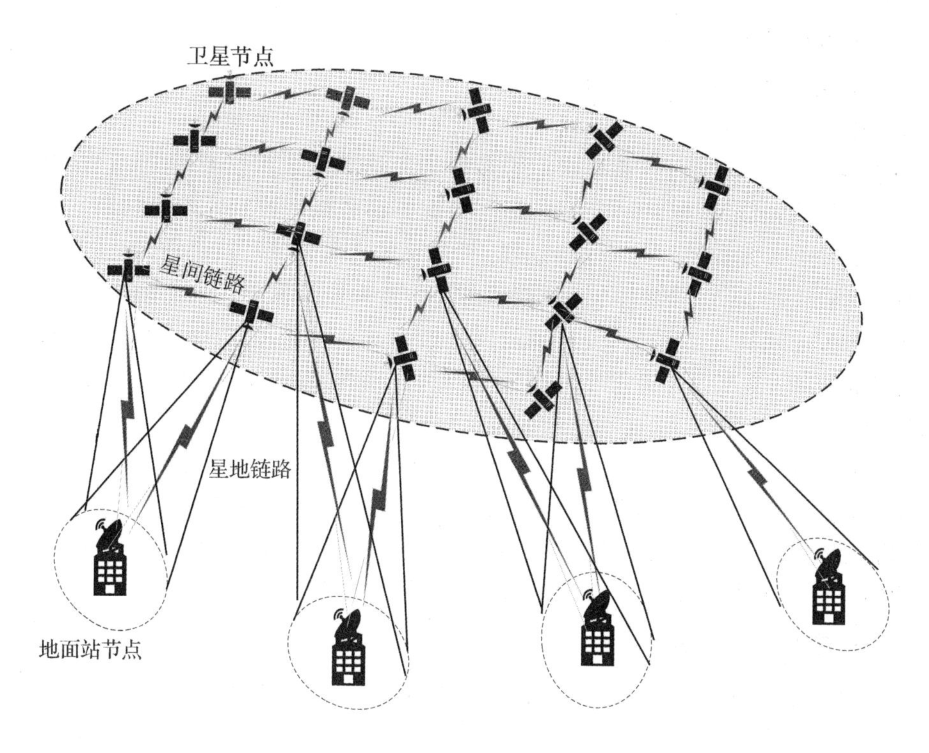

图1-1　卫星网络构成示意图

天地一体化信息网络概念更加强调网络的“天地一体”属性，从概念内涵上廓清了研究重点，即重点解决天地一体互联中的技术难题。同时，天地一体化信息网络在概念中增加“信息”一词限定，更加强调所构建的网络，虽然也是由卫星、地面站等节点构成的，但是更加强调所构建网络对信息传输的共用支撑能力，不是聚焦于某一类航天业务，与卫星星座等概念建立起了天然的概念边界。天地一体化信息网络的“天地双骨干”思想得到业界普遍认同，对这一概念也鲜有分歧。但是对天地一体的具体理解可能存在差异。一般而言：从网络空间布局维度上看，天地一体是指空、天、地、海泛在一体，互联互通；从网络体系构建类型上看，是指光纤、卫通、无电电台、移动通信等多种异构技术体制的有机融合；从业务属性和功能分配上看，是指军用、民用、商用一体，物理设施共用，业务功能隔离。天地一体化信息网络的建设目标是通过星间链路技术和多层星座的拓展联通等，解决天基网络发展落后于地面网络的问题，实现天基网络与地面网络的融合发展。关于天地间的关系，天网、地网融合是目标，可以分阶段演进，但终极目标是形成天地融合的一张泛在网络。

4.天基综合信息网

天基综合信息网，又被称为空间综合信息网，与天基信息网络概念高度相似，也有学者将其简称为天基网。天基综合信息网的概念更加强调网络天基段的组网问题。具体而言，就是研究天基段卫星与卫星之间链路建立的通信技术体制、网络协议、网络体系结构、信息与数据传输和路由转发方式等问题。

王涛等学者给出了空间综合信息网的定义："空间综合信息网是空间中的各种航天器通过激光、微波等链路相互连接、相互协作形成的处理空间中信息和数据的网络系统"[4]。该定义进一步强调了航天器之间激光、微波等技术手段链路建立的问题，以及相互协作形成网络的问题。与其他学者提出的天基综合信息网、空间综合信息网、天基信息网的定义重点总体相符。

由此可见，天基综合信息网是为解决卫星网络中的节点连通和信息共享问题，适应当前信息利用的准确性、实时性、可靠性要求，获取更高的信息共享能力和联合指挥控制能力而提出的卫星组网概念，可以看作是本书所研究对象卫星网络的空间组成部分。

5.空间信息网络

空间信息网络是综合了星座、卫星网络、天地一体化信息网络、天基综合信息网络等概念内涵而提出来的。空间信息网络的概念较早就被提出，很多学者结合自身的研究领域、研究对象和个人认知，给出了很多富有参考性的定义。

国家自然科学基金委员会将空间信息网络定义为"以空间平台为载体，实时获取、传输和处理空间信息的网络系统"[5]，并按照空间平台与地球表面距离的分布范围，将其由远至近划分为深空间信息网络、近地空间信息网络、空基信息网络。空间信息网络以高、中、低轨卫星，飞机、热气球，车、船等载体为节点，侧重于网络节点间的信息获取、传输和处理过程。

胡有军等学者将空间信息网络定义为"空间信息网络是以空间中的卫星、空间站等航天器，临近空间和空中的飞行器，地面和海面的终端组成的接收、处理空间信息数据的网络系统[6]"。该定义认为空间信息网络不仅包括空间和空中的节点，还包括地面和海面的终端节点，将空间维度扩大到天、空、地、海各领域。

文献[7]将空间信息网络定义为"空间信息网络是以空基节点为主要载体，跟空基、地基和海基的节点相互联系、相互协作，实现信息数据接收、转发、处理等应用的基础设施"。该定义更加强调了空间信息网络作为信息设施的物理承载功能。

总的来看，对空间信息网络的认识也存在狭义与广义之分。狭义的空间信息网络定义认为空间信息网络主要由天基和空基的实体组成，是以空间中的高、中、低轨卫星和空间站等航天器、平流层气球和空中的各种飞行器为主要载体进行空间信息处理的网络系统，与天基信息网络概念关注的重点相近，说明了空间信息网络的空间段组成部分和空间组网功能。广义的空间信息网络定义认为，空间信息网络是除天基、空基之外，还包含地基和海基，乃至深空的卫星节点。

综上所述，比较以上相关概念不难看出，卫星网络的概念最为宏观和宽泛，是对卫星组网的一种泛指和统称。天基信息网络、天地一体化信息网络、空间信息网络更加强调网络的空间布局和信息传输这两个重点，虽然三者所指的结构可能都包含天、空、地、海多维空间节点，但空间信息网络更加强调网络的系统性，而天地一体化信息网络的概念更加强调天地一体的特性，天基信息网络则着重强调天基段的布局和问题研究。以广义的空间信息网络定义为参考，本书研究对象的定义：空间信息网络是以卫星通信网络（高、中、低轨卫星）为主干网络，包含其他信息系统（临近空间的气球、飞机等）或终端（地面站，主要负责控制），涉及一体化侦察、导航、通信等信息数据的一个综合网络系统。通过进一步抽象，空间信息网络可以被抽象为多层子网，如包括由各类卫星组成的天基子网，由各类飞行器（各类飞机、飞艇、热气球以及无人机等）组成的空基子网，由陆地通信网和终端用户等构成的地基子网等。

1.2　全球卫星组网及一体化发展趋势

卫星组网与一体化发展已成为航天领域重要的发展趋势。据《蓝皮书》介绍，截至 2022 年底，全球在轨卫星数量达到 7 218 个，其中美国以 4 731 个居世界首位，占比 65.5％；欧洲以 1 002 个居世界第二，占比 13.88％；中国以 704 个居世界第三，在轨航天器首次超过 700 个，占比 9.75％；俄罗斯以 219 个居第四，日本以 108 个居第五，印度以 76 个居第六，其他国家共 378 个。从在轨航天器类型看，美欧高轨通信卫星数量全球领先，美国低轨通信卫星领跑全球，中国大中型遥感卫星、导航卫星数量居世界第一，各国空间应用各有侧重。在美国在轨卫星当中，“星链”卫星在轨数量达到 3 300 个左右，占比约 70％，其他在轨卫星总数为1 400余个。从全球每年新发射卫星数量来看，受益于小卫星发展，从 2017 年开始全球进入卫星加速发射时期，2017 年和 2018 年新发射卫星数量都超过 350 颗，2019 年前 3 季度卫星发射数已达 250 颗。

以美国为代表的航天强国非常重视卫星系统网络化发展，其卫星网络发展演进呈现出由星地单点通信到构建独立业务卫星星座，再到天地一体异构网络融合发展的趋势。就卫星组网技术而言，美国借助其信息领域的技术优势，通过开展一系列工程建设，始终保持着世界领先的水平，成为卫星体系发展最全面、形式最多样、组网水平最高的国家之一。其发展历程可概括如下：1996 年，美国国家航空航天局(NASA)将其主要卫星测控通信网合并，建立了 NASA 综合业务网。1998 年，NASA 的喷气推进实验室启动了星际互联网(IPN)项目，旨在为深空探测任务提供通信、导航服务，目前该项目已完成相关机制和协议的制定，正在推进仿真验证工作。2000 年，喷气推进实验室开展了下一代空间互联网(NGSI)项目，通过研究利用通用通信协议(IP 协议、CCSDS 协议等)实现对地观测卫星与地面网络的互联。2006 年，NASA 开始整合原有的卫星网络、近地网络和深空网络的通信与导航任务。2007 年，美国国防部又将太空互联网路由器(IRIS)计划列入财政预算，该研究通过高轨通信卫星携带的路由器缩短卫星通信时延。2019 年 7 月 1 日，美国防部太空发展局发布该局自成立以来的第一份信息征询书"下一代太空体系架构"。该架构共分为七层：①传输层，提供全天候数据和通信的全球网状网络；②跟踪层，提供导弹威胁的跟踪、定位和高级预警；③监管层，提供所有已识别时间关键目标的全天候监管；④威慑层，提供太空态势感知，探测和跟踪太空物体，避免卫星碰撞；⑤导航层，提供 GPS 拒止环境下备选 PNT 服务；⑥作战管理层，提供基于人工智能增强的指挥控制与通信网络的自我任务——优先级、机载处理和传输；⑦支持层，包含地面指挥与控制设施和用户终端，提供快速响应发射服务。七层太空体系架构进一步彰显了美国对空间信息网络开展体系化设计的发展趋势。美国非常重视商业航天的发展。自 2017 年开始，仅不到 2 年时间，美国联邦通信委员会已密集批准了 OneWeb、Telesat Canada、Space Norway、SpaceX、Leosat、Kapler Communications 等 10 个非静止轨道星座系统的频率使用申请。2018 年 5 月和 6 月，美国总统特朗普接连签署 2 号、3 号航天政策指令，以促进美国商业航天的发展。2018 年 10 月 25 日，美国白宫发布了《面向美国未来发展制定可持续频谱策略》的总统备忘录。根据新政策，未来美国将致力于航天活动商业化，并承诺政府部门与商业部门是合作的关系，激励航天活动商业化发展。在天地一体化网络融合方面，美国结合其军事部署，在提出全球信息栅格(GIG)的基础上，又提出了转型卫星通信系统(TCA)，以期实现与 GIG 天地一体化融合发展。TCA 分为四个部分：地面基础设施段、网络运行管理段、终端段和空间段。地面基础设施段主要包括利用 GIG 带宽扩展项目(GIG - BE)构建的高速、大容量、安全可靠的光纤网络，提供接口作用的网关节点和远程端口；网络运行管理段实现了对资源共享和容错能力的支持，并对网关节点、远程端口和网络上的通信数据进行监控；终端段包括终端用户、卫星地面站以及各类情报监视侦察(ISR)设备。前三段主要以地面设施为主，而空间段则主要由四个卫星通信系统组成，即宽带全球卫星通信系统、先进极高频卫星通信系统、移动用户目标系统和转型卫星通信系统。美国TCA构成示意图如图1-2所示。

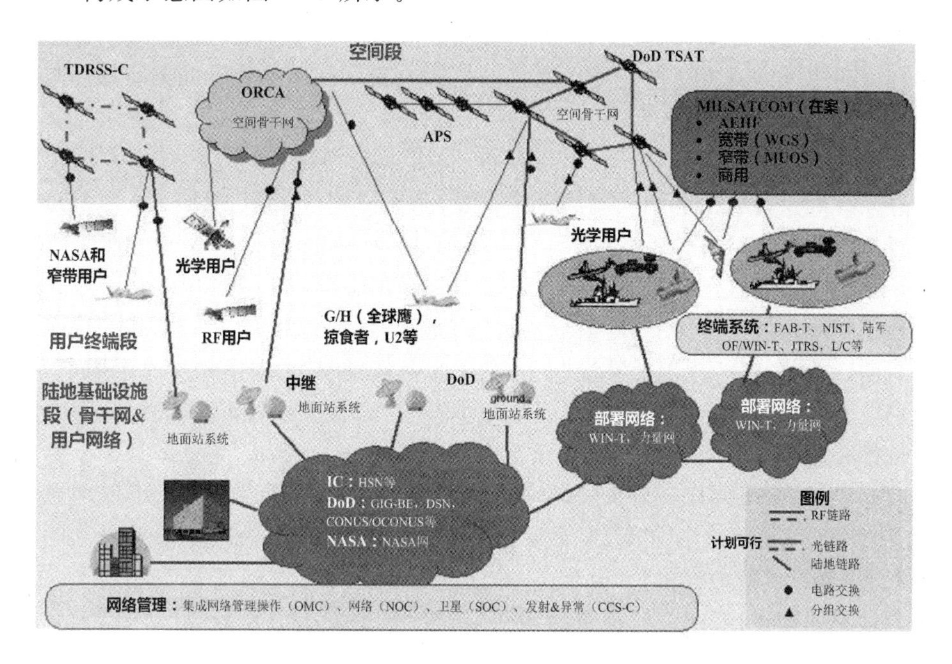

图1-2 美国TCA构成示意图

注：TDRSS-C—追踪与数据中继卫星系统中的第三代卫星C；NASA—美国国家航空航天局；RF—射频；IC—集成电路；HSN—家庭购物网络；DoD—美国国防部；GIG-BE—全球信息网带宽扩展；DSN—追踪与数据中继网络；CONUS—大陆美国/OCONUS—大陆美国之外；APS—高级计划与调度；DoD TSAT—美国国防部通信系统卫星，TSAT是计划中的一种卫星通信系统；AEHF—高度加密通信卫星系统；FAB-T—家庭军事通用终端；NIST—国家标准与技术研究所；JTRS—联合无线电系统；WIN-T—战术通信网

欧洲方面，在欧盟、欧空局和相关国家航天机构的支持下，欧洲一些国家的大学和研究机构纷纷开展了空间信息网络各个领域技术的研究，特别是高度重视卫星网络、高空平台网络、地面网络的一体化融合研究工作。由欧洲一体化卫星通信倡议（ISI）组织提出了一体化全球通信空间基础设施（ISICOM）的概念，它是一种灵活、可靠、逐步部署的全球卫星通信基础设施，体系结构内的各种节点可提供一系列功能，包括广播应用大范围覆盖、通过高轨平台/无人航空器（HAP/UAV）星座实现自组网热点覆盖、业务宽带接入、环境监控与早期预警系统使用的窄带覆盖等。随着自由空间光通信技术的不断进步，高空平台和卫星之间可进行高数据率的通信，以此为基础，许多研究人员提出了卫星、高空平

台、地面网络之间进行整合的通信体系结构。2014 年 11 月，在“哨兵-1A”卫星和“阿尔法”卫星之间进行了首次激光通信测试。2 颗卫星通过激光连接起来，采集到的亚洲雷达数据通过下行链路近实时传送到地球。这验证了欧洲新型空间数据高速公路具备了快速传送大容量数据的能力。欧洲通信系统预先研究计划(ARTES)是由欧洲航天局主导、全欧洲相关企业广泛参与的卫星通信专项计划。该计划从 1993 年至今，已持续实施 30 年。目前已有超过 800 家欧洲企业通过该计划获得了欧洲航天局的资金支持，带动了欧洲卫星通信技术能力与产业竞争力的整体跃升。ARTES 计划共设有 12 个专题，包括 5 个通用性专题和 7 个任务/系统性专题，实现了对卫星通信领域的战略、技术、产品、应用等的全生命周期覆盖。通用性专题分别针对战略研究、技术研发、产品研制和综合应用等目的，是 ARTES 计划的常设专题，主要面向规模较小、周期较短的通用项目。欧洲航天局每年为各通用性专题设立一批新项目，各项目之间相对独立。任务/系统性专题分别针对关键产品或重大应用方向等迫切需求，是 ARTES 计划的临时专题，主要面向规模较大、周期较长的关键项目。超大型平台、小型平台和中大型平台 3 个专题用于更新“欧洲通信卫星”平台型谱，中继卫星系统专题用于部署“欧洲数据中继卫星”系统，空管卫星通信和天基海运监视专题用于发展新兴卫星通信应用，公私合作专题用于促进大型公私合营项目。欧洲航天局将每个任务/系统性专题分解为多个子专题，各子专题间具有较高的相关性和延续性，既可并行开展，也可分步实施。ARTES 计划由欧洲航天局下设的通信与综合应用处负责具体管理，但相关重大决策问题都需要由 19 个参与国分管航天领域的部长级官员共同讨论通过。各参与国均有指定的本国代表机构，负责代表本国在 ARTES 计划中的利益。参与国的所有企业均可在该计划下申请项目。为了扩大产业规模和鼓励技术创新，欧洲航天局还在部分专题下发起了基于“项目征集”的“新参与者倡议”，为新进入卫星通信领域的中小型企业开通了专用的立项通道。涉及经费，ARTES 计划采取“资金多源、形式多样”的经费筹集方式，包括政府全额资助和两种比例的政府企业合资。对于处于技术研发初期阶段，商业或技术风险较高的创新性专题，欧洲航天局给予全额资助，扶植企业技术创新。对于涉及新技术或新工艺，且最终产品具有明确市场潜力的专题，欧洲航天局给予最高 75%的部分资助，其余资金由项目承担企业自筹。对于基于现有技术，但根据新型产品、系统或应用进行裁剪，且具有明确市场需求的集成或演示验证项目，欧洲航天局给予最高 50%的部分资助。欧洲航天局为 ARTES 计划提供的经费直接来自其年度预算，因此，可保证长期连续的资金投入。

综上所述，按照发展阶段划分，卫星组网可分为的单体卫星天地直连、业务星座局域组网、信息传输一体化组网和面向业务整合的多网络信息融合等几个阶段,如图 1－3 所示。空间信息网络建设得到了全球各国的高度重视,呈现出以下几个发展趋势:天地多网系融合发展,高中低轨卫星混合组网,低轨卫星大规模组网,军民融合发展等。

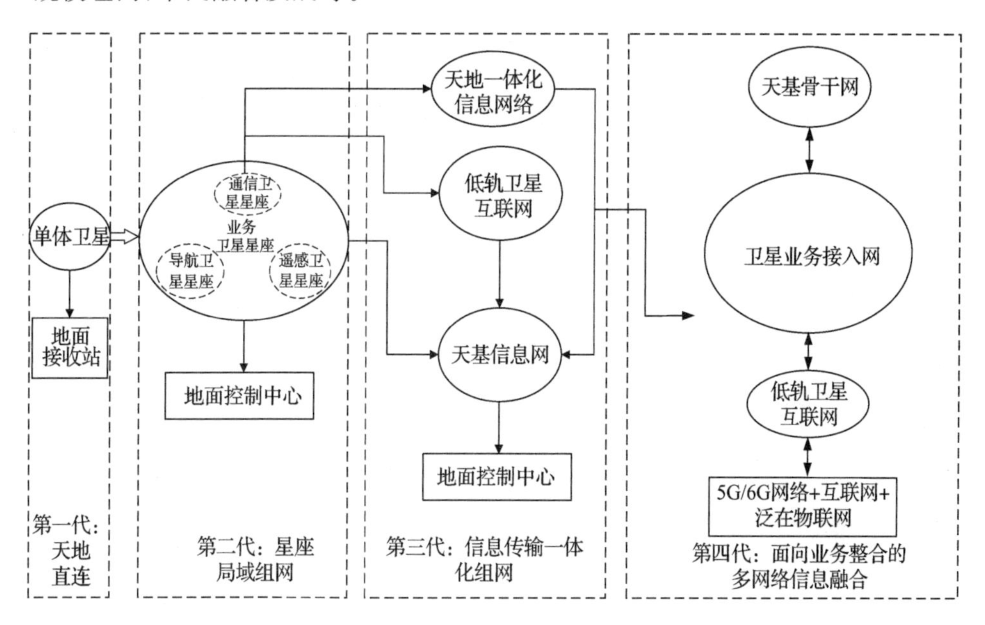

图 1－3　卫星组网发展阶段

1.3　典型卫星网络系统

随着卫星组网技术的日益成熟,全球兴起空间信息网络的建设发展热潮,建成了 Inmarsat、ViaSat、O3b、OneWeb、Iridium、LeoSat、STEAM、StarLink 等多个典型空间信息网络系统。本书选取几个典型系统进行简要介绍。

1.Inmarsat 卫星系统

海事卫星通信保障是空间信息网络系统的重要应用领域。为实现在全球范围内,特别是海洋、高山等常规公用通信网络难以覆盖的地方的通信和定位服务,国际海事卫星组织(Inmarsat)建成了海事卫星通信系统,简称 Inmarsat 卫星系统。该系统建设的宗旨是为改进海上通信提供所必需的信息通道,从而有助于改进海上紧急通信、海上公众通信,并提高船舶效率和无线电定位能力。

目前 Inmarsat 卫星系统在轨卫星有 11 颗,包括三代星 4 颗、四代星 3 颗、五代星4颗，是典型的天星地网架构，发展的重点方向是业务宽带化和终端小型化。Inmarsat四代每颗卫星配备1个全球波束、19个区域点波束、约200个窄波束。Inmarsat五代改用Ka频段，数据量提高400倍，总容量将达50 Gb/s。相关性能参数如表1-1所示。

表1-1　Inmarsat卫星系统的主要参数

指　标	第四代	第五代
覆盖波束	全球波束、19个宽带点波束、193个窄带点波束	全球波束、6个宽带点波束、95个Ka点波束
在轨卫星质量	3 000 kg	3 750 kg
用户频段	L	Ka
总容量	120 Mb/s	50 Gb/s
功　率	14 W	15 W
造　价	105亿美元	4亿美元

2.ViaSat卫星系统

美国卫讯全球有限公司(ViaSat)着眼宽带卫星通信，先后与美国劳拉公司、波音公司联合，基于高轨构建通信卫星系统，简称ViaSat卫星系统。ViaSat-1卫星系统于2011年10月19日首次发射，是当时容量最大的宽带卫星，容量可达到140 Gb/s。卫星采用美国卫讯"冲浪波束"网络系统，大大提高了卫星通信容量。2017年6月发射了ViaSat-2系统，其容量达到了300 Gb/s。2023年3月，ViaSat-3超高通量卫星出厂交付，卫星通信容量达到1 Tb/s，大大提高了通信能力。ViaSat通过建设数以百计的信关站，以确保每个卫星的容量都能达到1 Tb/s。为此，该公司建立了一种成本和体积均大幅降低的新型信关站。ViaSat卫星的相关参数如表1-2所示。

表1-2　ViaSat卫星系统的主要参数

卫星型号	发射时间	定轨位置	容量
ViaSat-1	2011年10月	西经115.1	140 Gb/s
ViaSat-2	2017年6月	西经69.9	300 Gb/s
ViaSat-3	2023年3月	—	1 Tb/s

3.O3b卫星系统

O3b网络公司是由互联网巨头Google、媒体巨头John Malone旗下的海外有线电视运营商Liberty Global和汇丰银行联合组建的一家互联网接入服务公司，建设的卫星系统简称 O3b 卫星系统。O3b 卫星系统的建设目标是实现亚洲、非洲、拉丁美洲、中东等国家的互联网宽带接入。O3b 网络公司在联合声明中表示："新系统将降低电信运营商和 ISP 的带宽成本，使语音和宽带服务的价格合算，速度与发达国家相当。只有当新兴市场实现了无所不在、支付得起的互联网接入，才能看到本国制作的内容和广泛的电子教育"。O3b 卫星系统将直接投向新兴市场，不管是非洲内陆国家还是太平洋小岛。当前，O3b 卫星系统已部署了 12 颗卫星，轨高 8 062 km，Ka 频段 70 个卫星波束，单波束速率 1.6 Gb/s，传输时延仅 150 ms，接近地面光纤网络，被誉为与 4G 相媲美的最后 1 公里解决方案，其标准业务覆盖南北纬 45°，受限业务覆盖南北纬 62°。

4.OneWeb 卫星系统

OneWeb 公司是全球卫星电信网络的初创公司，于 2012 年成立。该公司计划发射多个低轨小卫星创建覆盖全球的高速电信网络[8]，设想网络用户即使在基于地面的基础设施被损坏时也能与他人进行通信。OneWeb 卫星系统建设计划分为三个阶段：第一阶段计划发射 648 颗卫星，第二阶段增加 720 颗卫星，第三阶段增加 1 280 颗卫星。OneWeb 卫星系统的最终愿景是立足全球应急服务，从航空业切入市场，将全球每一个偏远角落都连接起来，尽可能地减少卫星数量，希望最终在满足用户多变需求的同时又高效地把卫星数量控制在 1 500 颗以内。当前 OneWeb 卫星系统已经有 720 颗低轨卫星、18 个轨道面，轨高 1 200 km，采用 Ku 频段；单星大于 6 Gb/s，传输速率 50 Mb/s，总容量约 5 Tb/s；卫星质量 150 kg，单星成本低于 100 万美元；采用民用级电子设备，规模化流水线生产。

5.Iridium 卫星系统

铱星（Iridium）一代系统是世界上首个采用大规模星间链路的 L 频段窄带移动通信星座系统，主要为海、陆、空用户提供移动话音和数据通信服务。技术过于超前、定价过高等多方面原因导致铱星公司最终破产，被美国军方以较低价格收购。

2007 年 2 月，第二代铱星系统（Iridium-NEXT）计划启动，以全球 100% 覆盖的移动通信与数据服务为目标。该系统由 81 颗卫星组成，采用 6 个轨道平面，每个轨道 11 颗 LEO 卫星，极轨星座，另外，还有 9 颗在轨道备用卫星以及 6 颗地面备用卫星。其卫星质量比前一代降低了 1/5，而通信能力比之前提升了 100 倍。新的铱星二代系统可以为普通移动终端提供 128 kb/s 的数据传输速度，对海事航行用终端能提供 1.5 Mb/s 的数据传输速度，而对地面固定接收站可提供高达 8 Mb/s 的数据传输速度。相关参数如表 1-3 所示。

表 1-3　铱星系统参数

服务类型	Iridium 一代	Iridium 二代
L 频段传输速度	132 kb/s	上行 512 kb/s,下行 1.5 Mb/s
Ka 波段传输速度		便携 10 Mb/s,载体 30 Mb/s
交换方式	电路交换	IP 交换
综合多功能	无	导航增强,低分成像,航空监视,气候变化监视

6.StarLink 卫星系统

StarLink (星链)计划[9]由 SpaceX 公司提出,计划规划上万颗小卫星向全球提供空间宽带 Wi-fi 网络服务。按照早期计划,拟构建由约 1.2 万颗卫星组成的低轨卫星互联网星座,从太空向地球提供高速移动互联网的接入服务。该公司还准备在此基础上追加发射 3 万颗卫星,最终总数达到 4.2 万颗。

为了实现卫星的规模化发射,并降低发射成本,SpaceX 公司还开发了可部分重复使用的"猎鹰"系列运载火箭。2008 年,SpaceX 公司获得 NASA 正式合同。2012 年 10 月,SpaceX 龙飞船将货物送到国际空间站,开启民营航天的新时代。2015 年 3 月 1 日,SpaceX 公司的"猎鹰 9 号"火箭从卡纳维拉尔角空军基地发射升空,将世界上第一批全电动通信卫星送入预定轨道。2018 年 2 月 7 日,SpaceX 公司的"重型猎鹰"运载火箭在美国肯尼迪航天中心首次成功发射,并成功完成两枚一级助推火箭的完整回收。2018 年 2 月 22 日,SpaceX 公司在加州范登堡空军基地成功发射了一枚"猎鹰 9 号"火箭,将其两颗互联网实验卫星 Microsat 2a 和 Microsat 2b 送入轨道。3 月 6 日,将西班牙卫星公司 Hispasat 的一颗大型卫星送入轨道,4 月 3 日,将龙飞船送入轨道。2019 年 5 月 23 日,SpaceX 公司发射了 60 颗太空宽带网络 Starlink 卫星,这是马斯克建立太空互联网,为全世界提供宽带服务愿景的关键一步。当地时间晚上 10 时 30 分,SpaceX 公司的"猎鹰 9 号"火箭及其有效载荷从美国佛罗里达州卡纳维拉尔角空军基地升空。几分钟后,SpaceX 公司在大西洋的无人驾驶船舶成功回收了"猎鹰 9 号"火箭助推器。SpaceX"猎鹰"重型火箭于 2019 年 6 月 24 日晚间在佛罗里达州肯尼迪航天中心进行第三次发射,把多达 24 颗卫星推入轨道。SpaceX 公司表示,这次发射最具挑战性的地方在于,它必须将不同的卫星发射到三个不同的轨道上。这次任务证明了美国"猎鹰"重型火箭未来可用于执行国家安全任务。

北京时间 2023 年 8 月 17 日 11 时 36 分,在卡纳维拉尔角 40 号发射台,SpaceX 公司使用一枚 13 手的"猎鹰 9 号"火箭 B1067.13 成功发射了第 99 批次的星链卫星。迄今为止，SpaceX 公司已经累计发射 4 962 颗星链卫星，包括 248 颗星链 V2 Mini。SpaceX 卫星互联网计划主要采用 Ku、Ka 频段传输信息，其特点在于采用低成本模块化微小卫星大规模星座组网，系统建设成本低、资费低廉。至此，一个以卫星组网为鲜明特征的大航天时代已然来临。

1.4　参考文献

[1] 余前帆.《计算机科学技术名词》(第三版)正式公布[J]. 中国科技术语，2019，21(2)：10.

[2] 《中华人民共和国国民经济和社会发展第十三个五年规划纲要》辅导读本[J]. 全国新书目，2016(4)：11.

[3] 吴巍.天地一体化信息网络发展综述[J].天地一体化信息网络，2020，1(1)：1－16.

[4] 王涛.天基链路仿真器的设计与实现[D].长沙：国防科学技术大学，2008.

[5] 国家自然科学基金委员会.关于发布“空间信息网络基础理论与关键技术”重大研究计划 2014 年度项目指南的通告[Z]. 2014－02－28

[6] 胡有军.空间信息网络的 LTP-HARQ 传输协议设计[D].哈尔滨：哈尔滨工业大学，2017.

[7] 于少波，吴玲达，岑鹏瑞，等. 基于动态可视化的空间信息网络拓扑演化浅析[J]. 中国电子科学研究院学报，2018，13(6)：636－641.

[8] 李倬，周一鸣.美国 OneWeb 空间互联网星座的发展分析[J].卫星应用，2018(10)：52－55.

[9] 钟旻. Starlink 简介[J].数字通信世界，2020(11)：1－4.

第2章　弹性卫星网络总体架构

2.1　弹性相关概念

1.弹性

“弹性(Resilience)”一词在生活中被普遍使用，也便于理解，一般指物体受外力作用变形后，除去作用力时能恢复原来形状的性质。但仔细琢磨，又往往与韧性、可靠性、脆弱性等概念混淆起来，难以一下子区分开来。因此，在研究弹性卫星网络这一学术问题前，有必要对相关概念进行一番“咬文嚼字”。

弹性的概念起源于物理和力学领域，后来衍生到生态学、工程技术和文学媒体等领域。在物理领域，有些学者指出，弹性是指物体发生形变后，能恢复原来大小和形状的性质，与挠性相对[1]。因此，在物理学和机械学上，弹性理论是一个重要研究方向。弹性理论主要研究一个物体在外力的作用下如何运动或发生形变，当外力撤消后能恢复原来大小和形状的性质。

在固体力学领域，弹性是指当应力被移除后，材料恢复到变形前的状态。该领域存在一个弹性相关的一般规律——胡克定律[2]，即物体所受的外力在一定的限度以内，外力撤消后物体能够恢复原来的大小和形状；在限度以外，外力撤消后不能恢复原状。这个限度叫弹性限度。同一物体的弹性限度不是固定不变的，随温度升高而减小。线性弹性材料的形变与外加的载荷成正比。

在数学度量领域，弹性指一个变量相对于另一个变量发生的一定比例的改变的属性，称为敏感性度量。因此，弹性的概念可以应用在所有具有因果关系的变量之间，包括自变量和受其作用发生改变的量。

2.可靠性

可靠性是与弹性较为接近的概念。生活中所说的人是否可靠，是指是否可信赖或可信任。同样，对仪器设备是否可靠，是指能否可持续稳定地工作。有些学者在《产品可靠性评估中的多源信息融合技术研究》中指出，可靠性是指元件、产品、系统在一定时间内、在一定条件下无故障地执行指定功能的能力或可能性。可通过可靠度、失效率、平均无故障间隔等来评价产品的可靠性[3]。由此可见，狭义的可靠性是产品在使用期间没有发生故障的性质。广义上的可靠性是指使用者对产品的满意程度或对企业的信赖程度。

3.脆弱性

与弹性相关的还有脆弱性的概念，是指不同扰动下系统能破坏成什么样，或者功能与原来比差多少。著名学者纳西姆·尼古拉斯·塔勒布在《反脆弱》一书中，把脆弱性定义为事物三元属性中的一个属性[4]，即脆弱性、强韧性、反脆弱性中的一元。脆弱性被表述为不喜欢波动性的事物，表示的是事物应对波动性、随机性、压力等的变化趋势。

4.鲁棒性

弹性与鲁棒性具有一定的相关性。鲁棒性(Robustness)是指系统或算法对输入数据、参数变化、干扰或者异常情况的适应能力和稳定性。在计算机科学、工程和统计学等领域中，鲁棒性是评估一个系统或算法的重要指标之一。一个鲁棒性较强的系统或算法能够在面对不同的输入条件或外部干扰时依然保持良好的性能和预期的结果。它能够处理异常情况，容忍数据的噪声、缺失或错误，并且不会因为这些问题而崩溃或产生错误的输出。鲁棒性的好处是系统或算法能够更加可靠地应对现实世界中的各种不确定性和变化。它可以提高系统的稳定性、可靠性和可用性，并且减少故障和错误的发生。

5.弹性体系

在系统科学领域，还存在弹性体系的概念。一般而言，弹性体系是指能够在体系内部结构发生变化或者是外部事件压力(或对抗)情况下，快速恢复和继续正常运行，保持体系弹性和张力的体系。比如，能够根据任务规划适变动态调配体系内部资源，能够在网络设备故障或在外部恶意攻击情况下维持体系能力的各类体系等。

由此可见，弹性是评价体系整体承受变化能力或抗压能力的重要指标，因此，在具有体系对抗领域(如军事体系研究领域)被广泛关注和运用。

2.2　弹性太空体系

在研究弹性太空网络之前，我们来看一下弹性被应用于太空领域中的更大体系：弹性太空体系。

关于弹性太空体系的说法，最早源于美国关于太空体系评价的指标，其主要是为了评价在自变量日益增多、对其太空资产安全威胁日益增大的局势下，实现在除去作用力后，其太空系统仍能恢复原来功能或部分功能的能力。

为了提升太空弹性能力，美国空军航天司令部在考虑太空系统潜在的威胁后，特别强调分散的作用，即将天基任务、功能或传感器分散到一个或多个轨道平面、平台、载荷或多域的多个系统之中，这或许就是太空弹性的雏形。2011年，美国出台《国家安全空间战略》，针对空间对抗问题，提出将弹性作为评估军事太空体系的重要指标，以确保美国空间能力安全[5]。2013年5月出台的美军《空间作战》联合条令，提出发展商业和多国合作的空间能力可提升空间体系弹性，增强对敌威慑力。经过近年研究、论证和试验，美国空军航天司令部于2013年8月发布《弹性和分散空间体系》白皮书[6]，确定了美国军事航天转型的战略方针，明确了未来航天系统发展的顶层思路和航天体系转型方向，将带动美国军用卫星系统转型的深入论证，促进卫星技术的创新。该书将弹性定义为“一个系统体系在面对系统故障、环境挑战或敌对行动时能够继续提供所需能力的本领”。

《弹性和分散空间体系》白皮书提出，未来美国将转变当前以大型空间系统为主的发展模式，通过多种方式将原有系统分散成若干功能更单一、规模更小、成本更低的卫星系统，组成综合体系提供所需能力，以提升空间系统的弹性，即抗毁能力；弹性由海、陆、空、天、网多域能力组成，围绕威胁慑止、体系强健、系统重构、能力恢复等途径展开，以制度化的形式将弹性融入体系研究、需求论证、规划计划、采办和运行管理等各项军事航天活动中。同时指出，建立分散的卫星系统，并不单纯是一项防御性战略，在加速空间技术更新、推动卫星采办和设计创新、打破大型航天企业垄断、强健航天工业基础、降低航天系统研发成本、提高经济承受能力等方面，均具有巨大的潜在效益。

2017年起，美军采取一系列措施围绕弹性太空体系构建部署相关工作。一是高度重视弹性空间架构的研发，即用分布式架构使太空资产具备持续的弹性，研发并部署更持久的弹性空间架构，可承受首次打击，即便产生性能降级，也仍能为美国部队和决策者提供可接受的性能。二是提出多种弹性体系构建方法。为了使卫星在面临攻击时更具弹性，美国国防部负责太空政策的副助理部长道格拉斯·洛韦罗提出了分解、多样化、分散部署、欺骗、防护、扩散式部署弹性太空体系构建方法[7]。三是成立“太空弹性”战略研究机构，即美国国家太空能力弹性体系建设国防战略工作组，研究采用新政策提高国家安全太空体系弹性的方案。四是加大资金投入构建弹性空间。五是深化太空弹性理论研究。指出当今太空更加具有“多样性、颠覆性、无序性、危险性”，太空安全威胁复杂多样、日趋严峻，太空威慑呈现新特点、面临新挑战，对此，建议重点发展归因能力、增强弹性、重新评估可逆性。

2018 年后，美国关于其太空体系弹性能力的构建不断加速。2018 年版美国《国家太空战略》强调的一个关键词即是弹性，这将会加速变革，以便增强太空架构的弹性、防御能力，以及在遭受打击后的重建能力，美国太空力量正在向更有弹性的太空架构转变[8]。DARPA 在 2019 财年设立了“太空弹性快速响应发射”新项目，以推动微小卫星专用小型运载火箭发展，满足弹性太空力量部署和快速响应发射需求。

2.3 弹性卫星网络

随着信息时代网络化、智能化发展的不断深入，信息网络成为信息系统运行的物理承载。弹性太空体系的概念非常庞大，涉及太空资产的规模与能力、太空资源的运用、太空的运维管理等，其中网络是体系的物理承载，弹性卫星网络是弹性太空体系的重要组成部分和核心支撑，要构建弹性太空体系，必须建强弹性卫星网络。

1.网络弹性

2010 年 9 月 28 日，美国联合需求监管委员会批准发布最新一版联合空间通信层(JSCL)初始能力文件(ICD)，这直接推动了美军在 2011 年开展联合作战条件下卫星通信弹性基础研究(RBS)。该研究主要包含两个方面：一是如何将军用宽带全球卫星通信(WGS)卫星系统与租用的商业容量之间的使用比例调整至最佳；二是能否将军事防护卫星的战术和战略载荷分离，从而降低系统总成本。自 2011 年起，美军先后向产业界发布了多份建议征求书(RFI)，就宽带和防护卫星通信系统的新概念、新体系和采办策略进行研究，并开展关键部件演示验证，所有结果都将支持未来弹性体系的设计。2018 年，美国国防部在《国防部网络战略 2018》中提出“提升美国关键基础设施弹性”的战略途径，指出要“使网络生态系统更安全和更具弹性”。此后不久，美国白宫发布了美国的《国家网络战略》，提出了“管理网络安全风险，提升国家信息和信息系统的安全与弹性”的目标。自此，网络弹性由单一领域内的网络安全能力构建，拓展至国家网络安全战略。2019 年 11 月 27 日，美国国家标准与技术研究所(NIST)正式发布 SP800－160(II)《开发网络弹性系统系统安全工程方法》，该文件既是 NIST 采用系统工程方法构建网络安全能力的里程碑，也是网络弹性的权威技术文件。

关于未来网络技术的研究，很多学者围绕软件定义网络、虚拟网络、确定性网络、抗扰网络、可重构网络、弹性网络等提出并发展了多项网络新技术。对于网络弹性，也进行了深入的研究。

1990 年，由 Waild 和 jean - Luc Gaudiot 两人首先提出了网络弹性的概念，指出“网络弹性是对网络中潜在断开的概率测量，不同于网络容错的静态测量，而是同时考虑了节点度和网络大小的概率测量[9]”。

网络弹性的概念内涵丰富，从一开始概念提出强调抵御中断并恢复到网络安全管理生命周期内全过程弹性，然后将网络弹性视为组织的一种战略。这种概念的演化说明了网络弹性在组织风险控制与战略规划中已提高至不可忽视的地位。2008 年，由 Kanas 大学信息与通信技术中心，以及 Lancaster 大学 Infolab21 实验室合作开展 ResiliNets 项目。ResiliNets 项目旨在了解和推进计算机网络的弹性和生存能力状态，包括全球互联网、PSTN、SCADA 网络、移动 Ad - hoc 网络和传感器网络。同时，在 ResiliNets 项目中，设计了 ResiliNets 架构，提出了弹性网络协议，包括弹性可组合多路径传输协议，以及 Geodiverse 多路径路由协议。2011 年，MattBishop 等人在文献中对 Resilience、Robustness 与 Survivability 的细微差别进行解析，从考虑系统的整体功能角度出发提出准确定义，以防止相关的研究过程中出现协作复杂化，同时，给出 Tierney 和 Bruneau 在文献[10]中定义的 R4 弹性框架：Robustness、Rebundancy、Resourcefulness 以及 Rapidity，即具有承受灾害能力、冗余力、通过识别诊断问题优先级并智能启动解决方案的能力，可及时恢复功能的网络[11]。2019 年 11 月，NIST 发布 SP800 - 160(II)《开发网络弹性系统系统安全工程方法》，介绍了理解和应用网络弹性的网络弹性工程框架，以及在系统生命周期中实施网络弹性的具体注意事项。SP800 - 160(II)是 SP800 - 160(I)和 SP800 - 37 的支持文件，目的是利用系统工程视角来整合系统生命周期过程和风险管理过程，实现既定的网络弹性目标。

从不同组织和学者对网络弹性的定义可知，他们均认为网络弹性的目标，是在外部扰动风险下，组织保持持续运营的能力。因此，网络弹性的概念有三个关键方面：一是了解风险的性质，即组织面临的可能网络风险类型、网络风险可能性大小等；二是采取行动保护系统以防止和抵御网络攻击，即组织应利用网络安全投资、保险等手段控制风险的发生；三是没有百分之百安全的网络，即管理者应认识到某些攻击仍会发生，为此做好准备，以具有足够的弹性最大限度地减少其影响，并能够恢复。

总的来看：狭义上，网络弹性是在发生网络安全事故后，组织继续保持服务输出的能力；广义上，网络弹性是将组织战略、文化和制度融入网络安全管理生命周期，通过预防、抵御和响应措施恢复和适应外部冲击，实现以最小的影响确保整个业务生态系统持续服务的能力。

2.卫星网络特性分析

为什么要构建弹性卫星网络？

这是由卫星网络自身特性决定的。具体有以下几个特点：

(1)资源有限：卫星组网主要包括卫星等航天器，技术的限制和环境的要求使得这些航天器上的能量资源、计算资源等非常有限。星上资源受限导致一些优先级低的链接可能会断开，来建立优先级高的链接，这些现状使得网络运行过程中会出现连通度随时间不断变化的情况，进而影响整个卫星网络的结构稳定性。构建弹性卫星网络是建立稳定的卫星网络的需要。

(2)网络拓扑动态变化：大部分卫星组网网络节点都运行在各种轨道上，这就使得这些节点以及节点之间的通信链路不像地面计算机网络那样处在固定的位置上，而是随时间不断变化。由于空间节点的所处位置特殊，一旦损坏难以修复，并且单个节点的损坏可能导致局部卫星网络的失效，因此，亟需构建弹性抗毁的卫星网络。

(3)网络传输延时较大：卫星组网的大量节点运行在不同的空间轨道上，节点之间的距离可能达到上万千米(如轨道高度为两万千米的中轨道卫星 MEO 与低轨道卫星 LEO 之间的通信链路)，这样在网络节点之间传输数据和指令的延时比地面网络大。由于空间节点间的距离遥远，信道质量差，因此，链路通常存在较大的传输时延、较高的中断概率等，单个节点的损坏可能导致局部卫星网络的失效。

(4)空间环境恶劣：由于卫星组网节点运行在空间中而且它们之间的通信主要是以无线电波来完成的，因此，空间的恶劣环境(多径衰落、电离层、大气、太阳活动等)会对节点之间的通信造成比较大的影响，如可能导致传输期间通信链路的误码率高及通信无法完成等情况的发生。

综上所述，卫星网络作为一个节点众多的多层复杂网络，网络分布呈大尺度的特点，传输时延相较于地面网络较大，网络结构稳定性不足，自身特性要求必须构建具有弹性的卫星网络，以应对各种变化，特别是对抗条件下带来的挑战。

3.弹性卫星网络的定义

本书所述弹性卫星网络是指卫星网络结构冗余可靠性、链路可重构性、网络服务的确定性和一定的抗毁性，即弹性组网、韧性网络传输、服务按需聚合，使得即使单节点失效网络也能快速自愈，并保持网络服务能力不间断。

弹性卫星网络可以基于网络弹性提升自身运行质量，使网络从静态工作模式发展到动态工作模式，并且根据外界环境对系统参数进行调整，实现系统自主调配资源，能够基于故障自行恢复，提高运维质量，保证基于业务运行的网络系统能在执行任务后确保系统的安全性。

2.4 弹性卫星网络架构设计

弹性卫星网络的构建需要从网络架构入手，开展顶层设计，从总体上确定网络的拓扑结构、技术架构、逻辑架构、管理架构等。架构设计是体系工程重点研究的内容，近几年也形成了不少科学、有效的设计方法，如多视图设计方法、模型驱动设计方法、因果推理设计方法等。本书重点围绕卫星网络的基本构成，从宏观上总体描绘弹性卫星网络基本框架，为开展详细的卫星网络架构设计奠定基础。

1.典型的卫星网络架构

从空间维度角度，有些学者将卫星网络分为深空、同步轨道、中低轨道、邻近空间、近地空间、地面等不同层级，提出了卫星网络构建的基本思路[12]，如图2-1所示。

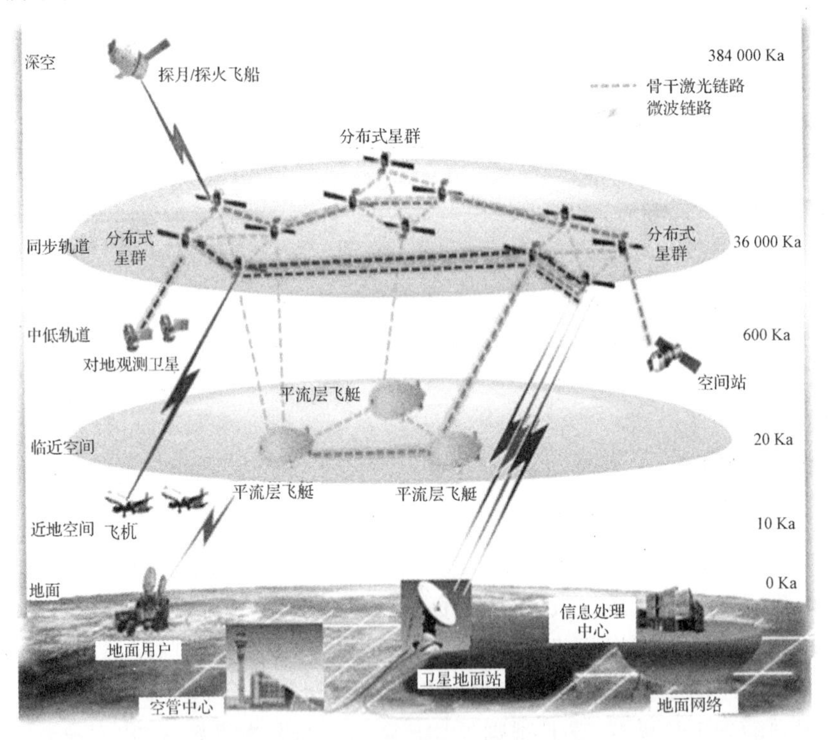

图 2-1 按空间维度划分的卫星网络架构示意图

文献[13]依照卫星网络各组成部分的具体功能，将卫星网络分为遥感网、预警网、气象水文网、卫星通信网、海洋监视网、测控网等子网，形成各功能层自主运行、不同层之间协同服务的逻辑架构，如图 2-2 所示。

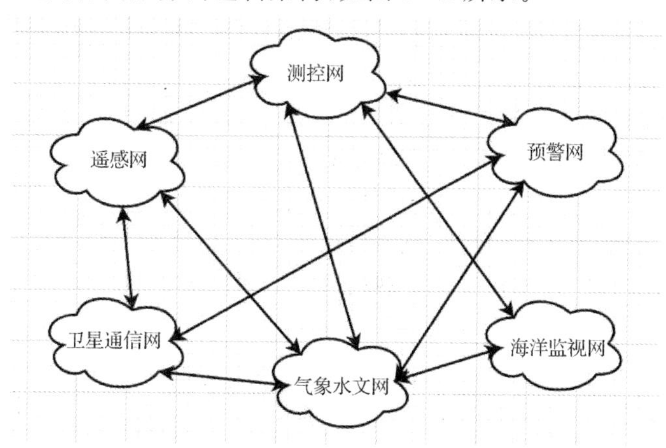

图 2-2　按功能维度划分的卫星网络逻辑架构示意图

文献[14]采用多视图手段，从系统视角将卫星网络划分为天基信息获取系统，天基信息传输系统，天基时空基准系统，测控运控系统，应用终端系统，地面站网，信息接收、处理、分发系统，指挥控制与作战系统，机动接收处理系统等，并在此基础上构建天基信息网络系统标准体系，如图 2-3 所示。

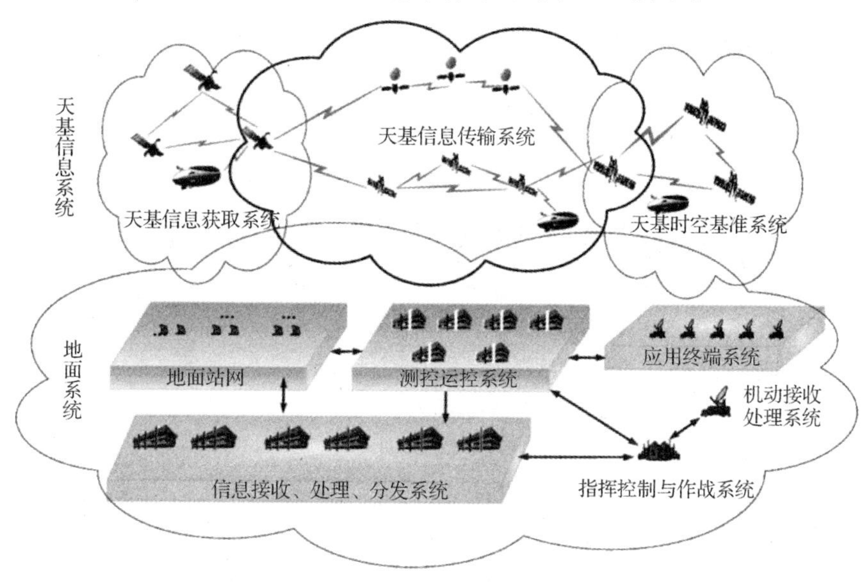

图 2-3　天基信息网络系统视图

吴巍等学者结合天地一体化信息网络重大专项工程论证,研究提出了“天网地网”的天地双骨干网络构型[15],即以地面网络为依托,以天基网络为拓展,主要由天基骨干网、天基接入网、地基节点网组成,并与地面互联网、移动通信网融合互联,如图 2-4 所示。其中,天基骨干网由布设在地球同步轨道的多个天基骨干节点组成,主要实现骨干互联、骨干接入、宽带接入、网络管控等功能;天基接入网由布设在低轨和临近空间的若干天基接入节点组成,主要实现移动通信、宽带接入、安全通信、天基物联网等功能;地基节点网由布设在国土范围内多个地基骨干节点组成,主要实现天地互联、地网互联、运维管控、应用服务等功能。天基骨干网、天基接入网、地基节点网、地面互联网、移动通信网之间通过标准的网间接口实现互联,各自独立运行、联合运用,通过用户网络接口提供服务。

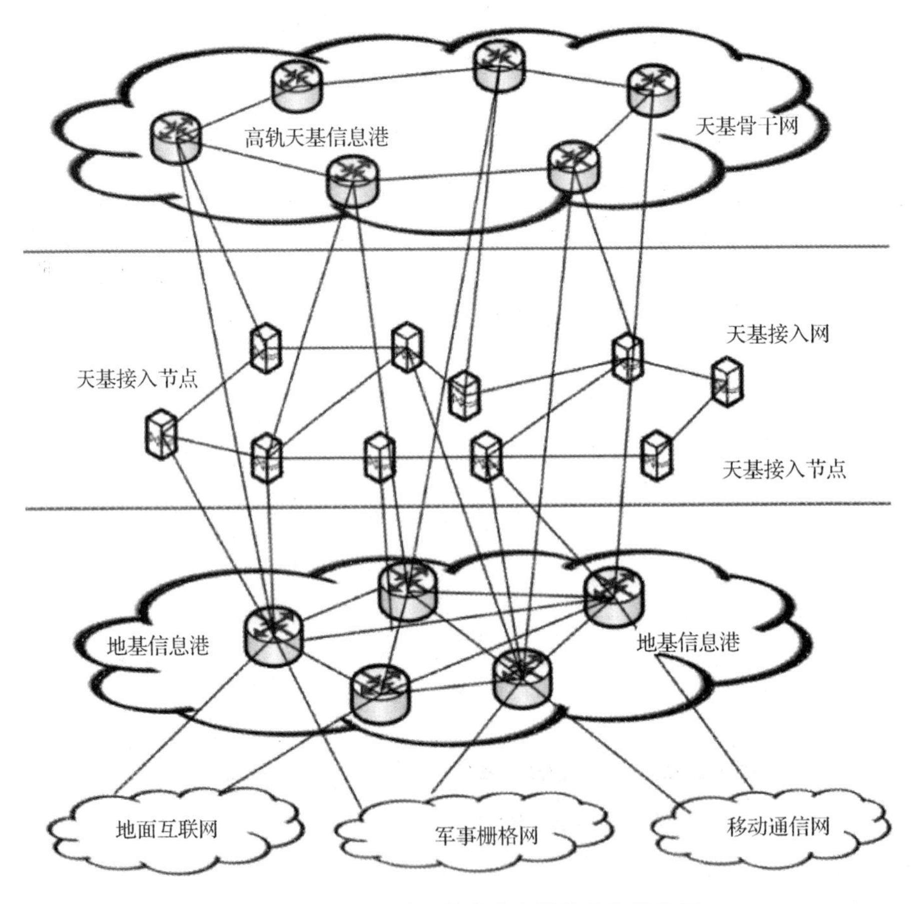

图 2-4 典型天地一体化信息网络结构示意图

软件定义网络(SDN)是一种新型的网络结构之间的连接模式,突出优点是把硬件和软件相分离解耦。这种新的网络架构一改之前分散的模式,把整个网络拆分并重组为一个集中的中央控制平面和一个分散的数据平面,从而更加高效地管理和使用网络。基于 SDN 网络协议思想的卫星网络模型可以把卫星网络划分为用户层和设施层两部分,其中用户层包括空基、陆基和海基的用户终端,设施层则包括转发平面、应用平面和集中控制平面三部分[16],如图 2-5 所示。

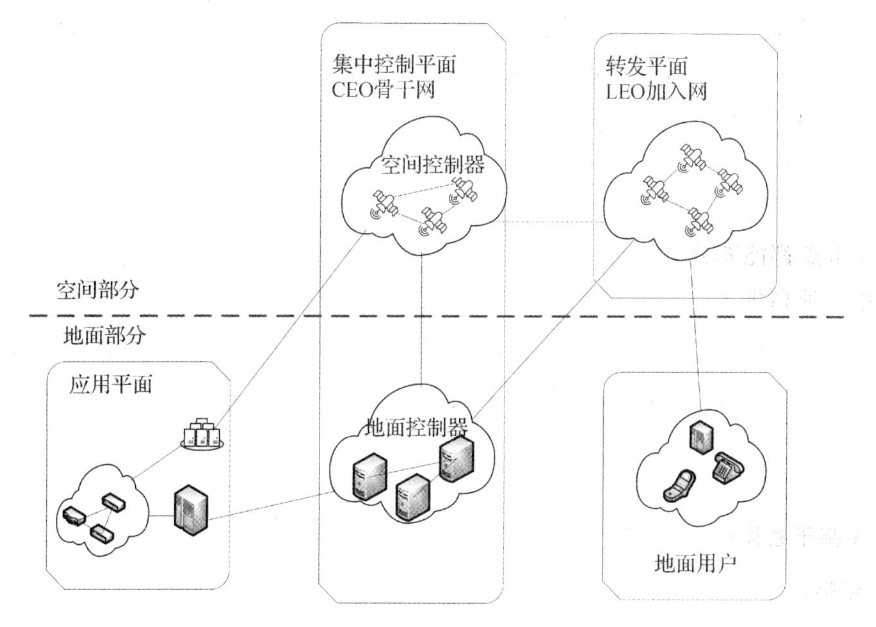

图 2-5　基于 SDN 的卫星网络架构

2.弹性卫星网络总体架构设计思路

弹性卫星网络总体架构设计思路主要有以下几点:

一是充分借鉴互联网 TCP/IP 协议成功经验,将网络承载的连接、通信、同步、组网等复杂功能以多层的形式进行分解,以服务访问点的模式进行层间通信。

二是基于网络化的系统解耦与体系重构。卫星网络传输业务类型包括卫星通信、导航定位、遥感与环境监测等多种类型,如果按照以往系统加和的思想联网,会出现资源本地部署、信息孤岛、系统集成复杂等问题,可以把卫星通信、导航定位、遥感与环境监测等各系统的共用资源进行抽取,实现网络化共享,构建卫星网络资源池(如轨位、波束、测控、带宽资源统筹分配和集约利用),达成“一切贡献于网上、一切获取于网上”的总体目标，基于任务需求，实现网络体系的动态重构和按需组装。

三是基于边缘计算和分散部署，实现网络弹性增强。可以将天基信息在轨处理各种业务，如星上信息处理、天基任务规划、卫星测控、安全防护、通信中继、物联感知、频轨资源分配等多样化业务等，分散部署在不同的节点上，通过边缘计算，实现存、算分离，均衡网络资源，网络功能有效备份，冗余设计，增强弹性。

四是面向业务场景的应用需求，基于社团结构思想实现航天业务域塑造。要着眼卫星通信、导航、遥感、测绘等各类航天应用的业务需求，重视业务处理逻辑的不同，打破以往只考虑信息传输为目标的网络结构设计模式，借鉴分簇（或社团）的思想，考虑各个业务卫星纵向融合贯通需求，把业务卫星星座看成不同的子网进行规划设计，既确保了业务逻辑的独立性，又考虑了整合的有效性，使每个节点都能充分发挥自身性能，实现统一的控制与管理。社团结构是复杂网络中一种高集聚系数的网络结构，社团的构建本质上是一个聚类问题，常见的方法有基于网络节点相对连接频数和基于网络连通性两种。卫星星座内部连接紧密，星座间连接较少，这和复杂网络社团结构内部连接紧密，社团间连接稀疏结构的特征极为相似。基于社团结构来设计网络架构，可最终形成一个动态、可控、可扩展、可重构的卫星网络。

3.基于社团结构的弹性卫星网络一体化设计

依据以上设计思路，本书提出了基于社团结构的弹性卫星网络总体架构，如图 2－6 所示。

由图 2－6 可知，着眼天地一体、多层异构的网络结构设计需求，按照空间维度，卫星网络在空间维度上属于天、空、地、海一体化的网络，涵盖天基、空基、陆基、海基四个疆域。天基部分与空基的临近空中通信平台、空间通信平台、空中数据链，陆基的地面光纤网、电台通信网、移动通信网、互联网，以及海基的海底光缆网、水下无线通信网等构成立体多维一体化的网络。从空间维度上看，天基端部分又可以分为高轨（包括地球同步静止轨道、倾斜地球同步轨道）、中轨、低轨三个层级。卫星地面系统及地面信息港依托陆上网络承载，接入卫星网络。

从逻辑域上看，卫星网络以空间业务为核心，又可分为天基骨干网、天基业务接入网、天基互联网、空中业务社团网、地面综合社团网、水下业务社团网五个层级。需要说明的是，空间维度划分与逻辑维度划分是有交叉的。比如，北斗业务卫星星座横跨高轨和中轨两个层级。

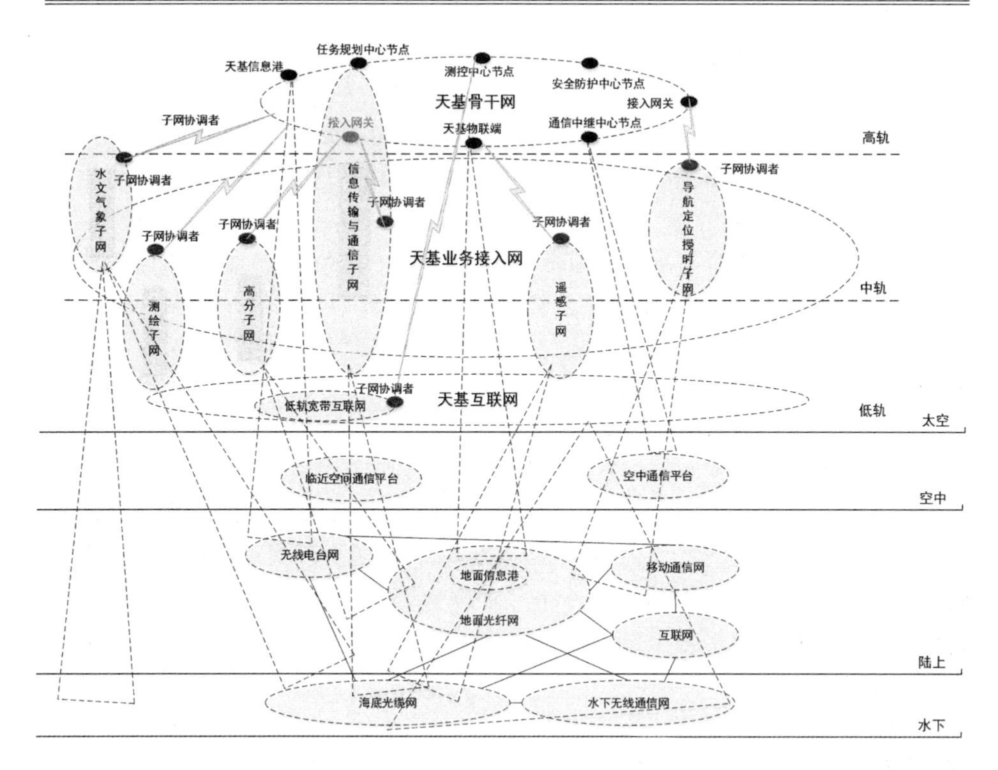

图 2-6　基于社团结构的弹性卫星网络总体架构

天基骨干网着眼实现全球覆盖，由布设在地球同步轨道的多个天基骨干节点（或高椭圆轨道、倾斜地球同步轨道）通过激光或微波链路互联形成，提供全球骨干中继、天基互联及各类信息服务。基于边缘计算和弹性分散设计需求，为了实现网络负载均衡，可以将不同的业务按功能分配给不同的骨干节点去承担，考虑把天基骨干网承担的信息星上处理、中继通信、任务调度、安全防护、网关接入、测控管控等功能分别赋予不同的中心节点，设计“通信传输、数据处理与边缘计算、任务规划与资源调度、测控与网管、安全防护”等基本类型中心节点。在基本类型中心节点的基础上，通过卫星共轨、就近联合的方式打造天基信息港，不同的骨干中心节点可以归属于不同的信息港。天基信息港由多颗模块化卫星组成，信息存储、处理、分发集于一体，承担星间网络信息处理功能，构建天基网络信息处理中心。按照全球覆盖和信息安全的需求，可以布局多个同类型的骨干中心节点（如通信传输中心节点），隶属于不同的信息港。

天基业务接入网由布设在高轨或中低轨的若干接入节点组成。面向卫星通信、遥感、导航、气象水文、地理测绘等业务场景，重视业务处理逻辑的不同，引入社团结构理论与方法，把各业务卫星星座看成不同的社团网进行规划设计，规划

“通信、导航、遥感、地理测绘、水文气象”等多类业务社团网，共同构成天基业务接入网。既确保了业务逻辑的独立性，又考虑了整合的有效性。按照业务类型的不同，一方面，业务子网由簇头节点对上实现与天基骨干网络的连接；另一方面，按照业务不同，子网协同工作，充分考虑入网连接的航天器平台、安全防护平台等集群或关键用户，直接为用户提供服务。

天基互联网是指着眼军、民、商低轨卫星互联网发展趋势，面向地面终端用户，利用地球低轨道卫星星座提供宽带移动通信服务和互联网接入服务为主的卫星网络系统。卫星互联网接收骨干网络节点的测控及网管，是卫星通信和互联网融合的新型网络。它主要利用卫星通信的全时、广域覆盖特征，在全球范围内为大众用户提供互联网接入服务，是国家空间基础设施的重要组成部分。卫星互联网是国际互联网领域的新兴地带，是航天强国的竞争焦点，更是下一代全球互联网的发展重点。相比高轨卫星，天基互联网具有低时延的特点。以低轨卫星星座为核心构建的数据传输网络，一方面，提供了全球覆盖的通信链路和互联网，为全球无缝连接的数据接入提供了支持，随时随地提供高速低成本的数据传输通道；另一方面，提供了根据不同功能搭载的功能性载荷，提供导航增强等服务业务，具备较强的广域服务性和功能扩展性。

地面综合社团网集成了多种异构网络，是整个卫星网络所有信息交互、处理、分发及应用的中心级网络。其中，地面控制中心社团网的主要作用是对各业务社团网的卫星节点进行管理和控制，接收处理卫星节点的信息流，分配调整卫星节点的任务流。

水下业务社团网以海陆通信、海天通信为手段，实现水下业务接入的功能。在弹性卫星网络中，水下业务社团网是一个特定领域的子网，专注于水下业务的发展和应用。水下业务社团网作为弹性卫星网络的一个子网，主要面向水下业务领域的专家、学者、从业人员和相关机构，提供专业的交流、合作和支持平台。该社团网的成员可以共同探讨水下业务的技术发展、应用场景及相关政策等问题，促进水下业务领域的创新和发展。在弹性卫星网络中，水下业务社团网可以与其他子网进行协同服务和资源共享。例如，水下业务社团网可以与遥感网合作，利用遥感技术获取水下环境信息；与测控网合作，实现对水下设备和传感器的远程监控和控制；与卫星通信网合作，提供水下通信和数据传输服务等。

基于社团结构的卫星网络总体架构设计，其创新性的另一方面体现在引入协调者(Coordinator)机制，在不同的业务子网设立多个协调者，负责对上(骨干节点)、对下(用户等)的交互，作为社团的头节点，协调者对业务子网社团内部节点具有管理功能，实现子网系内数据的融合传输、信息交互等。设立少量的协调者，大大降低了天基组网，特别是不同层级网络间交互的复杂性，对降低星上资源消耗、均衡通信负载具有积极意义。

2.5　参考文献

[1] 王冰. 中国早期物理学名词的审订与统一 [J]. 自然科学史研究，1997，16(3)：253 - 262.

[2] https://baike.baidu.com/item/%E5%BC%B9%E6%80%A7/6371497?fr=aladdin.

[3] 方良海. 产品可靠性评估中的多源信息融合技术研究 [D].合肥:合肥工业大学，2006.

[4] 塔勒布.反脆弱[M].北京:中信出版社,2014.

[5] 王杰华. 体系对抗条件下的攻防对抗新发展 [J]. 中国航天，2012，(10)：4.

[6] BROWN O，SIBERT O. Space Disaggregated Network Architectures [J]. 2014，

[7] 刘韬. 美国向"弹性和分散"军事空间体系转型探析 [J]. 科技导报，2014，32(21)：76 - 83.

[8] ODNI U S. National-Security Space Strategy：Unclassified Summary [J]. 2011，

[9] NAJJAR W，GAUDOIT J L. Network Resilience：A Measure of Network Fault Tolerance [J]. IEEE Transactions on Computers，1990，39(2)：174 - 181.

[10] TIERNEY K，BRUNEAU M. Conceptualizing and Measuring Resilience：A Key to Disaster Loss Reduction [J]. Tr News，2009，250(250)：14 - 17.

[11] 熊娟涓. 弹性网络中的拓扑感知系统的设计与实现 [D].北京:北京交通大学，2019.

[12] 索晓宇. 空间信息网络的非协作随机接入协议研究 [D].哈尔滨:哈尔滨工业大学，2019.

[13] 李晓欣. 基于网络编码的空间信息网络 HARQ 传输机制的研究 [D]. 哈尔滨:哈尔滨工业大学，2019.

[14] 金晓晨，钱玉岩，郭晋媛. 天基信息网络系统标准体系构建研究[J]. 航天标准化，2017(4):5 - 12.

[15] 吴巍，秦鹏，冯旭，等. 关于天地一体化信息网络发展建设的思考[J]. 电信科学，2017(12).

[16] 郭剑鸣. 面向多层卫星星座的空间信息网络架构设计 [D].长沙：国防科技大学，2017.

第3章 基于社团结构的卫星网络结构建模与仿真

3.1 模型的节点与仿真环境参数设计

基于第2章所提出的基于社团结构二弹性卫星网络总体设计，本章重点围绕网络结构建模与仿真问题开展研究。

为深入挖掘卫星网络结构的特性规律，可以把基于社团结构的卫星网络进一步抽象，将其简化为一个网络科学的学术问题进行量化分析和建模。根据卫星网络的整体结构框架和分层设计的思路，考虑节点轨位部署的简洁性与高效性，设定有限个业务社团网，即地面控制中心社团网、天基骨干社团网、通信社团网、导航社团网、遥感社团网和低轨互联社团网，每个社团网中的节点分布在同一轨道维度上。同时每个社团网中节点的轨道参数参考国际同类型节点的轨道参数，建模数据与实际相吻合，节点的轨道参数具有较强的代表性。利用STK (Satellite Tool Kit)软件，设计每个社团网中节点参数如下。

(1)地面控制中心社团网节点：地面控制中心节点选择的原则是充分利用辽阔的地理位置，尽可能使地面控制节点在卫星节点过境时连接到卫星的范围最大和时间最长。为此，随机选取6个地面站点，分别为站点1(109.8°E,34.5°N)、站点2(98.5°E,39.7°N)、站点3(76.0°E,39.5°N)、站点4(118.1°E,24.5°N)、站点5(116.3°E,40.1°N)、站点6(110.8°E,19.5°N)，不考虑节点的海拔。

(2)天基骨干社团网节点：随机选取布设在GEO轨道的8个天基骨干节点互联构成骨干社团网，其中6颗均匀分布在A1区域(经度为70°E～140°E)上空，经度分别为140°E、128°E、106°E、94°E、82°E、70°E。其余2颗考虑全球部署，均匀分布在A2区域(剩余GEO轨道的经度范围)上空，经度分别为27°W和123°W，其余参数见表3-1。

(3)通信社团网节点：为保持连续不中断的通信和中继服务，考虑将所有通信卫星部署在GEO轨道上。选取12颗通信卫星，其中8颗均匀分布在B1区域(经度为74°E～130°E)上空，经度分别为130°E、122°E、114°E、106°E、98°E、90°E、82°E、74°E。其余4颗同样考虑全球部署，均匀分布在B2区域(剩余GEO轨道的经度范围)上空，经度分别为13°E、48°W、109°W、170°W，其余参数见表3-1。

(4)导航社团网节点：采用Walke-δ星座[1]来对导航卫星节点进行部署。共设置27颗导航卫星，分为3个轨道面，每个轨道面9颗卫星，所有导航卫星均部署在MEO轨道上。同时考虑异面轨道卫星节点的同步性，以及节点间连接关系的简洁性，将相邻轨道平面卫星相位差设为0，其余参数见表3-1。

(5)遥感社团网节点：考虑部署64颗LEO轨道遥感卫星，同样采用Walke-δ星座对卫星进行部署，分为8个轨道面，每个轨道面8颗卫星，相邻轨道平面卫星相位差设为0，其余参数见表3-1。

(6)低轨互联社团网节点：考虑部署120颗LEO轨道互联网卫星，同样采用Walke-δ星座部署卫星，分为12个轨道面，每个轨道面10颗卫星，总共120颗卫星，相邻轨道平面卫星相位差设为0，其余参数见表3-1。

表3-1　不同轨道卫星参数

参　数	天基骨干节点(GEO)	通信节点(GEO)	导航节点(MEO)	遥感节点(LEO)	低轨互联节点(LEO)
半长轴/km	42 164.1	42 164.1	27 906	6 975	7 792
偏心率	0	0	0	0	0
轨道倾角	0°	0°	55°	98°	52°
近地点幅角	0°	0°	0°	0°	0°
升交点赤经	140°E、128°E、106°E、94°E、82°E、70°E、27°W、123°W	130°E、122°E、114°E、106°E、98°E、90°E、82°E、74°E、13°E、48°W、109°W、170°W	—	—	—
平近点角	0°	0°	—	—	—

在STK仿真时，所有卫星节点都采用相同的设置参数：动力学模型选择J2Perturbation，坐标系选择J2000。设置STK仿真场景的开始时间为2020-05-01 00:00:00，结束时间为2020-05-02 00:00:00，仿真场景历元为2020-05-01 00:00:00，仿真时间间隔为60 s。不考虑连接频率资源、链路干扰、跟踪

卫星天线指向准确性等建立星间链路存在的问题，其余参数为 STK 软件默认设置。

整个卫星网络节点部署图如图 3-1 所示。

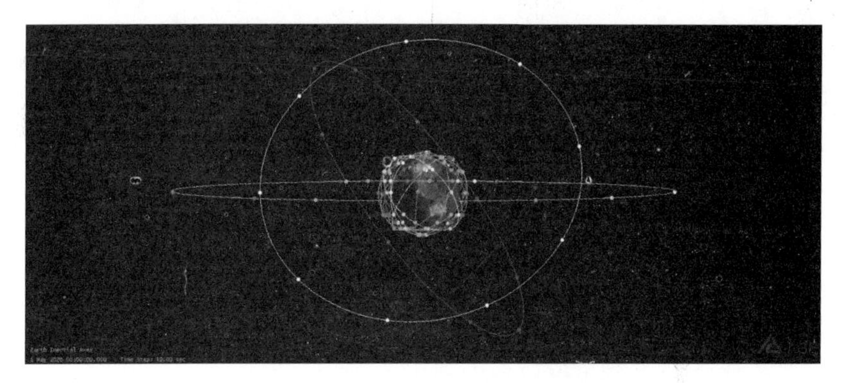

图 3-1　整个卫星网络节点部署图

3.2　社团内部节点连接规则

各卫星社团网络内部需要明确节点连接关系：首先，所有节点都建立起连接关系，无孤立节点；其次，必须满足连接稳定性，即在仿真时间内节点之间连接不发生中断；最后，设计连接关系时，以连接高效性与简洁性为原则。具体来说，需要根据节点轨道参数，设定同轨道面上的节点间尽可能多地建立连接关系，异面轨道节点之间尽可能与相同位置编号的节点建立连接关系（比如，遥感社团网、导航社团网和低轨互联社团网中编号 11 表示第一个轨道面上第一个节点，编号 21 表示第二个轨道面上第一个节点，则这两个节点相互之间可以建立连接关系。而地面控制中心社团网、天基骨干社团网和通信社团网只有一个轨道面，因此，用编号 1 表示第一个节点）。就每个社团内部节点连接情况进行仿真，得出节点具体连接情况如下：

（1）地面控制中心社团网：地面控制中心节点位置固定，不受地球曲率和时变性影响，所有节点采取全耦合网络[2]连接方式建立连接关系。

（2）天基骨干社团网：该社团网节点均位于 GEO 轨道，作为具有全球骨干中继、天基互连及大容量信息传输中转业务功能的节点，是整个卫星网络信息调度的枢纽。通过 STK 对所有天基骨干节点之间的连接时间进行仿真，结果如图 3-2 所示。

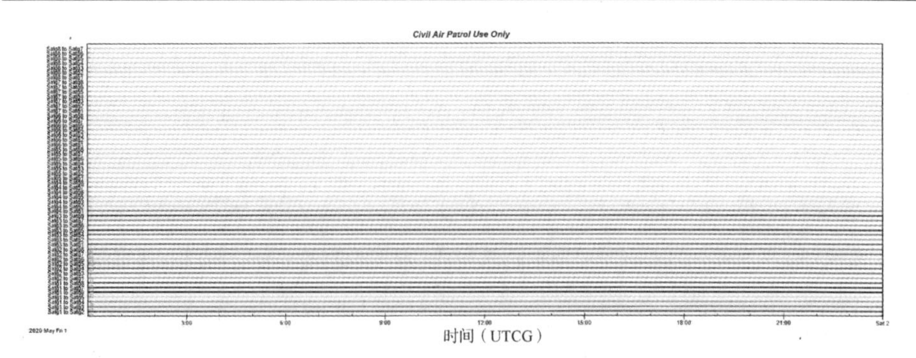

图 3-2　天基骨干节点之间连接时间图

从图 3-2 可以看出，每一条星间链路在整个仿真时间内保持完整，说明在整个仿真时间内天基骨干节点相互之间均能全时连接，连接关系不受时变性影响。因此，同样采取全耦合网络连接方式建立连接关系。

(3)通信社团网：由天基骨干网节点之间的连接仿真结果，可知分布在 A1 区域上空的卫星在仿真时间内均能保持全时连接，由此可以推断出分布在 B1 区域上空的 8 个通信节点之间也能保持全时连接，因此，这 8 个通信节点采用全耦合网络连接方式。B2 区域的 4 个通信节点与 B1 区域的 8 个通信节点之间的连接时间关系如图 3-3 所示。

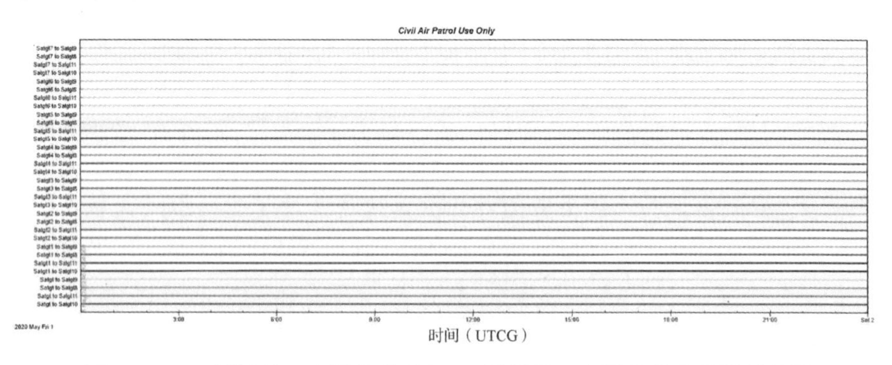

图 3-3　B2 区域的 4 个通信节点与 B1 区域的 8 个通信节点连接时间图

从图 3-3 可以看出，B2 区域的 4 个通信节点与 B1 区域的 8 个通信节点在仿真时间内都可以全时连接。为保持整个通信社团网的整体稳定性与可靠性，同时减少连接的冗余性，规定 B2 区域的 4 个通信节点连接其周围相邻的两个节点，同时，这 4 个通信节点每个都随机连接 B1 区域 8 个通信节点中的 1 颗，建立一个完整的通信社团网节点内部连接关系。

(4)导航社团网：根据 Walke-δ 星座轨道部署特征，导航节点之间的连接方式分为同轨道面与异轨道面两部分。同轨道面节点之间根据连接规则需尽可能多地连接其他同轨道节点，异面轨道节点尽可能连接相同位置编号的其他轨道面节点。

Walker - δ 星座中所有卫星在几何构型上是对称的，任一卫星的几何特性都可以代表星座中所有卫星的几何特性，各颗卫星星间链路条件类似[3]，故选取其中一颗卫星进行星间链路分析。以编号为 11 的导航节点为例，在图 3 - 4 中，同轨道面上编号 11 的导航节点能与相邻的编号 12 和编号 19，以及相隔的编号 13、14 与编号 17、18 等 6 个节点在整个仿真时间内全时连接，而与编号为 15、16 的节点无连接(仿真时间内未能建立连接关系的图 3 - 4 不显示连接情况)。因此，导航社团网社团内每个轨道面上节点之间采用最近邻耦合网络[2]结构进行连接，其中 $[1,j]/\sqrt{2}$ ，即每个节点连接左右各相邻 3 个节点。

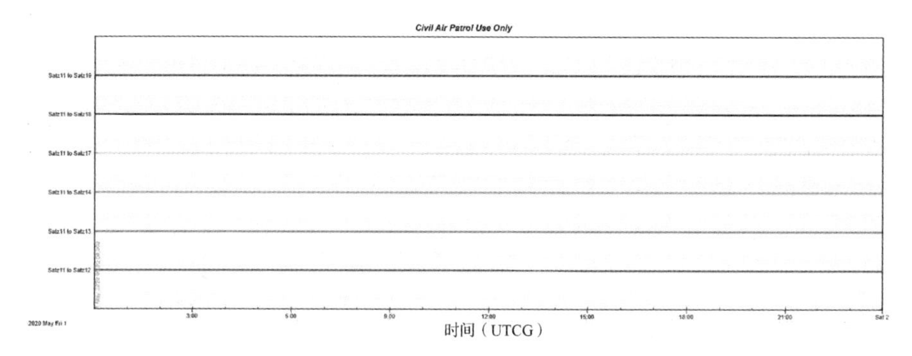

图 3 - 4　编号 11 的导航节点与同轨道面的其余节点连接时间图

同样以编号为 11 的节点为例，从图 3 - 5 中的节点连接时间图可以看出，在整个仿真时间内，编号 11 节点与相邻轨道面同位置编号 21 和编号 31 节点之间为全时连接，不受时变性影响。可以推断出导航社团网内任一节点均可与相邻轨道面同位置编号节点建立连接关系。

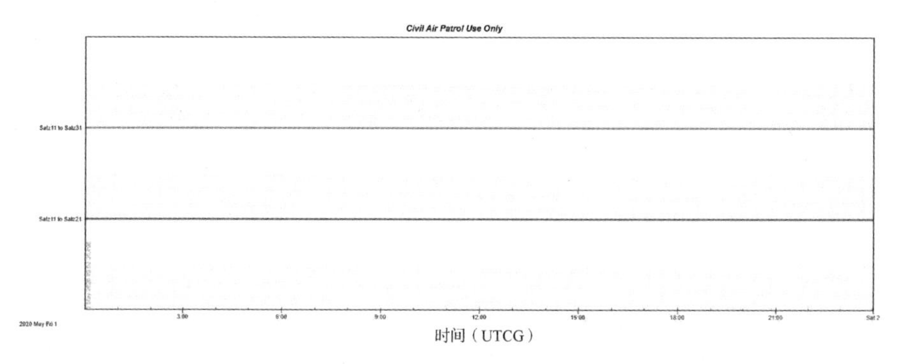

图 3 - 5　编号 11 的导航节点与异面轨道相同位置编号的节点连接图

(5)遥感社团网：采用 Walker－δ 星座部署的遥感卫星平均高度约为 600 km，轨道高度低，受地球曲率影响，同一轨道面的 8 颗卫星之间星间链路可选择性较少。

在图 3－6 中，以编号为 11 的遥感节点为例，同轨道面上，仅有其相邻的两个节点(编号 12 与编号 18)在仿真时间内与之建立全时连接关系，与其余节点未能建立连接关系。故遥感社团网内同轨道面选择相邻的两个节点建立连接关系。

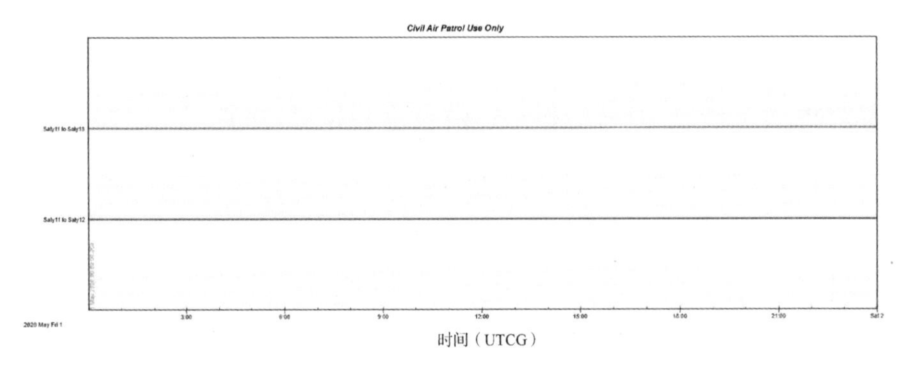

图 3－6　编号 11 的遥感节点与同轨道面的其余节点连接时间图

图 3－7 显示了编号为 11 的遥感节点与左右相邻和相隔轨道面同位置编号节点(编号 21、编号 31、编号 71 和编号 81)在仿真时间内的连接情况。很明显可以看出，编号 11 节点与左右相邻轨道面上节点(编号 21 和编号 81)在仿真时间内全时连接，而与左右两个相隔轨道上同位置编号节点(编号 31 和编号 71)处于连通与间断交替的状态。故遥感社团网任意一个节点选择与其相邻的两个轨道上同位置编号的节点建立连接关系。

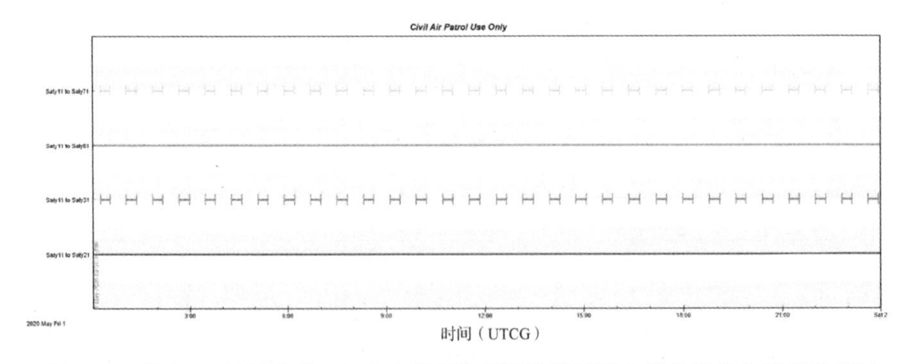

图 3－7　编号 11 的遥感节点与左右相邻和相隔轨道面同位置编号节点连接时间图

(6)低轨互联社团网:低轨互联社团网节点同样分为同轨道节点连接和异面轨道节点之间连接。

从图 3－8 可以看出,同轨道上与编号 0101 节点(0101 表示第一个轨道面上的第一个节点)相连的只有两个相邻节点(编号 0102 和编号 0110),其他同轨道面节点因仿真时间无连接而不显示。因此,在同轨道面上,选取相邻的两个节点建立连接关系。

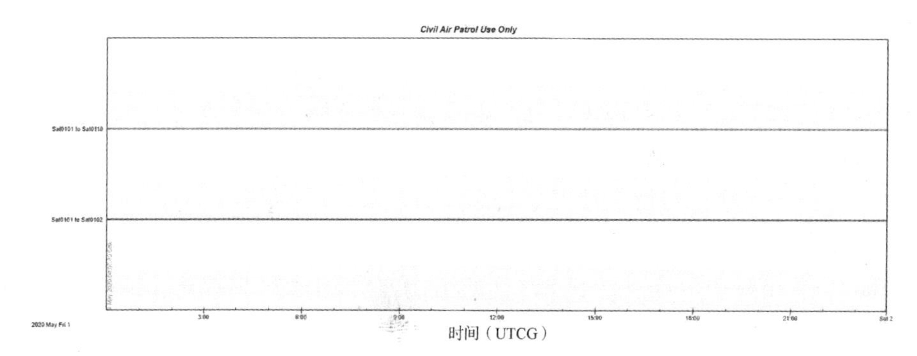

图 3－8　编号 0101 低轨互联节点与同轨道面其余节点连接时间图

图 3－9 中显示了编号 0101 节点与左右相邻(编号 0201、编号 1201)和相隔各 3 个轨道面上同位置编号节点(编号 0301、编号 0401、编号 1101、编号 1001)连接情况。可以看出,编号 0101 节点与左右相邻和相隔一个轨道面上同位置编号节点在仿真时间内全时连接。而与相隔 2 个轨道面上的节点是间断连接的。因此,低轨互联社团网内任意一个节点与左右相邻和相隔一个轨道面上同位置编号节点建立连接关系。

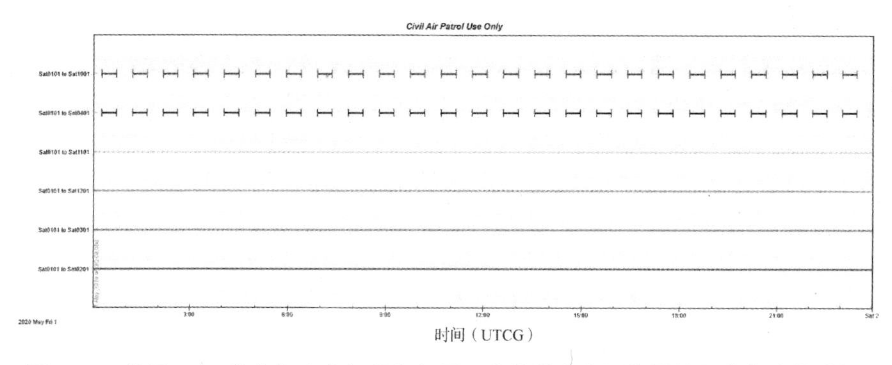

图 3－9　编号 0101 节点与左右相邻和相隔 3 个轨道面上同位置编号节点连接时间图

3.3 社团间节点连接规则

不同社团间节点轨道参数各不相同，通信社团网以及天基骨干社团网中节点相对于地面控制中心社团网节点位置保持固定，这三个社团中各个节点不受时变性影响，社团间节点若有连接，则在整个仿真时间内都能保持全时连接状态。遥感社团网、低轨互联社团网以及导航社团网受时变性影响，无法通过统一规则描述这些节点的相对位置，因此，很难建立像社团内部节点之间那样固定的连接关系。解决思路如下：将整个卫星网络节点之间的连接问题拆分成若干个社团间的连接问题。若两个社团节点之间有连接，则根据这两个社团之间节点连接的仿真结果确定这两个社团的连接规则。确定完社团间连接规则后，通过Matlab仿真出整个卫星网络节点之间的拓扑关系，并根据多次仿真的结果来模拟不同社团节点之间的动态连接关系。

由于构建的卫星网络节点数量较多，若每个节点都与其他社团节点建立连接关系，则会使整个网络的连接效率降低。因此，必须对社团间连接关系进行约束，建立相应连接规则，提高网络连接效率。

将社团间连接分成三种不同方式：一是遥感社团网、低轨互联社团网、导航社团网与地面控制中心社团网之间的连接。遥感社团网节点只与地面控制中心社团网2号节点建立连接关系，低轨互联社团网节点仅与地面1号节点建立连接关系，导航社团网与地面5号节点建立连接关系，地面控制中心社团网与这三个社团保持对等连接关系。二是遥感社团网、低轨互联社团网、导航社团网、通信社团网之间的连接。这四个社团各自挑选本社团中编号11或编号1的节点与对方社团在整个仿真时间内建立最长连接时间的1个节点进行连接。三是遥感社团网、低轨互联社团网、导航社团网、通信社团网与天基骨干社团网和地面控制中心社团网之间的连接关系。天基骨干社团网与其余5个社团网分别挑选各自社团中编号1或编号11的节点与对方社团在整个仿真时间内建立最长连接时间的3个节点进行连接。地面控制中心社团网与通信社团网之间采取各自社团编号1的节点与对方最长连接时间的3个节点进行连接。

具体每个社团连接关系如下：

(1)遥感社团网：遥感社团网与地面2号节点连接情况如图3-10所示。从图3-10中可以看出，遥感社团网与2号节点在仿真时间内，最多连接数为4，最少连接数为1，连接数以2和3居多。图3-11显示的是遥感社团网任意一个轨道面上(以第一轨道为例)节点与 2 号节点的连接情况。可以看出,第一轨道面上最多有 2 个节点与 2 号节点建立连接关系。同时根据 STK 仿真报告 Base Object Data 的统计数据,计算出连接时所需要的节点个数和相应的轨道数的概率情况如表 3-2 所示。

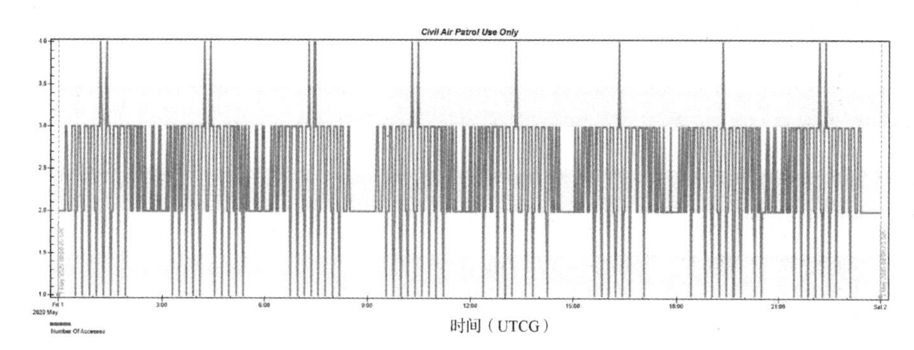

图 3-10　遥感社团网节点与地面 2 号节点连接个数图

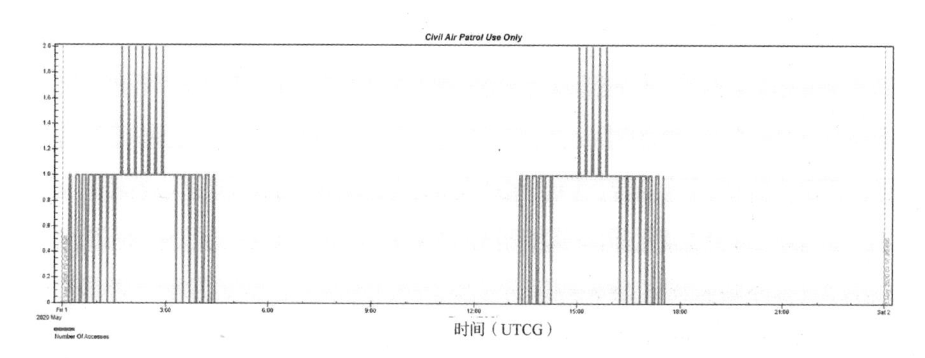

图 3-11　遥感社团网第一轨道面节点与地面 2 号节点连接个数图

表 3-2　遥感社团节点参与连接的节点和轨道数概率

节点连接个数	1	2	3		4
选择概率	5.62%	46.15%	46.84%		4.51%
需要的轨道数	1	2	2	3	4
选择概率	100%	100%	9.63%	90.37%	100%

根据上述结果,制定遥感社团网与地面 2 号节点的连接规则如下:在遥感社团网中随机选择一个连接种子节点;选择参与连接的遥感节点个数及相应的轨道数,按照表 3-2 执行;每个轨道面最多有 2 个节点参与连接;同轨道多个节点

参与连接必须是编号相邻的节点;由于相邻轨道面相邻节点间的相位差为0,即这些节点在运行时处于同一纬度,同时根据地面2号节点能接收连接信号的最大方位角和仰角范围,结合 Base Object Data 的统计数据,得出遥感社团异面轨道参与连接的节点编号,选择范围控制在相隔2到3以内。举例来说,比如选择编号11为种子节点与地面2号节点进行连接,以46.84%的概率共选择3个遥感节点与地面2号节点进行连接,再以90.37%的概率选择连接轨道数为2,假设种子节点处于最左侧轨道,则参与连接的节点在同轨道可能还有编号12或编号18(编号11和12与18相邻),异面轨道可能为编号23、24、26、27(编号11的相邻轨道面同位置编号节点为21,而21与23、24、26和27在一个轨道面上节点间隔在2到3以内),则从编号12和18中随机选择1个节点,从23、24、26、27中随机选择1个节点或者从23、24、26、27中随机选择连接2个节点与地面2号节点建立连接关系。

表3-2中,以5.62%的概率选择与地面2号节点连接的遥感节点个数为1时,需要的轨道数只能为1,概率为100%;当以46.15%的概率选择连接节点数为2时,需要的轨道数只能为2,概率同样为100%,以此类推。

遥感社团网编号11的节点与其他社团网(不包括地面控制中心社团网)中连接时间最长的1个节点的连接概率如表3-3所示。因为选出的节点在仿真时间内不是全时连接,所以文中通过把连接进行概率化来模拟发生中断和连接的情形,即两个节点连接总时间除以仿真时间得出连接概率,并通过多次仿真取平均值以达到模拟真实连接的效果。

表3-3 遥感社团编号11节点与其他社团节点连接概率

	低轨互联社团	导航社团	通信社团	天基骨干社团	
节点编号(轨道+位置)	12	23	4	7	5
连接总时间/s	31 914.6	51 267.5	61 263.2	61 070.1	60 577.5
连接概率	36.9%	59.3%	70.9%	70.7%	70.1%

(2)低轨互联社团网:低轨互联社团网节点与地面控制中心社团1号节点连接情况如图3-12所示。在仿真时间内连接数最多为14,最少为10。图3-13说明了在同一轨道上,最多有2个低轨互联节点连接地面1号节点。再根据 Base Object Data 的统计数据,计算出连接时所需要的节点个数和相应的轨道数的概率情况如表3-4所示。

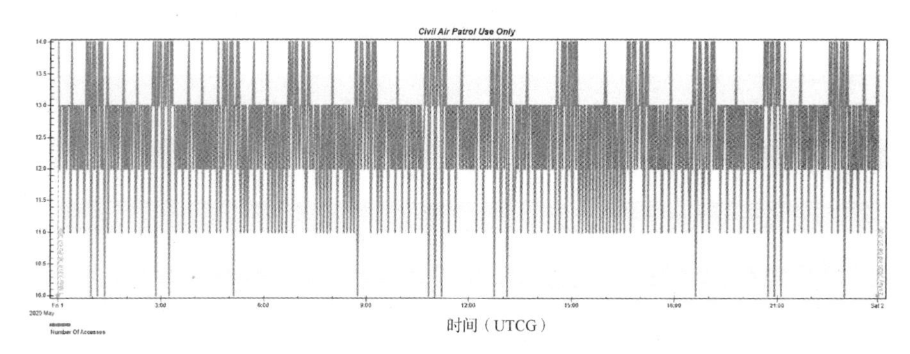

图 3－12　低轨互联社团网节点与地面 1 号节点连接个数图

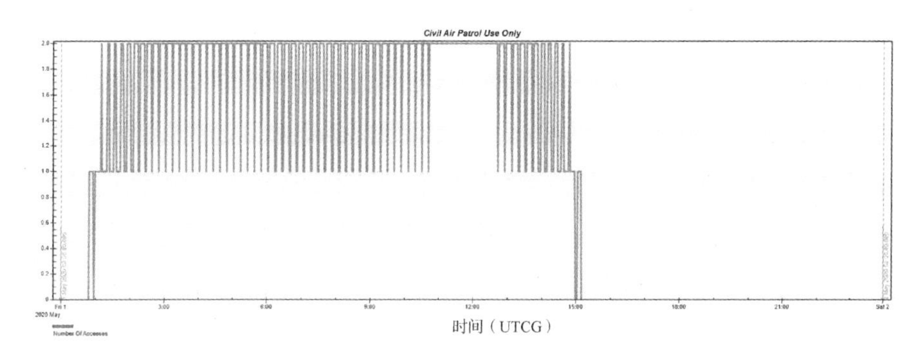

图 3－13　低轨互联社团网第一轨道面节点与地面 1 号节点连接个数图

表 3－4　低轨互联社团节点参与连接的节点和轨道数概率

节点连接个数	10	11		12		13		14	
选择概率	1.18%	8.74%		28.11%		47.61%		14.37%	
需要的轨道数	7	7	8	7	8	7	8	7	8
选择概率	100%	92.86%	7.14%	90.37%	9.63%	85.42%	14.58%	8.7%	91.3%

根据上述结果，制定低轨互联社团网与地面 1 号节点的连接规则如下：随机选择一个种子连接节点；选取参与连接的低轨互联节点个数和轨道数按照表 3－4 执行；每个轨道面最多有 2 个节点参与连接；同轨道多个节点参与连接必须是相邻节点；低轨互联社团网异轨道面节点编号选择控制在相隔 1 到 2 以内。最

终剩余连接节点的选择方法同遥感社团网,即按照等概率选择可能参与连接的同轨道和异轨道面节点。

再根据 Base Object Data 报告,统计出低轨互联社团网编号 11 节点选择与其他社团网(不包括地面控制中心社团网)中连接时间最长的 1 个节点的连接概率如表 3-5 所示。

表 3-5　低轨互联社团编号 11 节点与其他社团节点连接概率

	遥感社团	导航社团	通信社团	天基骨干社团		
节点编号(轨道+位置)	18	36	12	8	7	6
连接总时间/s	32 687.8	68 622.7	61 020.7	60 764.6	59 791.2	58 819.8
连接概率	37.8%	79.4%	70.6%	70.3%	69.2%	68.1%

(3)导航社团网:图 3-14 的仿真结果为导航社团网与地面控制中心社团网 5 号节点的连接情况。可以看出,在仿真时间内最多有 12 个、最少有 6 个导航节点参与连接。从图 3-15 可以看出,每个轨道面上最多有 4 个、最少为 0 个参与连接。同时根据 Base Object Data 报告,对每一个连接情况进行统计分析,计算出连接时所需要的节点个数和相应的轨道数的概率情况如表 3-6 所示。

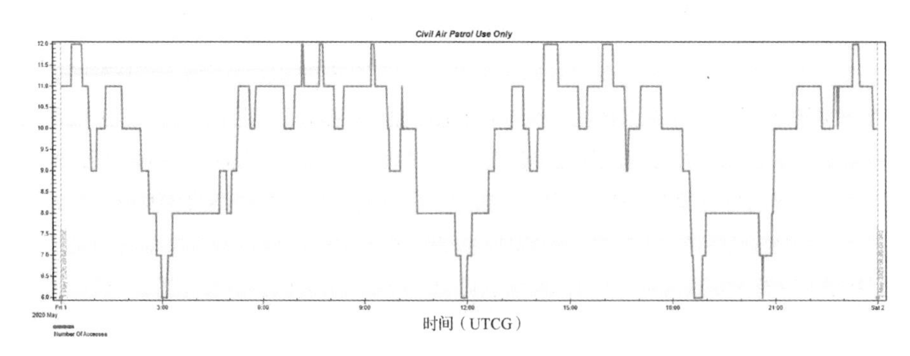

图 3-14　导航社团网节点与地面 5 号节点连接个数图

根据上述结果,制定导航社团网与地面 5 号节点的连接规则如下:随机选择一个种子连接节点;选取参与连接的导航节点个数和轨道数按照表 3-6 中执行;每个轨道面最多有 4 个节点参与连接;同轨道多个节点参与连接必须是相邻节点;最终剩余连接节点的选择方法同遥感社团网,同样按照等概率选择可能参与连接的同轨道和异轨道面节点。

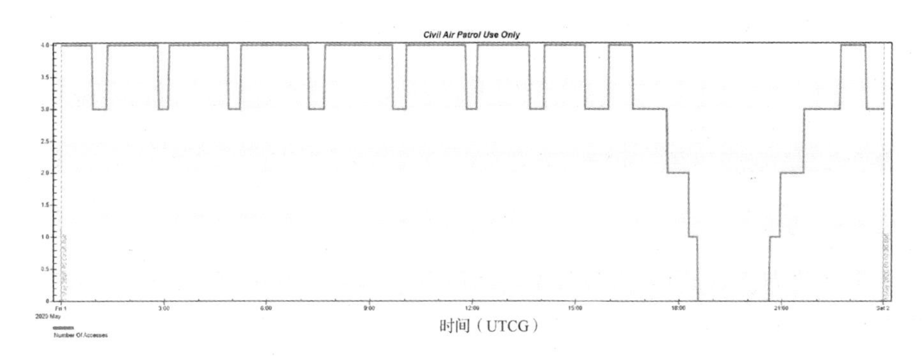

图 3-15　导航社团网第一轨道面节点与地面 5 号节点连接个数图

表 3-6　导航社团节点参与连接的轨道个数概率

节点连接个数	6	7		8		9	10	11	12
选择概率	2.57%	4.51%		21.17%		7.63%	22.83%	34.84%	6.45%
需要的轨道数	2	2	3	2	3	3	3	3	3
选择概率	100%	76.92%	23.08%	95.41%	4.59%	100%	100%	100%	100%

再根据 Base Object Data 报告，统计出导航社团网编号 11 节点选择与其他社团网（不包括地面控制中心社团网）中连接时间最长的 1 个节点的连接概率如表 3-7 所示。

表 3-7　导航社团编号 11 节点与其他社团节点连接概率

	遥感社团	低轨互联社团	通信社团	天基骨干社团		
节点编号（轨道+位置）	72	57	6	3	4	5
连接总时间/s	56 914.73	68 330.32	86 400	86 400	86 400	86 400
连接概率	65.9%	79.1%	100%	100%	100%	100%

（4）通信社团网：通信社团网中编号为 1 的节点分别和遥感社团网、低轨互联社团网、导航社团网中连接时间最长的 1 个节点建立连接关系；同时通信社团网任意节点与天基骨干社团网、地面控制中心社团网任意节点都是全时连接，故根据前述连接规则，编号为 1 的节点与随机挑选的两个社团中各 3 个节点建立连接关系，仿真结果如表 3-8 所示（全时连接的不做统计）。

表 3-8 通信社团编号为 1 的节点与其他社团节点连接概率

	遥感社团	低轨互联社团	导航社团
节点编号(轨道+位置)	32	128	12
连接总时间/s	61 156.36	61 254.60	86 400
连接概率	70.8%	70.9%	100%

(5)天基骨干社团网:天基骨干社团网编号为 1 的节点分别和遥感社团网、低轨互联社团网、导航社团网中连接时间最长的 3 个节点建立连接关系;同时天基骨干社团网节点与地面控制中心社团网、通信社团网中任意节点都是全时连接,故根据前述连接规则,编号为 1 的节点分别和这两个社团网中任意 3 个节点建立连接关系,仿真结果如表 3-9 所示(全时连接的不做统计)。

表 3-9 天基骨干社团编号为 1 的节点与其他社团节点连接概率

	遥感社团			低轨互联社团		
节点编号(轨道+位置)	32	76	16	128	63	17
连接总时间/s	61 287.81	61 287.58	61 256.24	61 253.11	61 252.97	61 134.97
连接概率	70.9%	70.9%	70.9%	70.9%	70.9%	70.8%

(6)地面控制中心社团网:地面控制中心社团网与遥感社团网、低轨互联社团网以及导航社团网之间的节点连接已做分析,而编号为 1 的节点与通信社团网和天基骨干社团网中任意节点都是全时连接,故根据前述连接规则,随机挑选这两个社团各 3 个节点建立连接关系。

3.4 卫星网络拓扑结构

前述三个小节分别从节点分布、社团内部节点的连接以及社团间节点的连接三个部分对整个卫星网络(以下简称“网络”)的结构进行建模。通过上述建模过程,可以得出网络中所有节点之间的连接关系,然后通过 Matlab 对节点之间的连接关系进行处理。

设整个网络 G 由大量不同类型的节点 V 、连接关系 E 组成,记为 $G=(V,E)$ 。其中节点 $V=\{p_i \mid i=1,2,\cdots,n\}$,n 为节点的个数,连接关系 $E=\{e_{i,j} \mid e_{i,j}=(p_i,p_j),p_i,p_j \in V\}$ 。则由 $n(n=237)$ 个节点组成的网络 $G=(V,E)$ 的邻接矩阵为:

$$
\mathbf{A}=\begin{array}{c} \\ p_1 \\ p_2 \\ p_3 \\ \vdots \\ p_n \end{array}\begin{array}{c} \begin{array}{ccccc} p_1 & p_2 & p_3 & \cdots & p_n \end{array} \\ \begin{bmatrix} e_{11} & e_{12} & e_{13} & \cdots & e_{1n} \\ e_{21} & e_{22} & e_{23} & \cdots & e_{2n} \\ e_{31} & e_{32} & e_{33} & \cdots & e_{3n} \\ \vdots & \vdots & \vdots & \ddots & \vdots \\ e_{n1} & e_{n2} & e_{n3} & \cdots & e_{nn} \end{bmatrix} \end{array} \tag{3-1}
$$

设定网络中每个节点之间的连接至多有一条，表示对应节点之间存在连接关系。是一个无向网络，不考虑连接的方向；设定节点连接无多重边且自身不闭环连接，因此，e_{ij} 的取值只能是 0 或 1，若 p_i 和 p_j 之间有边相连，则 $e_{ij}=1$；否则 $e_{ij}=0$。利用 Matlab 软件对邻接矩阵进行仿真分析，得出整个网络的拓扑结构图，如图 3－16 所示。

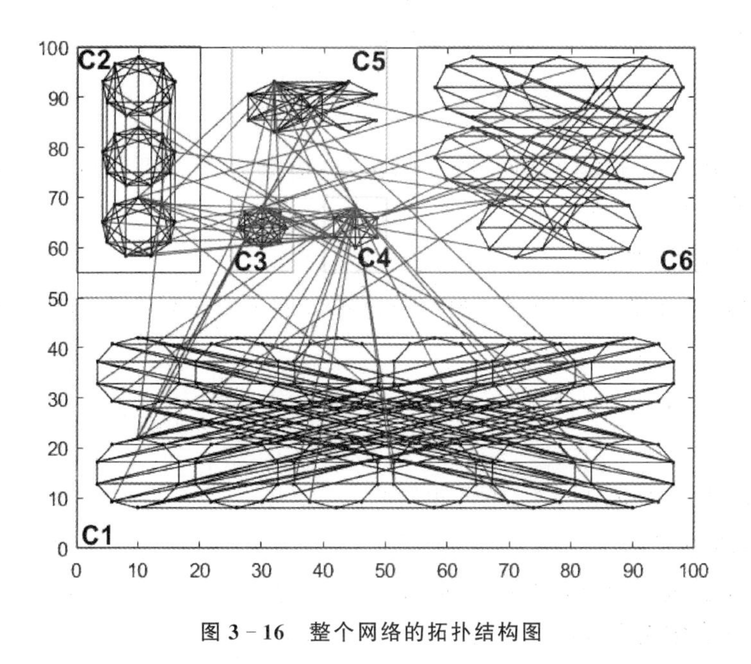

图 3－16　整个网络的拓扑结构图

图 3－16 中 C1—C6 分别表示低轨互联社团网、导航社团网、天基骨干社团网、地面控制中心社团网、通信社团网以及遥感社团网（为方便记，用 C1—C6 表示这 6 个社团网，下同）。

3.5 卫星网络结构参数

1.度

度为节点的连接数，节点 v_i 的度可记为 $k(v_i)$，本文中每个节点的度由该节点在其社团内部连接的度 $k(v_i)_{\text{in}}$ 和其参与社团间连接的度 $k(v_i)_{\text{out}}$ 组成，可以表示如下：

$$k(v_i)=k(v_i)_{\text{in}}+k(v_i)_{\text{out}},i\in\{1,2,\cdots,N\} \tag{3-2}$$

式中，N 表示节点总数。

2.介数

介数[2]是指网络中两点间的所有最短路径的数量与经过该节点最短路径数量的比值，记为

$$B(v_i)=\sum_{\substack{1\leqslant j<i\leqslant N\\ j\neq i\neq l}}\frac{n_{jl}(v_i)}{n_{jl}} \tag{3-3}$$

式中，n_{jl} 指节点 v_j 和 v_l 之间最短路径数量，$n_{jl}(v_i)$ 为节点 v_j 和 v_l 之间最短路径经过节点 v_i 的数量。

3.平均路径长度

平均路径长度[2]指网络中所有节点对之间最短路径长度的平均值，表示如下：

$$L=\frac{1}{\frac{1}{2}N(N-1)}\sum_{i\geqslant j}d_{ij} \tag{3-4}$$

式中，d_{ij} 指节点 v_j 和 v_j 之间的距离。

4.聚类系数

节点 v_i 的 k_i 个邻居节点之间实际存在的边数 l_i 和总的可能的边数 $k_i(k_i-1)/2$ 之比就定义为节点 v_i 的聚类系数 $C(v_i)$，表示如下：

$$C(v_i)=\frac{2l_i}{k_i(k_i-1)} \tag{3-5}$$

5.模块化度量

模块化度量是衡量网络的社团结构耦合强度和稳定性的指标。定义如下：

$$Q=\sum_{i=1}^{M}(e_{ij}-a_i^2) \tag{3-6}$$

式中，e_{ij} 表示网络中从社团 i 连向社团 j 的边数相对整个网络中边数的比例，$a_i=\sum_j e_{ij}$ 表示所有连接到社团 i 的边数量。Q 值的范围在 0～1，Q 值越大，说明网络划分的社团结构准确度越高，在实际的网络分析中，Q 值的最高点一般出现在 0.3～0.7。

3.6　卫星网络结构参数分析

Matlab 仿真软件可以通过计算网路的度及度分布、介数、聚类系数、平均路径长度等参数，以此来揭示整个网络的拓扑结构基本属性。通过 1 000 次仿真取平均值来分析整个网络拓扑结构的静态参数，仿真结果如表 3－10 所示。

表 3－10　网络拓扑结构的静态参数

A	A_0	k	L	D	C	Q
740	64	6.235 9	4.694 2	10.46	0.267 6	0.596 5

从表 3－10 可以看出，整个网络平均连接数 A（社团内连接数和社团间连接数）为 740，社团间平均连接数 A_0 为 64，占到总连接数的 8.42%。网络的平均度 k 为 6.235 9，说明各个社团内部和社团之间节点连接较多，节点之间的联系较为紧密。网络的平均路径长度 L 为 4.694 2，说明从任意一个节点出发到另外一个其他节点平均需要转 4.694 2 次，对一个具有 237 个节点、平均有 740 个连接边的网络来说，节点之间具有较短的平均距离，具备扁平化特征；网络直径 D 的平均值为 10.46，说明两个节点之间的最远距离只需要经过 10 次连接到达，网络直径普遍较小，满足“小世界”效应[120]；平均聚类系数 C 为 0.267 6，模块化度量值 Q 为 0.596 5，说明整个网络节点聚集度较高，且拥有很高的社团化程度[121]。

1.度与度分布

从图 3－17 可以看出，网络中度大的节点只有极少数，而多数节点的度都相对较小，度分布基本呈现为一个反比例函数的曲线形状，但在图 3－18 的度分布双对数图中，度分布呈现不规则的散点状图，无法用一条直线进行拟合[4]。综合分析得出建模生成的网络是一个具有小世界效应、扁平化网络特征明显、节点聚集度和社团化程度高的多社团网络。

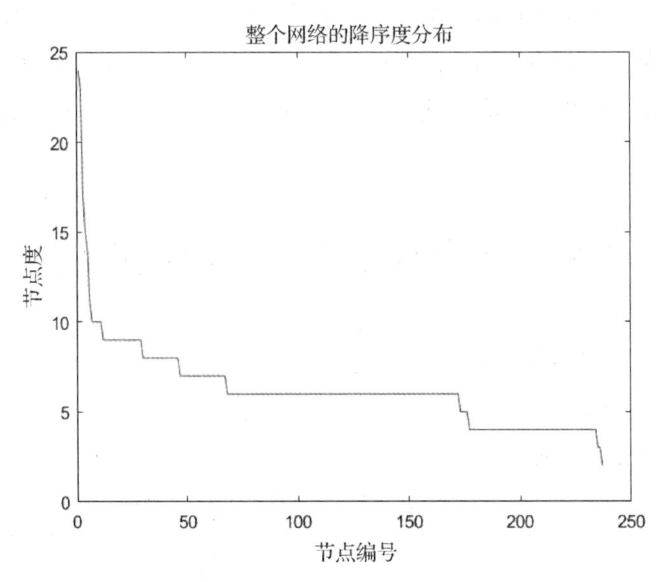

图 3-17 网络度分布降序图

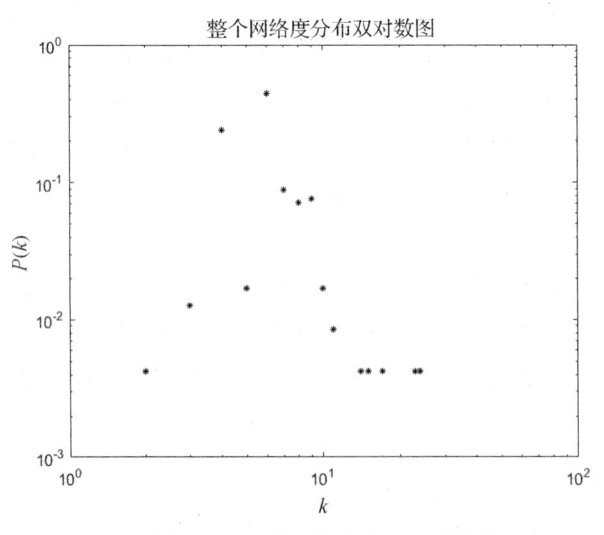

图 3-18 网络的度分布双对数图

各个社团内部的连接规则使得社团内部每个节点度基本相等，但根据社团间连接规则，每个社团中编号为 11 或 1 的节点作为连接其他社团的枢纽节点，该节点社团间连接度比本社团其他节点社团间连接度都要大。从表 3-11 反映的情况看，每个社团中度最大的节点为本社团编号为 11 或 1 的节点。同时横向对比每个社团的平均度及度最大值可以发现，C3 和 C4 社团中平均度和度最大值是所有社团网中最大的两个，这再次说明 C3 和 C4 社团作为整个网络节点连接枢纽和调控中心的重要作用，是整个网络结构中最重要的两个社团。而 C1、C2、C5 和 C6 社团平均度分别为 6.170 4、8.763 7、7.415 0 和 4.155 8，这四个社团的平均度较小。

表 3－11　各个社团度最大节点及社团平均度

	C1	C2	C3	C4	C5	C6
度最大节点编号	11	11	1	1	1	11
度最大值	9.96	13.78	20.10	23.61	16.41	7.88
平均度	6.170 4	8.763 7	10.016 3	10.836 7	7.415 0	4.155 8

2.介数

介数侧重于描述节点对信息流动的影响程度，介数越高，该节点对整个网络就越重要。

从表 3－12 中可以看出，各个社团网的介数平均值最高的是 C4 社团，平均值为 4 288.57，占所有社团介数总值的 45.52%。C3 社团介数平均值为1854.31，占到总平均值的 19.68%。这两个社团的介数平均值占到了整个网络的 65.2%，说明整个网络的信息流在这两个社团中最为频繁，同样说明这两个社团对整个网络的重要性。而其他社团的介数平均值相对较小，与其平均度分布结果类似。但总的来看，所有社团的介数平均值没有特别小的，即网络中的绝大多数节点没有处于特别边缘，说明网络结构设计较为合理。

表 3－12　不同社团节点介数平均值

	C1	C2	C3	C4	C5	C6
节点介数平均值	679.45	400.30	1 854.31	4 288.57	1 017.73	1 180.03
所占比例	7.21%	4.25%	19.68%	45.52%	10.81%	12.53%

3.聚类系数

聚类系数表明了一个节点的邻接点之间相互连接的程度。聚类系数越高，说明网络中节点之间集结成团的程度越高，节点之间连接越紧密，信息流转速度也就越快。

从表 3－13 可以看出，不同社团内部聚类系数平均值各不相同，这是由社团内节点连接方式不同引起的。C3 社团最大，达到 0.75，C4 社团次之，结果为 0.666 7，这两个社团内节点均为全耦合连接，因此，聚类系数平均值较高。值得注意的是,C6 社团每个节点在同轨道和异面轨道都只连接相邻各 1 个节点,因此,该社团内聚类系数平均值为 0。

表 3-13 不同社团聚类系数平均值

	C1	C2	C3	C4	C5	C6
社团内	0.296 1	0.480 3	0.750 0	0.666 7	0.611 1	0
社团间	0.150 9	0.059 3	0.031 9	0.015 7	0.026 0	0.004 2
整个社团	0.447 0	0.539 6	0.781 9	0.682 4	0.637 1	0.004 2

从表 3-13 社团间聚类系数平均值可以看出,各个社团间聚类系数平均值与社团内聚类系数平均值没有呈现出正相关关系。社团间聚类系数平均值最大的为 C1 社团,达到 0.150 9,其余社团网的社团间聚类系数平均值都相对较小。分析认为,社团间聚类系数平均值受该社团节点数和社团内聚类系数平均值共同影响。C1 社团虽然社团内聚类系数平均值相比于其他社团较小,但是由于其本身节点数量最多,达到 120 个,占到整个网络节点数的 50.63%,因此,社团间聚类系数平均值是所有社团网中最大的。而 C6 社团的社团间聚类系数平均值只有 0.004 2,虽然此社团节点数占到整个卫星网络节点数的 27%,但其社团内聚类系数平均值为 0,因此,社团间聚类系数平均值是最小的。

高的聚类系数意味着节点高度聚集,信息流在这些高度聚集的节点中传递速度较大。从社团内和社团间总体聚类系数平均值来看,C3 和 C4 是最高的两个社团,说明了这两个社团是整个网络中信息流转速度最大的两个社团,同时也再次印证了这两个社团在整个网络中的重要性。

4.头节点

定义 1 网络中各社团节点若有连接,则产生连接的这两个节点分别为各自社团的一个头节点。

定义 2 若一个社团内某个节点与其他社团中的多个节点进行连接(即一对多),则这个节点连接其他社团节点的个数称为此节点的头节点权重。

头节点是衡量社团与社团间信息交互程度的一个重要参数。在一定范围内,头节点越多的社团,与其他社团的交互就越顺畅。但头节点不是越多越好,如果头节点个数超出一定范围,就会使整个网络的聚类系数降低,导致网络的社团化程度降低,网络整体的连通效率也随之降低。

表 3-14 中的仿真结果显示,C4 社团与 C3 社团的平均头节点个数分别为 5.08 和 7.26,占到了本社团节点总数的 84.67%和 90.75%,说明这两个社团参与社团间连接的程度最高。同时,这两个社团的头节点权重平均值分别为 35.02 和 24.71,也是所有社团中最高的两个,说明这两个社团与其他社团之间信息交

互的通道最多，这也是作为网络信息交互枢纽和调节控制中心的特征之一。与此同时，从头节点权重比例来看，C3、C4 和 C5 这三个社团中头节点权重最大的那个节点占到了各自社团头节点权重平均值的一半以上，说明这三个社团有一半以上的头节点权重都集中在这几个节点上，这几个节点分别是各自社团与其他社团交互的绝对中心，在整个网络的社团间节点交互中有着不可替代的作用，是整个网络的绝对核心节点。

表 3-14　不同社团头节点和头节点权重平均值

	C1	C2	C3	C4	C5	C6
头节点个数平均值	16.72	13.17	7.26	5.08	7.10	6.72
头节点占本社团节点比例	13.93%	48.78%	90.75%	84.67%	59.17%	10.50%
头节点权重平均值	20.60	20.58	24.71	35.02	15.56	10.27
头节点权重最大值	4.05	5.76	12.89	18.59	7.8	3.94
权重最大值比例	19.66%	27.99%	52.17%	53.08%	50.13%	38.36%

本章利用 STK 仿真环境和 Matlab 仿真工具对整个卫星网络进行建模。将建模过程分为两步：对结构模型的所有节点与仿真环境进行设计和部署；根据 STK 仿真结果，制定各个社团内部和社团间节点的连接规则。通过节点部署情况以及节点间连接规则和约束条件构建出一个由 237 个节点组成的多社团网络。通过对网络度分布、平均路径长度、聚类系数等参数的具体分析，得出卫星网络具体结构特征和关键节点。

3.7　参考文献

[1]　WANG C J. Structural Properties of A Low Earth Orbit Satellite Constellation - The Walker Delta Network[J]//Proceedings of MILCOM' 93 - IEEE Military Communications Conference. IEEE, 1993, 3: 968 - 972.

[2]　孙玺菁. 复杂网络算法与应用[M]. 北京：国防工业出版社，2015.

[3]　杨霞，李建成. Walker 星座星间链路分析[J]. 大地测量与地球动力学，2012，32(2)：143 - 146.

[4]　NEWMAN M E J , GIRVAN M. Finding and Evaluating Community Structure in Networks [J]. Physical Review E. 2004, 69:026113.

[5] OPSAHL T, AGNEESSENS F, SKVORETZ J. Node Centrality in Weighted Networks: Generalizing Degree and Shortest Paths[J]. Social Networks, 2010, 32(3):245 - 251.

[6] LONDEL V D, GUILLAUME J L, LAMBIOTTE R, et al. Fast Unfolding of Communities in Large Networks[J]. Journal of Statistical Mechanics: Theory and Experiment, 2008(10): P10008.

[7] 汪小帆，李翔，陈关荣. 复杂网络理论及其应用[M]. 北京:清华大学出版社，2006.

第4章 卫星网络中信息传播动力学

航天科技的快速发展，加快了探索太空的脚步，尤其是卫星研制水平、火箭发射技术、卫星通信组网等相关技术的快速发展，使卫星发射和回收成本不断降低、发射频率越来越高，其结果就是卫星数量越发增多、增速加快，同时载荷能力大幅度提升，表4-1给出了截止到2023年世界各国卫星发射计划，可见到2027年总卫星量将达到2.6万颗以上，如此庞大的卫星数量将形成功能强大的卫星网络。

表4-1 世界各国卫星发射计划

国家	公司	星座名称	数量/颗	建成年份	轨道高度	频段	用途
美国	Space X	Starlink	11 927	2027	1 130 km	Ku,Ka,V	宽带
英国	OneWeb	OneWeb	2 468	2027	1 200 km	Ku,Ka,V,E	宽带
美国	铱星公司	第二代铱星	75	2018	780 km	—	宽带、STL
关国	波音	波音	2 956	2022	1 200 km	V	宽带
美国	亚马逊	Kuiper	3 236	—	590 km/610 km/630 km	Ka	宽带
美国	Facebook	Facebook Athena Project	77	—	1 200 km	=	=
加拿大	Telesat	Telesa	298	2023	1 248 km/1 000 km	Ka	宽带
加拿大	AAC Clyde	Kepler	140	2022		Ku/Ka	物联网
印度	Astrome	Space Net	150	2020	1 400 km	毫米波	宽带
俄罗斯	Yaliny	Yaliny	135	—	600 km	—	宽带
德国	KLEO Connect	KLEO	624	—	1 050 km/1 425 km	Ka	工业、物联网
韩国	三星	三星	4 600	—	1 400 km		宽带

卫星网络作为信息传播的重要载体，其重要性日益凸显。卫星网络信息传播动力学作为研究卫星网络中信息流动与交互规律的学科，对于提升信息传播效率、优化信息传播路径和方式、应对复杂网络环境、促进空间信息技术发展等方面具有重要意义。通过对卫星网络中信息传播的规律进行深入分析，研究人员能够发现信息传播过程中的瓶颈和障碍，进而提出针对性的优化方案。这有助于实现信息的快速、准确传递，提升整个卫星网络的运行效率和服务质量。对于卫星网络信息传播动力学的研究可以借助复杂网络工具[2-4]，将每个卫星实体映射为复杂网络中的节点，将卫星网络之间的通信链路映射为网络中的连边，通信链路强弱通过连边权值表示。通过这样的方式得到一个只有节点和连边的图，可以基于图论理论进一步研究卫星网络信息传播动力学。

传播动力学是网络科学研究的重要方向之一，主要研究网络中的传播机制、网络中传播动力学与网络拓扑结构之间的关系以及这些行为的高效可行的控制方法[5-8]。相关研究包括网络中传染病传播、知识传播、舆论传播、谣言传播、信息传播及传播免疫策略等[9-11]，当前复杂网络动力学仍然是学术界的研究热点，相关理论蓬勃发展，然而并没有形成一套完备的理论体系[12]。我们知道信息在卫星网络的各节点中传播是一个非常复杂的过程，尤其是当卫星网络规模较大情况，将会形成多个大小、功能、性质不同的小网络，其信息传播动力学尤其复杂。当前卫星网络不断壮大，而相应的信息传播动力学的研究较少，如何促进卫星网络中信息传播，提高信息传播效率，就需要研究卫星网络信息传播规律，通过建立数学模型对信息传播动力学进行建模和论证，把涉及卫星网络信息传播的相关因素，通过参数设置的方式考虑到模型当中，进而从复杂的信息传播过程中找出规律，为卫星网络建设提供一定的参考。本章将在对信息传播动力学研究的基础上，进一步介绍双层卫星网络信息传播动力学。

4.1 卫星网络信息传播影响因素

某种信息在网络中是否能够传播，一方面取决于信息的传播能力以及个体接收到信息后接受能力或免疫能力，例如在计算机网络中，熊猫烧香病毒相比于蠕虫病毒，传播能力更强，病毒较难被查杀，被感染的计算机个体更难恢复。另一方面与信息传播所处的网络结构以及网络属性相关，例如，在全局耦合网络中，所有节点之间均有连边，节点性质相同，信息传播路径较多，传播较容易传播；在随机网络中，当节点之间随机连边概率较低，连边较少，整体网络连通性较差，信息传播路径少，传播难度大，而节点之间随机连边概率较高时，信息传播路径变多，信息较容易传播；在非均匀网络中，如 BA 无标度网络，节点度值分布不均匀，度值大的节点少，度值小的节点多，当度大的节点作为信息传播源，信息能够较快传播到网络中的其他节点，反之，当度较小的节点作为传播源，信息容易传播中断，传播范围小。信息传播影响因素示意图如图 4－1 所示。

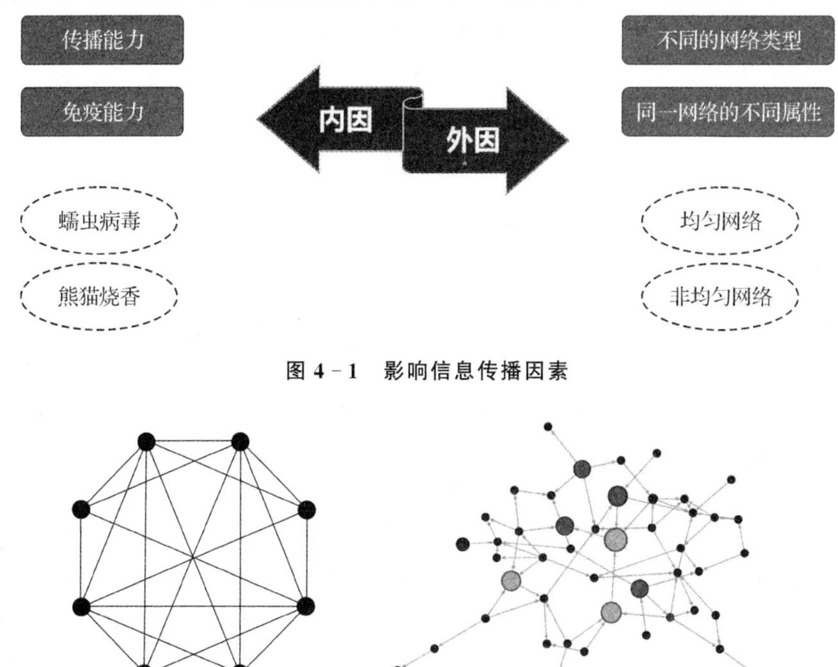

图 4－1　影响信息传播因素

图 4－2　全局耦合网络(a)和非均匀网络[无标度网络，(b)]示意图

当卫星网络规模不断增大，将形成复杂网络模型，研究信息在卫星网络中传播要综合考虑信息本身和卫星网络拓扑结构两方面的因素。例如，当卫星网络呈均匀网络结构，所有节点的度值相同，信息从任何一个节点开始传播，其结果相同。而卫星网络呈非均匀网络结构，当度值大的节点接收到信息时，相比于度小的节点，将更容易将信息传播出去(见图 4－2)。下面介绍几种常见的信息传播模型。

4.2　一般信息传播模型

从客观规律看，信息在传播时，会存在三种状态：S 态，未知消息个体；I 态，已知消息并继续传播消息个体;R 态,已知消息但不传播消息个体。

某个 S 态个体得到信息后以概率 a 接受信息转变为 I 态,I 态个体可传播信息,同时以概率 β 演化成 R 态,或者以概率 β 演化成 S 态,状态如何转变与信息本身相关(见图 4-3)。其中,a 称为接受概率,β 称为免疫概率,两者比值 λ 称为有效传播率,用来衡量信息自身的传播能力。

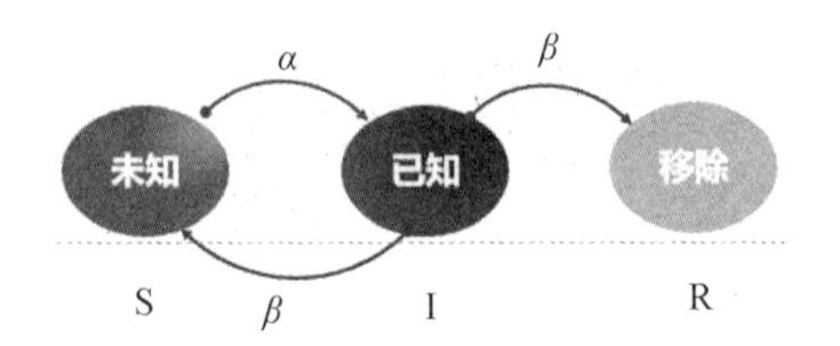

图 4-3 信息传播过程状态演化

显然,通过三种状态之间的变化,能够满足大多数信息传播模型,如图 4-4 所示,例如 SI 模型描述接收消息后能够继续传播消息的信息模型,SIS 模型描述不能获得免疫力的信息传播,如获取信息后存在遗忘或者丢失情形、能够反复传播的计算机病毒等,SIR 传播模型描述能获得免疫力的信息传播,如谣言、舆论、情报、可被一次清除的病毒等信息传播,SIRS 描述获得免疫一段时间后再次失去免疫能力的信息传播,如某台计算机清楚某种病毒后,过一段时间仍然存在被感染的可能。此外,还有 SEIR、SEIRS 等信息传播模型,其中 E 状态表示潜伏态,可以描述能够潜伏一段时间再传播的信息模型,如某种计算机病毒,潜伏一段时间后再爆发式感染主机。

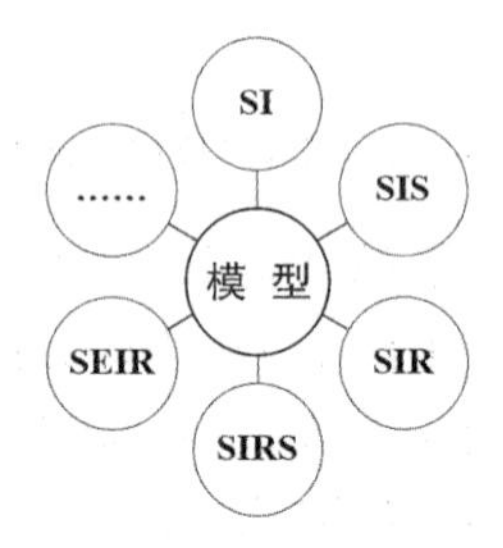

图 4-4 信息传播模型示意图

4.2.1 SI 模型

SI 模型用来描述一次性获取信息模型,其传播行为为单向传播,S 态个体接收到 I 传播的信息后,以概率 λ 接收该信息。

$$S(i)+I(j)\xrightarrow{\lambda}I(i)+I(j) \tag{4-1}$$

设 s(t)和 i(t)分别标记群体中个体在 t 时刻处于 S 态和 I 态的密度，λ 为传染概率，则 SI 模型的动力学模型可以用如下的微分方程组描述：

$$\left.\begin{aligned}\frac{\mathrm{d}s(t)}{\mathrm{d}t}&=-\lambda i(t)s(t)\\ \frac{\mathrm{d}i(t)}{\mathrm{d}t}&=\lambda i(t)s(t)\end{aligned}\right\} \tag{4-2}$$

该系统中所有个体只有两个状态，即 $i(t)+s(t)=1$ ，那么可得

$$\left.\begin{aligned}\frac{\mathrm{d}i(t)}{\mathrm{d}t}&=-\lambda i(t)(1-i(t))\\ i(0)&=i_0\end{aligned}\right\}$$

解微分方程可得

$$i(t)=\frac{1}{1+\left(\frac{1}{i_0}-1\right)\mathrm{e}^{-\lambda t}}$$

时间充分长的话，网络中所有节点都被感染为 I 节点，如图 4-5 所示。

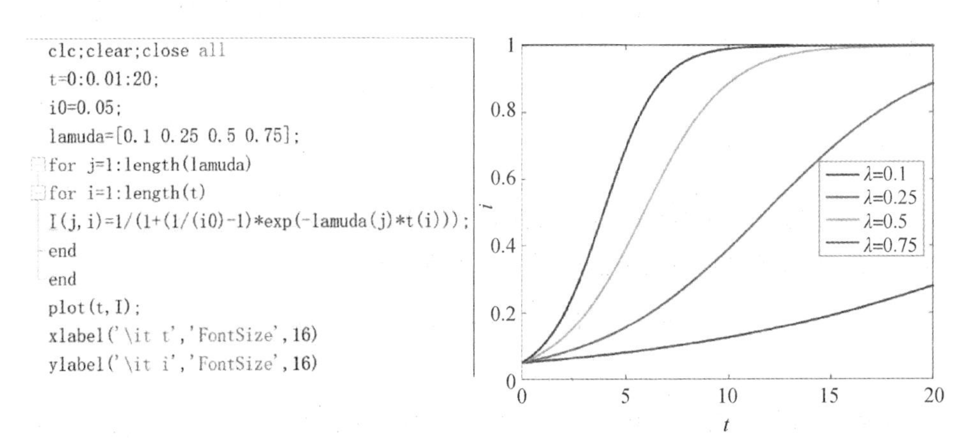

图 4-5　SI 模型信息传播仿真

4.2.2　SIS 模型

在 SIS 信息传播模型中，个体只存在两种状态：未知状态(S)和已知状态(I)。已知个体为信息传播的源头，通过一定的概率 α 将信息传播给未知个体。同时，S 态个体本身以一定的概率 β 重新变为 S 态。另一方面，S 态个体一旦接

受信息成为 I 态，就又成为新的传播源。SIS 模型信息的传播机制可以描述如下：

$$\left.\begin{aligned} &S(i)+I(j)\xrightarrow{\alpha}I(i)+I(j)\\ &I(i)\xrightarrow{\beta}S(i)\end{aligned}\right\}\tag{4-3}$$

假设 t 时刻系统中处于 S 态、I 态的个体的密度分别为 s(t)和 i(t)。当 S 态个体和 I 态个体充分混合时，SIS 模型的动力学行为可以描述为如下的微分方程组

$$\left.\begin{aligned} &\frac{\mathrm{d}s(t)}{\mathrm{d}t}=-\alpha i(t)s(t)+\beta i(t)\\ &\frac{\mathrm{d}i(t)}{\mathrm{d}t}=\alpha i(t)s(t)-\beta i(t)\end{aligned}\right\}\tag{4-4}$$

令有效传播率 $\lambda=\alpha/\beta$，试想，随着信息不断传播，直到网络中 S 态和 I 态节点数量不在变化，此时将存在三种情况：第一，当 α 远大于 β，网络中只存在 S 态节点；第二，当 β 远大于 α，网络中只存在 I 态节点；第三，S 态节点减少速率与 I 态节点增加速率相同。因此，SIS 信息传播模型存在阈值 λ_c，当 $\lambda<\lambda_c$ 时，稳态解 $i(T)=0$；而当 $\lambda>\lambda_c$ 时，稳态解 $i(T)>0$。其中，T 代表达到稳态所经历的时间。

4.2.3 SIR 模型

在 SIR 模型中，I 态个体不再演化为 S 态个体，而是以概率 β 演化为 R 态个体。由此，SIR 模型信息的传播机制可以描述如下：

$$\left.\begin{aligned} &S(i)+I(j)\xrightarrow{\alpha}I(i)+I(j)\\ &I(i)\xrightarrow{\beta}R(i)\end{aligned}\right\}\tag{4-5}$$

假设 t 时刻系统中处于 S 态、I 态和 R 态的个体的密度分别为 $s(t)$、$i(t)$ 和 $r(t)$。当 S 态个体和 I 态个体充分混合时，SIR 模型的动力学行为可以描述为如下的微分方程组：

$$\left.\begin{aligned} &\frac{\mathrm{d}s(t)}{\mathrm{d}t}=-\alpha i(t)s(t)\\ &\frac{\mathrm{d}i(t)}{\mathrm{d}t}=\alpha i(t)s(t)-\beta i(t)\\ &\frac{\mathrm{d}r(t)}{\mathrm{d}t}=\beta i(t)\end{aligned}\right\}\tag{4-6}$$

随着时间的推移，上述模型中的 I 态个体将逐渐增加。但是，经过充分长的时间后，因为 S 态个体的不足使得 I 态个体也开始减少，直至 I 态个体变为 0，信息传播过程结束。因此，SIR 模型在稳态时刻 $t=T$ 的 I 态节点密度 $r(T)$ 和有效传染率 λ 存在着一一对应的关系，且 $r(T)$ 可以用来测量传染的有效率，如图 4－6 所示。

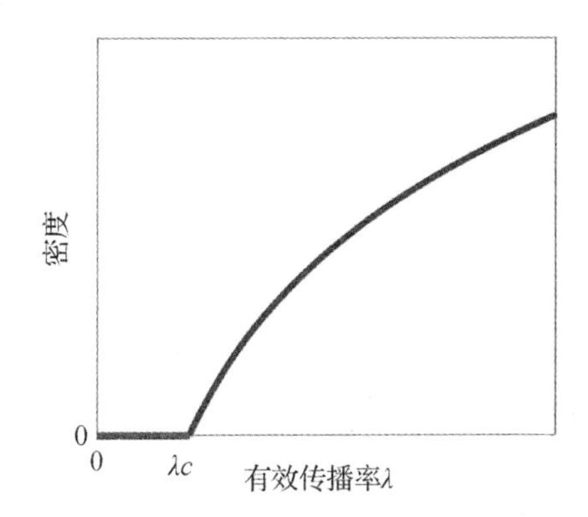

图 4－6　稳态时 I 态节点密度与有效传播率关系

同样，SIR 模型也存在一个阈值 λ_c，当 $\lambda<\lambda_c$ 时，信息无法扩散出去；而当 $\lambda>\lambda_c$ 时，信息可以传播，随着有效传播率增大，稳态时 R 态节点密度越大。

由此可见，SIR 模型和 SIS 模型的主要区别在于：SIS 的终态为稳定态（包括震荡态和不动点），低于临界阈值时终态为 0；SIR 的终态为无 I 态，低于临界阈值时 R 态个体的密度为 0。

4.2.4　SIRS 模型

与 SIR 模型不同的是，在 SIRS 模型中，处于 R 态的个体（治愈后具有免疫力）还会以概率 γ 失去免疫力，传播机制可以表示为

$$\left.\begin{array}{l} S(i)+I(j)\xrightarrow{\alpha}I(i)+I(j) \\ I(i)\xrightarrow{\beta}R(i) \\ R(i)\xrightarrow{\gamma}S(i) \end{array}\right\} \tag{4-7}$$

SIRS 模型的动力学行为可以描述为如下的微分方程组：

$$\left.\begin{aligned}\frac{\mathrm{d}s(t)}{\mathrm{d}t}&=\gamma r(t)-\alpha i(t)s(t)\\\frac{\mathrm{d}i(t)}{\mathrm{d}t}&=\alpha i(t)s(t)-\beta i(t)\\\frac{\mathrm{d}r(t)}{\mathrm{d}t}&=\beta i(t)-\gamma s(t)\end{aligned}\right\}\tag{4-8}$$

从式(4-8)第一行右边可见，S态节点多了增加项$\gamma r(t)$，即描述了R到S的过程。

4.2.5 SEIR模型

SEIR模型适合于描述具有潜伏态的信息传播，如能够潜伏的计算机病毒。S态个体与I态个体接触后先以一定概率α演化为潜伏态(E)，然后再以一定概率β演化为I态。SEIR模型的传播机制可以描述如下：

$$\left.\begin{aligned}&S(i)+I(j)\xrightarrow{\alpha}E(i)+I(j)\\&E(i)\xrightarrow{\beta}I(i)\\&I(i)\xrightarrow{\gamma}R(i)\end{aligned}\right\}\tag{4-9}$$

假设t时刻系统中处于S态、E态、I态和R态的个体的密度分别为$s(t)$、$e(t)$、$i(t)$和$r(t)$。SIRS模型的动力学行为可描述为如下的微分方程组：

$$\left.\begin{aligned}\frac{\mathrm{d}s(t)}{\mathrm{d}t}&=-\alpha e(t)s(t)\\\frac{\mathrm{d}e(t)}{\mathrm{d}t}&=\alpha e(t)s(t)-\beta e(t)\\\frac{\mathrm{d}i(t)}{\mathrm{d}t}&=\beta e(t)-\gamma i(t)\\\frac{\mathrm{d}r(t)}{\mathrm{d}t}&=\gamma i(t)\end{aligned}\right\}\tag{4-10}$$

4.3 卫星网络模型分类

实际上，无论卫星网络规模如何增长、载荷如何变化，其信息传播的网络模型大体上可以分为两类：均匀卫星网络模型和非均匀卫星网络模型，其区分如图

4－7 所示，两类网络是以卫星网络中节点度分布区分，对于均匀卫星网络模型，网络中卫星节点度值分布均匀，大都集中在平均度附近，节点性质相似，典型的网络模型有规则网络、随机网络和小世界网络等[13]；对于非均匀卫星网络模型，网络中卫星节点的度值分布不均匀，度值大的节点数量占比较小，度值小的节点数量占比较大，即以卫星网络节点的度分布区分。

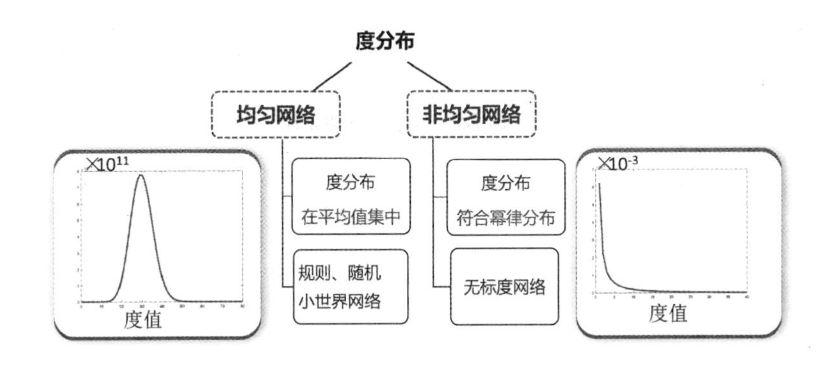

图 4－7　均匀卫星网络与非均匀卫星网络

下面重点介绍均匀卫星网络和非均匀卫星网络中信息传播动力学，本章中不考虑某个网络节点接收信息后遗忘或者丢失的情况，以 SIR 信息传播模型模拟信息传播过程。

4.4　均匀卫星网络中信息传播动力学

首先讨论均匀卫星网络信息传播动力学，其中卫星节点度值相同，性质相似，可用统一度值表示，基于式(4－4)，构建均匀卫星网络中 SIR 模型信息动力学方程组如式(4－11)，第二个方程表示 S 态节点减少速率，这个减少速率也正是 I 节点增加速率，第二三个方程第二项是 I 节点减少速率，也是移除状态节点增加速率。与式(4－4)相比，有效传播率 λ 变为 $\lambda\langle k\rangle$，表示每个节点均与 $\langle k\rangle$ 个节点相连，信息传播效率增加了 $\langle k\rangle$ 倍。显然，在均匀卫星网络中，动力学方程即是对信息传播过程的描述，我们重点关注信息传播达到稳态后，能够覆盖多少节点，也就是信息在均匀卫星网络中的传播能力。

$$\left.\begin{aligned}
&s(t)+i(t)+r(t)=1\\
&\frac{\mathrm{d}s(t)}{\mathrm{d}t}=-\lambda<k>i(t)s(t)\\
&\frac{\mathrm{d}i(t)}{\mathrm{d}t}=\lambda<k>i(t)s(t)-i(t)\\
&\frac{\mathrm{d}r(t)}{\mathrm{d}t}=i(t)
\end{aligned}\right\}\tag{4-11}$$

同样，令 $\lambda=\alpha/\beta,\beta=1$，S 个体、I 态个体和 R 态个体(处于移除状态的个体)的密度满足 $s(t)+i(t)+r(t)=1$，那么，针对这个微分方程求解，首先考虑消元。

根据第一个和第三个方程可得：

$$\begin{aligned}
&\frac{\mathrm{d}s(t)}{\mathrm{d}t}=-\lambda<k>s(t)\frac{\mathrm{d}r(t)}{\mathrm{d}t}\\
&\Rightarrow\frac{\mathrm{d}s(t)}{s(t)}=-\lambda<k>\mathrm{d}r(t)\\
&\Rightarrow\ln s(t)=-\lambda<k>r(t)
\end{aligned}\tag{4-12}$$

当 $\lambda<\lambda_c$ 时，信息不能大范围传播，稳态时 R 态节点密度 r 为无穷小；而当 $\lambda>\lambda_c$ 时，信息传播给有限比例的卫星节点。在初始条件 $r(0)=0$ 与 $s(0)\approx1$ 下，由式(4－12)容易得到

$$s(t)=\mathrm{e}^{-\lambda<k>r(t)}\qquad\frac{\mathrm{d}r(t)}{\mathrm{d}t}=i(t)$$

将此结果与约束条件相结合，可得

$$\left.\begin{aligned}
&\mathrm{e}^{-\lambda\langle k\rangle r(t)}+\frac{\mathrm{d}r(t)}{\mathrm{d}t}+r(t)=1\\
&\frac{\mathrm{d}r(t)}{\mathrm{d}t}=1-\mathrm{e}^{-\lambda\langle k\rangle r(t)}-r(t)=0
\end{aligned}\right\}\tag{4-13}$$

通过求解，可得

$$r=1-\mathrm{e}^{-\lambda<k>r}\tag{4-14}$$

r 为稳态移除状态节点密度，通过将式(4－14)左右两边分别看作一个函数，可得

$$\left.\begin{aligned}
&y_1=r\\
&y_2=1-\mathrm{e}^{-\lambda<k>r}
\end{aligned}\right\}\tag{4-15}$$

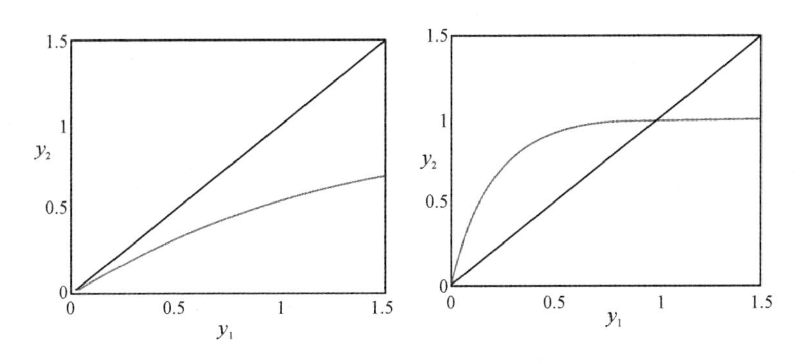

图 4-8　两等式曲线图

通过画图得到式(4-15)中两等式在不同条件下的曲线图,可见为了得到非零解,必须满足下列条件:

$$\frac{\mathrm{d}}{\mathrm{d}r}(1-\mathrm{e}^{-\lambda<k>r})\bigg|_{r=0}>1$$

通过求解可得均匀卫星网络中信息传播阈值为 $\lambda_c=\frac{1}{\langle k\rangle}$。显然,传播阈值与平均度成反比[14]。传播阈值越大,信息不容易传播,阈值越小,信息容易传播。接来下再看一个具体的问题,也就是在双层均匀卫星网络中信息传播规律是什么,如何才能提高双层均匀卫星网络中信息传播效率。

4.5　双层均匀卫星网络中信息传播动力学

当前,我国卫星网络建设初见成效,已经具备多种功能,包括通信、导航、遥感、侦察、预警、气象水文等,每种网络均可以看成一个业务网络,示意图如图 4-9 所示。如果把每一种业务看成由一个系统组成,每个系统内部可以看成是多个子系统组成,多个子系统之间的高效配合,能够提高系统的运行效能,提高业务能力。假设子系统内部节点性质相同,可以看成为均匀网络,那么,对于某种业务网络,可以看成是多个均匀网络相互配合组成,网络间的信息高效传输是提高业务能力的基础。为了研究多个均匀网络之间信息传播动力学,可以将问题简化为多个双层均匀网络信息传播动力学研究的问题。通过研究双层均匀网络信息传播规律,进而推广到多层网络。本章将重点研究双层均匀网络信息传播动力,首先,分析双层均匀网络中信息传播与单层网络信息传播有什么区别。

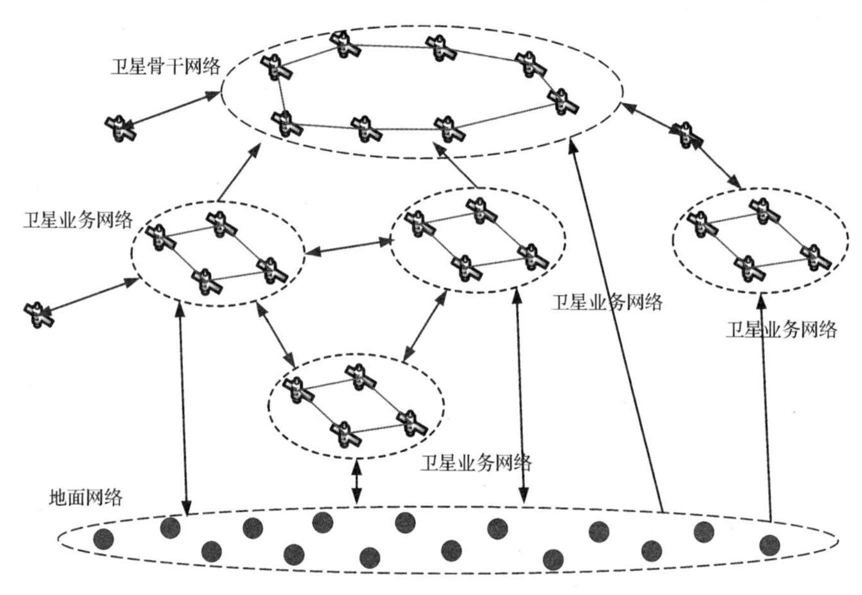

图 4-9　卫星网络示意图

4.5.1　传播过程

本章 4.2 节分析了 SIR 是单向演化模型，S 态接收到信息后演化为 I 态，进一步演化为 R 态。与单层均匀网络中信息传播行为不同的是，在双层均匀网络中，每一层 S 状态节点不仅会从本层 I 态节点接收信息，也会从另一层 I 状态节点接收信息，信息传播示意图如图 4-10 所示，实线表示层内信息传播路径，虚线表示层间信息传播路径，在构建动力学方程时就要考虑 S 态节点接收信息的两个渠道，这样的传播行为有什么样的规律呢，下一步构建动力学方程描述信息传播过程。

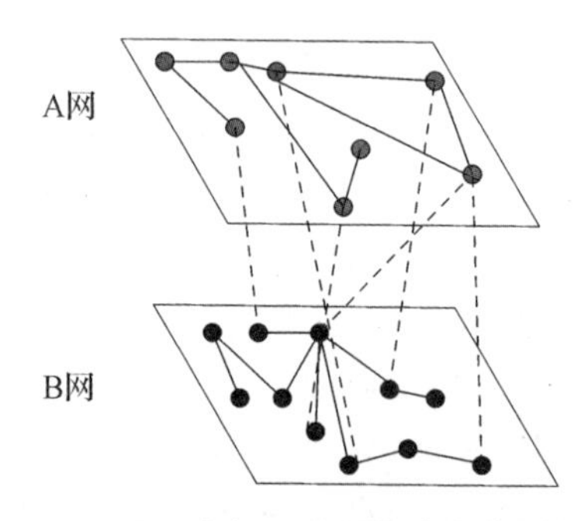

图 4-10　双层均匀卫星网络信息传播示意图

4.5.2　动力学建模

假设子网 A(B)节点平均度为 $k_a(k_b)$ ，$k_{ab}(k_{ba})$ 表示 A(B)网层间链接平均度。$s_A(t)$ ($s_B(t)$)表示 A(B)中 I 状态个体在 t 时刻密度。那么,两个子网信息传播动力学方程可以表示为

$$\left.\begin{aligned}\frac{\mathrm{d}s_A(t)}{\mathrm{d}t}&=-\lambda_a\langle k_a\rangle s_A(t)i_A(t)-\lambda_{ba}\langle k_{ba}\rangle s_A(t)i_B(t)\\\frac{\mathrm{d}i_A(t)}{\mathrm{d}t}&=\lambda_a\langle k_a\rangle s_A(t)i_A(t)+\lambda_{ba}\langle k_{ba}\rangle s_A(t)i_B(t)-\mu_a i_A(t)\\\frac{\mathrm{d}r_A(t)}{\mathrm{d}t}&=\mu_a i_A(t)\end{aligned}\right\}\tag{4-16}$$

式(4 - 16)中第一个方程表示 S 状态节点减少速率,右边第一项表示 S 状态节点从层间 I 状态节点处获取信息,转变为 I 状态而减少速率,第二项表示 S 状态节点从 B 层网络中 I 状态节点处获取信息而减少的速率;第二个方程表示 I 状态节点增加速率,分别来自本层和 B 层 S 状态节点演化为 I 状态节点;第三个方程表示移除状态增加速率,μ_a 表示 I 状态节点演化为 R 状态节点概率。对于 A 网,三种状态节点密度加和为 1,即

$$s_A(t)+i_A(t)+r_A(t)=1\tag{4-17}$$

对于 B 网,同样可得

$$\left.\begin{aligned}\frac{\mathrm{d}s_B(t)}{\mathrm{d}t}&=-\lambda_b\langle k_b\rangle s_B(t)i_B(t)-\lambda_{ab}\langle k_{ab}\rangle s_B(t)i_A(t)\\\frac{\mathrm{d}i_B(t)}{\mathrm{d}t}&=\lambda_b\langle k_b\rangle s_B(t)i_B(t)+\lambda_{ab}\langle k_{ab}\rangle s_B(t)i_A(t)-\mu_b i_B(t)\\\frac{\mathrm{d}r_B(t)}{\mathrm{d}t}&=\mu_b i_B(t)\\s_A(t)+i_A(t)&+r_A(t)=1\end{aligned}\right\}\tag{4-18}$$

根据式(4 - 16)和式(4 - 18)可知,信息在 A 和 B 网络中传播,同时也会通过层间连边传播。这种情况下整个网络传播阈值相比于单层网络传播阈值会发生哪些变化,是不是连边增多了,信息就一定能够通过层间连边传递到另一层网络?下面进一步对动力学方程进行求解。

4.5.3 信息传播动力学分析

结合式(4-16)和(4-18),将式(4-16)的第一项右边用移除状态节点密度表示,可得

$$\frac{\mathrm{d}s_A(t)}{\mathrm{d}t}=-\lambda_a\langle k_a\rangle s_A(t)\frac{\mathrm{d}r_A(t)}{\mathrm{d}t}-\lambda_{ba}\langle k_{ba}\rangle s_A(t)\frac{\mathrm{d}r_B(t)}{\mathrm{d}t}$$
$$\Rightarrow\frac{1}{s_A(t)}\frac{\mathrm{d}s_A(t)}{\mathrm{d}t}=-\lambda_a\langle k_a\rangle\frac{\mathrm{d}r_A(t)}{\mathrm{d}t}-\lambda_{ba}\langle k_{ba}\rangle\frac{\mathrm{d}r_B(t)}{\mathrm{d}t} \tag{4-19}$$

考虑初始状态时,已知状态节点数量较少,网络中几乎均为未知状态节点,得到 $s_A(0)=s_B(0)\approx 1$, $r_A(0)=r_B(0)\approx 0$,代入式(4-19),进一步化简,得

$$s_A(t)=\mathrm{e}^{[-\lambda_a\langle k_a\rangle r_A(t)-\lambda_{ba}\langle k_{ba}\rangle r_B(t)]} \tag{4-20}$$

同理对于B网络能够得到相似的表达式,有

$$s_B(t)=\mathrm{e}^{[-\lambda_b\langle k_b\rangle r_B(t)-\lambda_{ab}\langle k_{ab}\rangle r_A(t)]} \tag{4-21}$$

结合式(4-19)和式(4-20),可得

$$\frac{\mathrm{d}r_A(t)}{\mathrm{d}t}=1-r_A(t)-\mathrm{e}^{[-\lambda_a\langle k_a\rangle r_A(t)-\lambda_{ba}\langle k_{ba}\rangle r_B(t)]} \tag{4-22}$$

当双层网络信息传播达到稳态时,R状态节点速率不再变化,可得

$$1-r_A(t)-\mathrm{e}^{[-\lambda_a\langle k_a\rangle r_A(t)-\lambda_{ba}\langle k_{ba}\rangle r_B(t)]}=0 \tag{4-23}$$

移相后得

$$r_A(t)=1-\mathrm{e}^{[-\lambda_a\langle k_a\rangle r_A(t)-\lambda_{ba}\langle k_{ba}\rangle r_B(t)]} \tag{4-24}$$

同理可得

$$r_B(t)=1-\mathrm{e}^{[-\lambda_b\langle k_b\rangle r_B(t)-\lambda_{ab}\langle k_{ab}\rangle r_A(t)]} \tag{4-25}$$

根据式(4-24)和式(4-25),可知,若某种信息可以在双层网络传播,一定是在两层网络都可以传播,因为 $0\leqslant r_A(t), r_B(t)\leqslant 1$, $r_A(t)=0, r_B(t)\neq 0$ 不是方程的稳定解,同理, $r_B(t)=0, r_A(t)\neq 0$ 同样不是稳定解。主要原因如下:

以式(4-25)为例,当 $r_A(t)=0$ 时,变为

$$r_B(t)=1-\mathrm{e}^{-\lambda_b\langle k_b\rangle r_B(t)} \tag{4-26}$$

此时对 B 网来说,相当于信息在网内传播,B 网的有效传播率 λ_b 满足 $\lambda_b>\frac{1}{\langle k_b\rangle}$,可使得 $r_B(t)>0$,信息可以一直在B网内传播。显然,这个结果并不满足式(4-24)。因此,$r_A(t)=0, r_B(t)\neq 0$ 不是方程的稳定解。对于双层耦合网络,当信息在一层可以传播时,可以通过层间连边传播到另一层网络,即要么

$r_A(t)=0, r_B(t)=0$，要么 $r_A(t)>0, r_B(t)>0$。

将式(4-24)写为

$$\left.\begin{aligned} y_1 &= r_A(t) \\ y_2 &= 1-\mathrm{e}^{[-\lambda_a\langle k_a\rangle r_A(t)-\lambda_{ba}\langle k_{ba}\rangle r_B(t)]} \end{aligned}\right\} \tag{4-27}$$

易知 $\lambda_{ab}\langle k_{ab}\rangle>0$，设置随机参数，分别画出式(4-27)中 y_1 和 y_2 曲线，如图 4-10所示。当 $r_B(t)>0$ 时，无论 A 网有效传播率 λ_a 为多少，y_1 和 y_2 必然会在 r_A 正半轴有一个交点，即 $r_A(t)>0$。

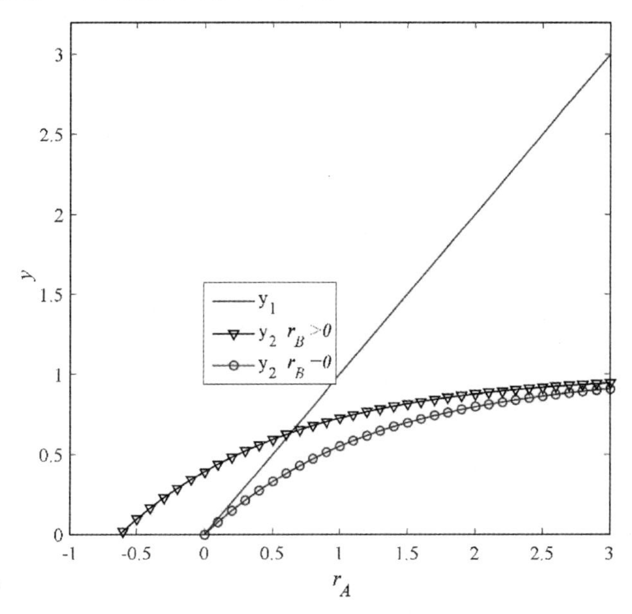

图 4-11　式(4-27)中曲线比较

另一方面，假设双层网络的传播阈值是 λ_c，当 $0<\lambda_a, \lambda_b\leqslant\lambda_c$ 时，信息在整个卫星网络中难以传播，只有当 $\lambda_a, \lambda_b>\lambda_c$ 时，信息可以在双层卫星网络中传播。我们知道，当有效传播率接近传播阈值时，整个网络将会存在少部分 I 节点，此时 λ_c 数值比较小，当单层网络阈值逼近整个网络传播阈值时，式(4-24)和式(4-25)可以写为

$$\left.\begin{aligned} \ln[1-r_A(t)] &= -\lambda_a\langle k_a\rangle r_A(t)-\lambda_{ba}\langle k_{ba}\rangle r_A(t) \\ \ln[1-r_B(t)] &= -\lambda_b\langle k_b\rangle r_B(t)-\lambda_{ab}\langle k_{ab}\rangle r_B(t) \end{aligned}\right\} \tag{4-28}$$

由于 λ_c 较小，$r_A(t), r_B(t)$ 此时数值也较小，对方程左侧进行泰勒级数展开，即 $\ln(1+\mathrm{x})=x+x^2/2+O(x)$，去除高阶项，可得

$$\left.\begin{aligned} r_A(t) &= \lambda_a\langle k_a\rangle r_A(t)+\lambda_{ba}\langle k_{ba}\rangle r_A(t) \\ r_B(t) &= \lambda_b\langle k_b\rangle r_B(t)+\lambda_{ab}\langle k_{ab}\rangle r_B(t) \end{aligned}\right\} \tag{4-29}$$

当 λ_a,λ_b 逼近 λ_c 时,数值较小,可以等效,$\lambda_a=\lambda_b=\lambda_c$,进一步可得

$$\begin{bmatrix}\lambda_c\langle k_a\rangle-1 & \lambda_{ba}\langle k_{ba}\rangle\\ \lambda_{ab}\langle k_{ab}\rangle & \lambda_c\langle k_b\rangle-1\end{bmatrix}\begin{bmatrix}r_A(t)\\ r_B(t)\end{bmatrix}=0 \tag{4-30}$$

进一步简化可得双层网络间的关联矩阵可以表示为

$$\boldsymbol{C}=\begin{bmatrix}\lambda_c\langle k_a\rangle & \lambda_{ba}\langle k_{ba}\rangle\\ \lambda_{ab}\langle k_{ab}\rangle & \lambda_c\langle k_b\rangle\end{bmatrix} \tag{4-31}$$

那么,网络的传播阈值为矩阵 $\boldsymbol{C}$ 的最大特征值 $\lambda_{\max}^{C}$ 决定信息是否可以在整个网络中广泛传播。当 $\lambda_{\max}^{C}<1$,信息较难在网络中传播;当 $\lambda_{\max}^{C}>1$,信息可以在网络上传播。因此,信息是否可以在网络中传播开,由 $\lambda_{\max}^{C}$ 决定。基于式(4-30),经过计算可得

$$\lambda_c^2\langle k_a\rangle\langle k_b\rangle-\lambda_c(\langle k_a\rangle+\langle k_b\rangle)+1-\lambda_{ab}\lambda_{ba}\langle k_{ab}\rangle\langle k_{ba}\rangle=0 \tag{4-32}$$

通过求解式(4-32),去掉较大的解,将较小的解作为全局传播阈值,可得

$$\lambda_c=\frac{\langle k_a\rangle+\langle k_b\rangle-\sqrt{(\langle k_a\rangle-\langle k_b\rangle)^2+u}}{2\langle k_a\rangle\langle k_b\rangle} \tag{4-33}$$

式(4-33)中 $u=4\lambda_{ab}\lambda_{ba}\langle k_{ab}\rangle\langle k_{ba}\rangle>0$,那么

$$\lambda_c<\frac{\langle k_a\rangle+\langle k_b\rangle-\sqrt{(\langle k_a\rangle-\langle k_b\rangle)^2}}{2\langle k_a\rangle\langle k_b\rangle} \tag{4-34}$$

显然,根据式(4-34)可得

$$\lambda_c<\frac{\langle k_a\rangle+\langle k_b\rangle-|\langle k_a\rangle-\langle k_b\rangle|}{2\langle k_a\rangle\langle k_b\rangle},\begin{cases}\lambda_c<\dfrac{1}{\langle k_a\rangle},\langle k_a\rangle>\langle k_b\rangle\\ \lambda_c<\dfrac{1}{\langle k_b\rangle},\langle k_a\rangle<\langle k_b\rangle\end{cases} \tag{4-35}$$

显然,根据式(4-35)的结果可知,当双层均匀网络层间存在连边时,全局传播阈值小于单层网络间传播阈值,且网络间有效传播率和层间度越大,即 u 越大,λ_c 越小,信息更容易在双层网络中传播,即层间链接加速了信息传播。通过合理的设计网络,可以观察到某种信息在 A 网和 B 网不能广泛传播,但是可以在双层网络中传播开。下面构建两个双层均匀网络,验证式(4-33)到式(4-35)的结论。

4.5.4 理论验证

仿真中构建两个均匀网络,形成双层网络,其中 A 网和 B 网均采用 WS 小世界网络,WS 小世界网络能够描述某个卫星网络内部和外部的连边关系,具体

形成过程为：对 A 网，产生 $M=1\ 000$ 个节点的最邻近耦合网络，每个节点与周边 k_a（偶数）个节点连接（左右各一半）；对 B 网，产生 $N=800$ 个节点的最邻近耦合网络，每个节点与周边 k_b（偶数）个节点连接（左右各一半），通过改变 A(B) 网的平均度观察双层网络传播阈值变化情况。仿真中初始 I 节点比例为 0.005，A(B)网从 I 状态演化到 R 状态概率为 1，子网间传播概率为 $\lambda_{ab}=0.01$，$\lambda_{ba}=0.01$。网络间连边为随机连边，直到网络间连边平均度为 $\frac{k_a}{2}$。仿真中 A 网节点平均度 $k_a=[6\quad 8\quad \cdots\quad 32]$，对应 B 网节点平均度为 $k_b=[4\quad 6\quad \cdots\quad 30]$，图 4－12 给出了双层网络传播阈值的理论值和仿真值曲线，显然，阈值理论值和仿真值趋于一致，式(4－33)推导双层网络信息传播阈值理论表达式得到验证。

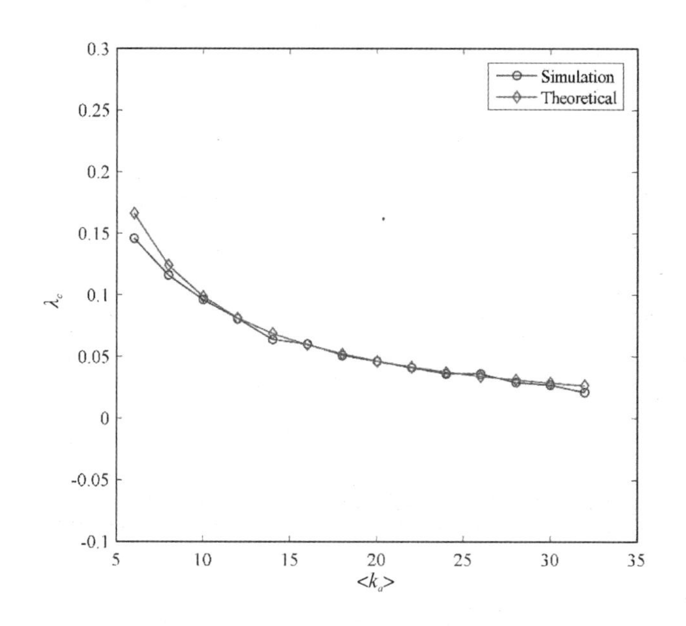

图 4－12　传播阈值的理论值(theoretical)与仿真值比较(simulation)

图 4－13 给出了双层网络传播阈值与单层网络（A 和 B)网传播阈值比较，参数与上一个仿真相同。可见，双层网络传播阈值小于单层网络传播阈值，这是由于层间连边增加了信息传播渠道，每个单层网络受到另一层网络影响，增加了信息传播几率，促进信息传播，降低了传播阈值，仿真结果与式(4－35)分析结果一致。

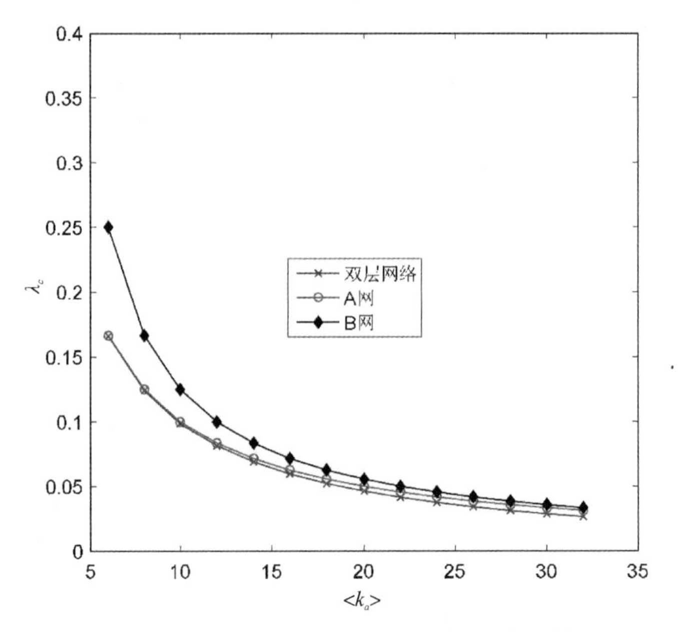

图 4-13　双层网络与单层网络传播阈值比较

显然，通过本节理论和仿真，能够得出，对于均匀卫星网络来说，层间连边的存在相当于增加了双层网络的传播路径，能够在一定程度上促进信息传播，降低双层网络传播阈值。当一个双层网络中的一个网络不易改变时，可以通过增加层间连边、提高层间连边信息传播率或者降低另一个网络的传播阈值，都能够有效促进双层均匀卫星网络的信息传播效率。在下一节，将进一步讨论当卫星网络为非均匀网络时，信息传播动力学会有什么不同。

4.6　非均匀卫星网络中信息传播动力学

当不同性质卫星组网提供某种能力时，卫星网络将呈现非均匀网络特性。我们知道非均匀网中节点度值分布不均匀，节点度值不同，性质也不同，根据平均场理论，可以把度值相同的节点分为一组，以组为单位讨论信息传播动力学。下面将以度值为 k 的一组节点为例，介绍非均匀卫星网络中信息传播动力学。

假设度为 k 的卫星节点组中处于 S 态、I 态和 R 态的节点的密度分别表示为 $s_k(t)$、$i_k(t)$ 和 $r_k(t)$，则满足约束关系：

$$s_k(t)+i_k(t)+r_k(t)=1 \tag{4-36}$$

基于 SIR 模型信息传播机制，在非均匀网络中，可以得到下列动力学演化方程：

$$\left.\begin{aligned}\frac{\mathrm{d}s_k(t)}{\mathrm{d}t}&=-\lambda k s_k(t)\Theta(t)\\ \frac{\mathrm{d}i_k(t)}{\mathrm{d}t}&=\lambda k s_k(t)\Theta(t)-i_k(t)\\ \frac{\mathrm{d}r_k(t)}{\mathrm{d}t}&=i_k(t)\end{aligned}\right\} \tag{4-37}$$

式中，$\Theta(t)=\sum_{k'}P(k'\mid k)i_k{}'(t)=\frac{k'P(k')i_k{}'(t)}{\langle k\rangle}$ 表示 S 态节点的邻居节点中 I 态节点密度，$P(k'\mid k)$ 表示度为 k 的点与度为 k' 的节点的连接概率。那么，$P(k'\mid k)i_{k'}(t)$ 表示度为 k 的点与度为 k' 的节点组中 I 态节点连接的概率。进一步对度值遍历加和，结果即为网络中所有度为 k 的 S 态节点的邻居节点中 I 态节点的密度。

当网络中某个或某些卫星节点接收到信息后演化为 I 态，信息将在网络中传播开，假设在初始状态下，R 态节点的密度为 0，即 $r_k(0)=0$、$i_k(0)=i^0$ 和 $s_k(0)=1-i^0$。在极限 $i^0\to 0$ 时，可取 $i_k(0)\approx 0$，$s_k(0)\approx 1$。在该近似条件下，由演化方程的第一个方程可得 $s_k(t)=\mathrm{e}^{-\lambda k\varphi(t)}$。式中，$\varphi(t)$ 为如下的辅助函数（考虑式(4-37)方程的第三个方程）：

$$\varphi(t)=\int_0^t\Theta(t')\mathrm{d}t'=\int_0^t\frac{k'P(k')i_{k'}(t)}{\langle k\rangle}\mathrm{d}t'=\frac{1}{\langle k\rangle}\sum_k kP(k)r_k(t) \tag{4-38}$$

导数可简化为

$$\begin{aligned}\frac{\mathrm{d}\varphi(t)}{\mathrm{d}t}&=\frac{1}{\langle k\rangle}\sum_k kP(k)i_k(t)=\frac{1}{\langle k\rangle}\sum_k kP(k)[1-r_k(t)-s_k(t)]\\&=1-\varphi(t)-\frac{1}{\langle k\rangle}\sum_k kP(k)\mathrm{e}^{-\lambda k\varphi(t)}\end{aligned} \tag{4-39}$$

由此得到了关于 $\varphi(t)$ 的一个方程，可以视为只有 $\varphi(t)$ 一个变量，其物理意义可以视为 S 态节点的邻居节点中 R 态节点的密度，它在给定的 P(k)条件下可以求解。一旦得到 $\varphi(t)$，就可以得到 $\varphi_\infty=\lim\limits_{t\to\infty}\varphi(t)$，从而由 $r_k(\infty)=1-s_k(\infty)$ 可得

$$r_\infty=\sum_k P(k)(1-\mathrm{e}^{-\lambda k\varphi_\infty}) \tag{4-40}$$

由于 $i_k(\infty)=0$ 得到 $\lim\limits_{t\to\infty}\frac{\mathrm{d}\varphi(t)}{\mathrm{d}t}=0$，从而可以得到关于 φ_∞ 的方程

$$\varphi_{\infty}=1-\frac{1}{\langle k\rangle}\sum_{k}kP(k)\mathrm{e}^{-\lambda k\varphi_{\infty}} \tag{4-41}$$

同样,这里可以采用画图方法,将式(4-41)等式左右分别画图,通过观察交点位置,为了得到非平凡解(非零解),必须满足如下条件:

$$\frac{d}{\mathrm{d}\varphi_{\infty}}\left[1-\frac{1}{\langle k\rangle}\sum_{k}kP(k)\mathrm{e}^{-\lambda k\varphi_{\infty}}\right]\Big|_{\varphi_{\infty}=0}\geqslant 1 \tag{4-42}$$

通过求解得到

$$\frac{1}{\langle k\rangle}\sum_{k}kP(k)(\lambda k)=\lambda\frac{\langle k\rangle}{\langle k^{2}\rangle}\geqslant 1$$

从而得到阈值为

$$\lambda_{c}=\frac{\langle k\rangle}{\langle k^{2}\rangle} \tag{4-43}$$

从式(4-43)中可见,分母的数值比分子大,且在非均匀卫星网络规模不断增大的情况下,分母会比分子增长得快,这意味着传播阈值 λ_c 会随着网络规模增大而不断减小。当某种信息有效传播率 $\lambda>\lambda_c$ 时,信息可以在网络中传播开,当 λ_c 非常小时,意味着绝大多数信息都能够在网络中传播。这也是为什么病毒在互联网中能够一直存在的原因,互联网就是一个网络规模巨大的非均匀网络,当卫星网络规模较大,呈现非均匀网络特性时,就需要研究传播动力学,以便进一步研究促进信息传播或控制信息传播的方法。当多个非均匀卫星网络协同完成某项业务时,多层卫星网络信息传播动力学又有哪些规律呢?同样,可以先研究双层非均匀卫星网络信息传播动力学,并扩展到多层网络。是不是增加双层网络间连边,同样可以促进信息传播呢?如果不是,会有什么其他特殊规律?接下来,本章介绍双层非均匀网络信息传播动力学。

4.7 双层非均匀卫星网络中信息传播动力学

4.7.1 信息传播过程

我们知道 SIR 信息传播模型是单向演化模型,S 态节点接收信息后演化为 I 态,I 态节点可以继续传播信息,也可能以一定概率演化成 R 态节点。在双层非均匀卫星网络中,S 态节点接收信息的渠道同样有两个来源,一是本层网络 I 态节点传递的信息,二是另一层 I 态节点传递来的信息,如图 4-14 所示。在构建动力学方程时,需要注意两点:①以度值分组,将节点度值相同的卫星节点分为一组,以组为单位研究信息传播行为。②某一层度值为k的S态节点,能够通过本层节点间链路接收所有度值的I态节点传递的信息,也能够通过层间链路,接收来自另一层所有度值的I态节点传递的信息。

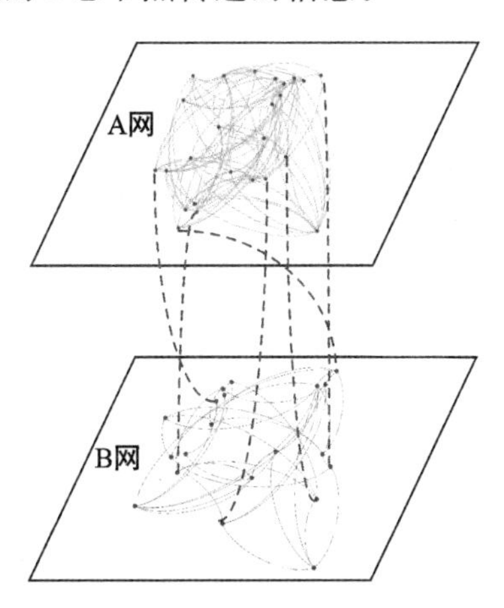

图4-14　双层非均匀网络示意图

4.7.2　动力学方程

以A网为例(对于B网传播动力学分析方法相同),动力学方程可以建模为

$$\left.\begin{aligned}
&s_{k_a}^{A}(t)+i_{k_a}^{A}(t)+r_{k_a}^{A}(t)=1\\
&\frac{\mathrm{d}s_{k_a}^{A}(t)}{\mathrm{d}t}=-\lambda_a k_a s_{k_a}^{A}(t)\Theta_{k_a}^{A}(t)-\lambda_{ba}k_a^{AB}s_{k_a}^{A}(t)\Theta_{k_b}^{BA}(t)\\
&\frac{\mathrm{d}i_{k_a}^{A}(t)}{\mathrm{d}t}=\lambda_a k_a s_{k_a}^{A}(t)\Theta_{k_a}^{A}(t)+\lambda_{ba}k_a^{AB}s_{k_a}^{A}(t)\Theta_{k_b}^{BA}(t)-i_{k_a}^{A}(t)\\
&\frac{\mathrm{d}r_{k_a}^{A}(t)}{\mathrm{d}t}=i_{k_a}^{A}(t)
\end{aligned}\right\}\qquad(4-44)$$

式中:$s_{k_a}^{A}(t)(s_{kb}^{B}(t))$ 、$i_{k_a}^{A}(t)(i_{kb}^{B}(t))$ 和 $r_{k_a}^{A}(t)(r_{kb}^{B}(t))$ 分别表示A(B)网络中在t时刻,度为 $k_a(k_b)$ 的未知、已知和移除节点密度;k_a^{AB} 表示A网络中度为 k_a 的节点与B网络中节点相连的个数;λ_{ba}(λ_{ab})是B(A)网络中节点将消息传播给A(B)网络节点的有效传播率。$\Theta_{k_a}^{A}(t)$ 表示度为 k_a 的未知节点从本层邻居中已知节点接收消息的概率;$\Theta_{k_b}^{BA}(t)$ 表示A网度为 k_a 的节点从另一层度为 k_b 的已知节点接收消息的概率,可以分别表示为

$$\Theta_{k_a}^{A}(t)=\frac{1}{\langle k_A\rangle}\sum_{k_a'}k_a'P_{k_a'}^{A}(t)i_{k_a'}^{A}(t)=\frac{1}{\langle k_A\rangle}\sum_{k_a'}k_a'P_{k_a'}^{A}(t)\frac{\mathrm{d}r_{k_a'}^{A}(t)}{\mathrm{d}t}$$

$$\Theta_{k_b}^{BA}(t)=\sum_{k_b'}k_b'P_{BA}(k_b'\mid k_a)i_{k_b'}^{B}(t)=\sum_{k_b'}P_{BA}(k_b'\mid k_a)\frac{\mathrm{d}r_{k_b'}^{B}(t)}{\mathrm{d}t}$$

(4-45)

式中：$\langle k_A\rangle$ 表示 A 网节点平均度；$i_{k_a'}^{A}(t)$ 和 $i_{k_b'}^{B}(t)$ 分别表示 A 网和 B 网中度分别为 k_a' 和 k_b' 的已知状态个体密度；$P_{k_a'}^{A}(t)$ 表示 A 网中连接到度为 k_a' 的节点概率；$P_{BA}(k_b'\mid k_a)$ 表示 A 网中度为 k_a 的节点与度为 k_b' 的节点相连的概率。我们假设初始状态下，I 个体密度趋近于零，即初值 $i_{k_a}^{A}(t)=0$，$i_{k_b'}^{B}(t)=0$，当信息传播到 t 时刻，可得

$$\left.\begin{aligned}r_{k_a}^{A}(t)&=\int_0^t i_{k_a}^{A}(t)\mathrm{d}t\\ r_{k_b'}^{B}(t)&=\int_0^t i_{k_b'}^{B}(t)\mathrm{d}t\end{aligned}\right\}\qquad(4-46)$$

根据动力学微分方程，可以进一步得到

$$\left.\begin{aligned}&\frac{\mathrm{d}i_{k_a}^{A}(t)}{\mathrm{d}t}=\lambda_a k_a\left[1-i_{k_a}^{A}(t)-r_{k_a}^{A}(t)\right]\frac{1}{\langle k_A\rangle}\sum_{k_a'}k_a'P_{k_a'}^{A}(t)\frac{\mathrm{d}r_{k_a'}^{A}(t)}{\mathrm{d}t}\\&+\lambda_{ba}k_a^{AB}s_{k_a}^{A}(t)\sum_{k_a'}P_{BA}(k_b'\mid k_a)\frac{\mathrm{d}r_{k_b'}^{B}(t)}{\mathrm{d}t}-\frac{\mathrm{d}r_{k_a}^{A}(t)}{\mathrm{d}t}\\&\frac{\mathrm{d}s_{k_a}^{A}(t)}{\mathrm{d}t}=-\lambda_a k_a s_{k_a}^{A}(t)\frac{1}{\langle k_A\rangle}\sum_{k_a'}k_a'P_{k_a'}^{A}(t)\frac{\mathrm{d}r_{k_a'}^{A}(t)}{\mathrm{d}t}\\&-\lambda_{ba}k_a^{AB}s_{k_a}^{A}(t)\sum_{k_a'}P_{BA}(k_b'\mid k_a)\frac{\mathrm{d}r_{k_b'}^{B}(t)}{\mathrm{d}t}\end{aligned}\right\}\qquad(4-47)$$

经过推导，可进一步得

$$\frac{\mathrm{d}s_{k_a}^{A}(t)}{s_{k_a}^{A}(t)}=-\lambda_a k_a\frac{1}{\langle k_A\rangle}\sum_{k_a'}k_a'P_{k_a'}^{A}(t)i_{k_a'}^{A}(t)\mathrm{d}t-\lambda_{ba}k_a^{AB}\sum_{k_b'}P_{BA}(k_b'\mid k_a)i_{k_b'}^{B}\mathrm{d}t$$

(4-48)

结合动力学方程以及初值 $i_{k_a}^{A}(t)=0$，$i_{k_b}^{B}(t)=0$，可得，

$$\ln s_{k_a}^{A}(t)=-\lambda_a k_a\frac{1}{\langle k_A\rangle}\sum_{k_a'}k_a'P_{k_a'}^{A}(t)r_{k_a'}^{A}(t)-\lambda_{ba}k_a^{AB}\sum_{k_b'}P_{BA}(k_b'\mid k_a)r_{k_b'}^{B}(t)$$

(4-49)

两边分别取 e 为底的对数，可得

$$\ln s_{k_a}^{A}(t)=-\lambda_a k_a\frac{1}{\langle k_A\rangle}\sum_{k_a'}k_a'P_{k_a'}^{A}(t)r_{k_a'}^{A}(t)-\lambda_{ba}k_a^{AB}\sum_{k_b'}P_{BA}(k_b'\mid k_a)r_{k_b'}^{B}(t)$$

(4-50)

两边取对数，并将式(4－44)中第一个方程代入，可得

$$1-\frac{\mathrm{d}r_{k_a}^{A}(t)}{\mathrm{d}t}-r_{k_a}^{A}(t)=\mathrm{e}^{-\lambda_a k_a \frac{1}{\langle kA \rangle}\sum_{k_a'}k_a' P_{k_a'}^{A}(t) r_{k_a'}^{A}(t)-\lambda_{ba}k_a^{AB}\sum_{k_b'}P_{BA}(k_b' \mid k_a) r_{k_b'}^{B}(t)} \tag{4-51}$$

网络达到稳态时，移除状态 R 个体数量不再变化，假设 T 为网络达到稳态的时间，可进一步求得

$$1-r_{k_a}^{A}(t)=\exp\left[-\lambda_a k_a \frac{1}{\langle k_A \rangle}\sum_{k_a'}k_a' P_{k_a'}^{A}(t) r_{k_a'}^{A}(t)-\lambda_{ba}k_a^{AB}\sum_{k_b'}P_{BA}(k_b' \mid k_a) r_{k_b'}^{B}(t)\right] \tag{4-52}$$

两边分别取对数，可得

$$\begin{aligned}\ln\left[1-r_{k_a}^{A}(t)\right]=&-\lambda_a k_a \frac{1}{\langle k_A \rangle}\sum_{k_a'}k_a' P_{k_a'}^{A}(t) r_{k_a'}^{A}(t)\\&-\lambda_{ba}k_a^{AB}\sum_{k_b'}P_{BA}(k_b' \mid k_a) r_{k_b'}^{B}(t)\end{aligned} \tag{4-53}$$

当双层网络的有效传播率在阈值附近时，网络达到稳态时移除状态个体密度趋近于零，此时，对式(4－53)左边进行泰勒级数展开，并删除高阶项，可得

$$r_{k_a}^{A}(t)=\lambda_a k_a \frac{1}{\langle k_A \rangle}\sum_{k_a'}k_a' P_{k_a'}^{A}(t) r_{k_a'}^{A}(t)+\lambda_{ba}k_a^{AB}\sum_{k_b'}P_{BA}(k_b' \mid k_a) r_{k_b'}^{B}(t) \tag{4-54}$$

同理得

$$r_{k_b}^{B}(t)=\lambda_b k_b \frac{1}{\langle k_B \rangle}\sum_{k_b'}k_b' P_{k_b'}^{B}(t) r_{k_b'}^{A}(t)+\lambda_{ab}k_b^{BA}\sum_{k_a'}P_{AB}(k_a' \mid k_b) r_{k_a'}^{A}(t) \tag{4-55}$$

式中：$\langle k_B \rangle$ 表示 B 网络中节点平均度；$P_{k_b'}^{B}(t)$ 表示达到稳态时 B 网络中度为 k_b' 的节点概率密度；$P_{AB}(k_a' \mid k_b)$ 表示 B 网络中度为 k_b 的节点与 A 网络中度为 k_a' 节点连接的概率；λ_{ab} 表示 A 网络中已知节点将信息传播给 B 网络中未知状态节点的有效传播率(假设节点相连情况)；k_a^{AB}（k_b^{BA}）表示 A(B)网络中度为 k_a（k_b）的节点与 B(A)网络中节点连接边数的平均值。根据式(4－54)和式(4－55)，A(B)网络达到稳态后移除状态节点密度由两部分组成，分别是由于本层已知状态节点信息传播和另一层已知状态节点信息传播形成的移除状态节点密度。那么，这样的方程如何分析呢，怎么样才能得到传播阈值呢?

4.7.3　理论分析

根据 4.5 节分析，只要信息能够在一个卫星网络中传播，信息最终会通过层

间连边传播到另一个卫星网络。因此,网络存在一个全网的阈值把未知状态$[r_{k_a}^A(t)=r_{k_b}^B(t)=0]$和已知状态$[r_{k_a}^A(t)\neq 0,r_{k_b}^B(t)\neq 0]$分开。那么,在方程平衡点$r_{k_a}^A(t)=r_{k_b}^B(t)=0$附近线性化,此时$\lambda_a=\lambda_b=\lambda_c$,上述方程可以转换为

$$\begin{bmatrix}\boldsymbol{G}^A & \boldsymbol{G}^{BA}\\ \boldsymbol{G}^{AB} & \boldsymbol{G}^B\end{bmatrix}\begin{bmatrix}\boldsymbol{R}^A\\ \boldsymbol{R}^B\end{bmatrix}-\frac{1}{\lambda_c}\begin{bmatrix}\boldsymbol{R}^A\\ \boldsymbol{R}^B\end{bmatrix}=0 \tag{4-56}$$

上式中$\begin{cases}R^A=[r_{k1}^A & r_{k2}^A & \cdots & r_{kl1}^A]\\ R^B=[r_{k1}^B & r_{k2}^B & \cdots & r_{kl2}^B]\end{cases}$,$l_1$和$l_2$分别表示A网和B网中有不相同度节点的分类总数,且

$$\left.\begin{aligned}&\boldsymbol{G}^A(k_a,k_a')=\lambda_c k_a\frac{1}{\langle k_a\rangle}k_a'P_{k_a'}^A(t)\\ &\boldsymbol{G}^{BA}(k_a,k_b')=\lambda_{ba}k_a^{AB}P_{BA}(k_b'\mid k_a)\\ &\boldsymbol{G}^B(k_b,k_b')=\lambda_c k_b\frac{1}{\langle k_b\rangle}k_b'P_{k_b'}^B(t)\\ &\boldsymbol{G}^{AB}(k_b,k_a')=\lambda_{ab}k_b^{BA}P_{AB}(k_a'\mid k_b)\\ &k_a,k_a'=k_1,k_2,\cdots k_{l1}\\ &k_b,k_b'=k_1,k_2,\cdots k_{l2}\end{aligned}\right\} \tag{4-57}$$

假设

$$\boldsymbol{G}=\begin{bmatrix}\boldsymbol{G}^A & \boldsymbol{G}^{BA}\\ \boldsymbol{G}^{AB} & \boldsymbol{G}^B\end{bmatrix}_{(l1+l2)\times(l1+l2)} \tag{4-58}$$

显然,矩阵$\boldsymbol{G}$为超相关矩阵,矩阵会存在很多解。为了进一步分析信息传播规律,引入柯西交错定理进一步对式(4-58)进行简化。

柯西交错定理:设矩阵$\boldsymbol{F}$为n阶对称矩阵,$\boldsymbol{U}$为$\boldsymbol{F}$的$n-1$阶主子阵,$\boldsymbol{F}$和$\boldsymbol{U}$的特征值分别为

$$\left.\begin{aligned}\alpha_1\geqslant\alpha_2\geqslant\cdots\geqslant\alpha_n\\ \beta_1\geqslant\beta_2\geqslant\cdots\geqslant\beta_{n-1}\end{aligned}\right\} \tag{4-59}$$

可得

$$\alpha_1\geqslant\beta_1\geqslant\alpha_2\geqslant\beta_2\geqslant\cdots\geqslant\beta_{n-1}\geqslant\alpha_n \tag{4-60}$$

柯西交错定理描述了矩阵的子阵与主矩阵的特征值之间的关系。矩阵$\boldsymbol{G}$中$\boldsymbol{G}^A$和$\boldsymbol{G}^B$为对称矩阵,$\boldsymbol{G}^{BA}$和$\boldsymbol{G}^{AB}$为层间连边概率矩阵,其中元素数值1个数较小,因此矩阵$\boldsymbol{G}$可以等效为对称矩阵。依据柯西交错定理能够推出矩阵$\boldsymbol{G}$的最大特征值大于$\boldsymbol{G}^A$和$\boldsymbol{G}^B$的最大特征值。对于孤立的子网A,其动力学方程可以表示为

$$\left.\begin{aligned}&s_{k_a}^A(t)+i_{k_a}^A(t)+r_{k_a}^A(t)=1\\&\frac{\mathrm{d}s_{k_a}^A(t)}{\mathrm{d}t}=-\lambda_a k_a s_{k_a}^A(t)\Theta_{k_a}^A(t)\\&\frac{\mathrm{d}i_{k_a}^A(t)}{\mathrm{d}t}=\lambda_a k_a s_{k_a}^A(t)\Theta_{k_a}^A(t)-i_{k_a}^A(t)\\&\frac{\mathrm{d}r_{k_a}^A(t)}{\mathrm{d}t}=i_{k_a}^A(t)\end{aligned}\right\}\tag{4-61}$$

基于4.6节理论推导结论，能够得到

$$\left[\boldsymbol{G}^A-\frac{1}{\lambda_a}\boldsymbol{I}\right]\boldsymbol{R}^A=0\tag{4-62}$$

无标度网络中SIR型信息传播存在一个传播阈值，当有效传播率λ_a小于传播阈值λ_c，稳态时全网不存在已知或者移除状态节点，因此$\boldsymbol{R}^A=0$。当$\lambda_a\geqslant\lambda_c$，$\boldsymbol{R}^A\neq 0$，此时，$\frac{1}{\lambda_a}$是$\boldsymbol{G}^A$的特征值才能保证式(4-62)成立。而对于A网，易得网络的传播阈值为$\lambda_c^A=\frac{\langle k_a\rangle}{\langle k_a^{\ 2}\rangle}$。显然$\lambda_c^A\leqslant\frac{\langle k_a\rangle}{\langle k_a^{\ 2}\rangle}$，即$(\lambda_a^A)_{\max}=\frac{\langle k_a\rangle}{\langle k_a^{\ 2}\rangle}$，同理可得$(\lambda_b^A)_{\max}=\frac{\langle k_b\rangle}{\langle k_b^{\ 2}\rangle}$。

A网和B网的传播阈值是由邻接矩阵的最大特征值决定，而双层非均匀网络的全局传播阈值由矩阵$\boldsymbol{G}$的最大特征值决定，而矩阵$\boldsymbol{G}^A$和矩阵$\boldsymbol{G}^B$均为矩阵$\boldsymbol{G}$的主子矩阵，假设$\boldsymbol{G}$的最大特征值为$\gamma_G^{\max}$，那么根据柯西交错定理可知

$$\gamma_G^{\max}\geqslant\frac{1}{(\lambda_a^A)_{\max}},\ \gamma_G^{\max}\geqslant\frac{1}{(\lambda_b^B)_{\max}}\tag{4-63}$$

即$(\lambda_a^A)_{\max}\geqslant\frac{1}{\gamma_G^{\max}}$，$(\lambda_b^B)_{\max}\geqslant\frac{1}{\gamma_G^{\max}}$，显然，双层非均匀网络的全局传播阈值小于单独网络的传播阈值，说明双层非均匀网络的层间连边增加了信息传播概率。这个结果与双层均匀网络得到的结果相同。

这里定义信息传播规模，用于观察单层网络和双层网络有效传播率以及层间连边数量对信息传播的影响。信息传播规模为网络达到稳态时A网和B网移除状态节点密度和，可以表示为

$$r_D=\sum_{a=1}^{l_1}r_{k_a}^A(t)+\sum_{b=1}^{l_2}r_{k_b}^B(t)\tag{4-64}$$

4.7.4　仿真验证

利用MATLAB仿真软件进行计算机仿真，验证式(4-63)的理论结果以及

多个因素对式(4-64)信息传播规模的影响。首先将双层非均匀卫星网络建模为两个无标度网络,构建方法如下:

(1)构建节点数 $m_0=20$ 的全局耦合网络;

(2)每次给网络增加一个节点,与网络中 m 个节点相连,与每个节点相连的概率与该节点度成正比。

根据无标度网络构建方法,建立A网节点数NA=1 000,B网节点数NB=800,A网和B网构成双层网络,网络间随机连边,数量为A网节点数量一半。计算阈值过程中,进行100次运算,取平均值。

观察图4-15,双层无标度网络和单独A网和B网的传播阈值均会随着 m 的变大而不断减小。无论m的数值是多少,双层网络的传播阈值小于单层网络的传播阈值,式(4-63)的结果得到验证。此外,A网中传播阈值小于B网传播阈值,这是因为当网络节点数目增多时,$\langle k_a{}^2\rangle$ 和 $\langle k_a\rangle$ 均会变小,且 $\langle k_a{}^2\rangle$ 变小速度较快,导致 λ_c^A 增大,从而传播阈值变小。

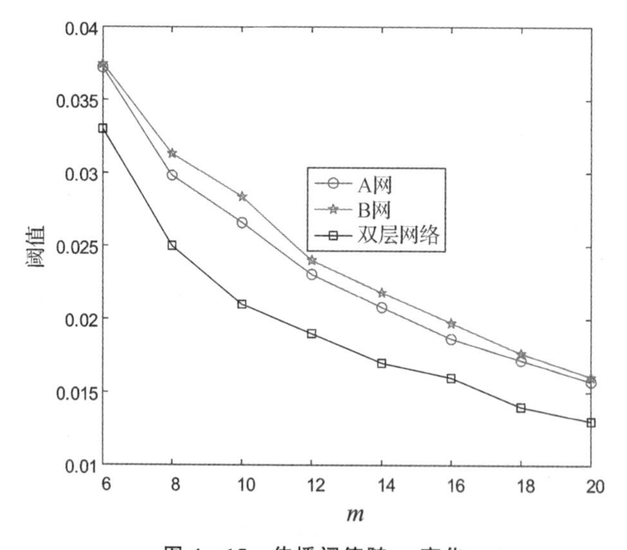

图4-15 传播阈值随 m 变化

在图4-16中固定双层网络间有效传播率为0.1,不同标注的曲线代表不同网内有效传播率情况下网络达到稳态时信息传播规模,从图中可见,稳态信息传播规模随 m 的增大而增大,这是因为 m 的增大会增加网络中的边数量,增加信息传播路径,从而扩大信息传播规模。此外,固定网络间信息有效传播率 $\lambda_{ab}=\lambda_{ba}=0.1$,将单独A网和B网信息传播率从0.1依次增大到0.5,可见随着有效传播率增大,信息传播规模也增大,这是因为较大有效传播率能够有效的促进信息传播。

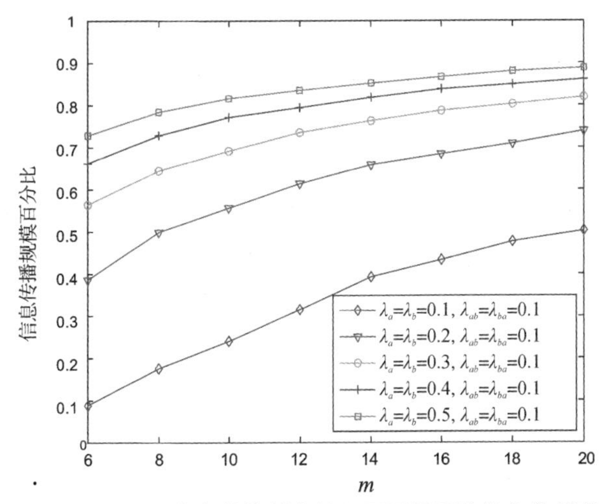

图 4-16　不同网内有效传播率情况下双层网络信息传播规模

在图 4-17 中，我们进一步观察双层网络间有效传播率对信息传播规模的影响，仿真中固定网内有效传播率为 0.5，在网间有效传播率取不同数值情况下，观察双层无标度网络稳态传播规模。将网间信息有效传播率从 0.1 递增到 0.5。可见，提高网络间有效传播率能有效提高双层网络信息传播规模。

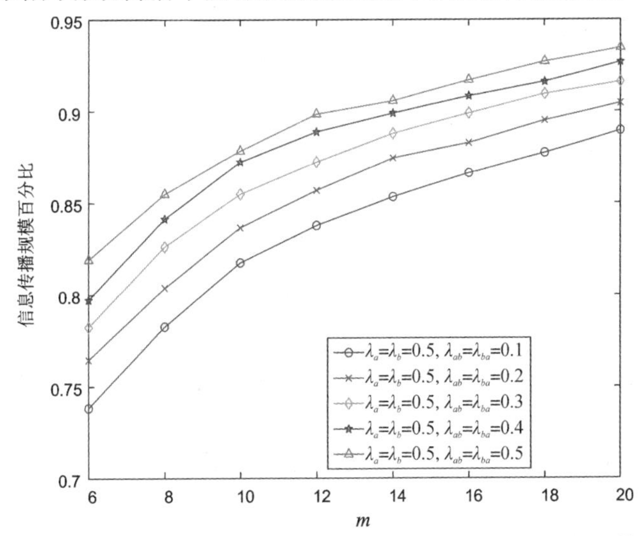

图 4-17　不同网间有效传播率情况下双层网络信息传播规模

进一步仿真中，同样建立两个无标度网络，A 网节点数 NA＝1 000，B 网节点数 NB＝800，A 网和 B 网构成双层网络，网络间随机连边。固定网络间有效传播率为 0.5，网络内有效传播率为 0.5。将网间边的基础数量设置为 e＝2NA＝2000。分别将层间边的数量设置为 0.2e，0.4e，0.6e，0.8e。图 4-18 给出了不同网间连边数量情况下信息传播规模比较，显然网络间边的数量越多，信息传播规模越大，这是因为网络间边数量越多，增加了信息传播概率，促进信息传播，结论与理论结果分析一致。同理可以推出，连边数量越多，双层无标度网络的传播阈值越低。

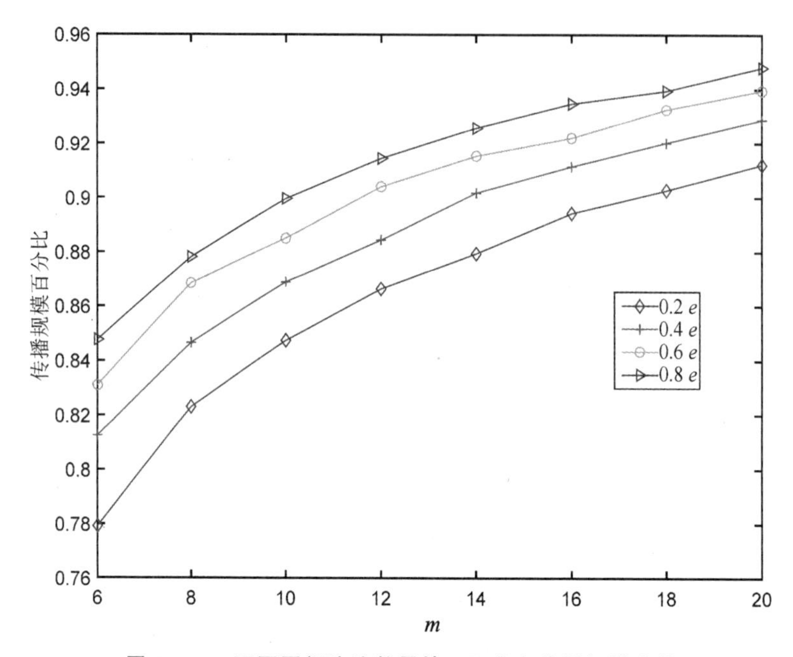

图 4-18 不同网间连边数量情况下信息传播规模比较

4.8 参考文献

[1] 蔡思明. 哥尼斯堡七桥问题与图论[J]. 语数外学习(高中版中旬)，2022(8)：58-60.

[2] 侯景瑞. 基于无标度网络的信息传播模型动力学分析[D].武汉：华中科技大学，2019.

[3] R.Xin，J. Zhang，Y. Shao. Complex network classification with convolutional neural network[J]. Tsinghua Science and Technology，25(4)：447-457.

[4] W.Jia，T. Jiang. Information-defined networks：A communication network approach for network studies[J]. China Communications，2021，

18(7)：197 - 210.

[5] Q.Lilin, W. Muqing, Z. Min. Identification of Key Nodes in Complex Networks[C]//2021 7th International Conference on Computer and Communications (iccc), 10：2230 - 2234.

[6] S. - H.He, L. Chen. Research on complex network topology model based information warfare system[C]//2012 9th International Conference on Fuzzy Systems and Knowledge Discovery, 2012：2228 - 2231.

[7] K. Lu. Research on Theory and Application of Solving Central Node in Complex Networks[C]//2022 International Conference on Big Data, Information and Computer Network (bdicn), 20：802 - 806.

[8] A. N.Pisarchik. Coherence Resonance in Complex Networks[C]//2021 5th Scientific School Dynamics of Complex Networks and Their Applications (dcna), 13：151 - 154.

[9] 高洁. 几类复杂网络传播动力学的研究[D]. 西安:陕西科技大学，2022.

[10] 于颖. 复杂网络中信息传播动力学分析及控制免疫策略研究[D]. 秦皇岛:燕山大学，2022.

[11] 顾梓玉. 复杂网络传播动力学建模及分析[D]. 西安:陕西科技大学，2023.

[12] 王冬. 复杂网络的拓扑结构对传播动力学的影响研究[D]. 哈尔滨:哈尔滨工业大学，2021.

[13] 常博源,杨京卫,张路. Duffing - WS 型小世界网络的混沌行为[J]. 四川大学学报(自然科学版)，2023，60(2)：49 - 54.

[14] 郭世泽,陆哲明等. 复杂网络基础理[D]. 北京:科学出版社，2022.

第5章 卫星网络模体识别及运用

网络模体代表网络的重要组成模块，以局部高阶结构的角度揭示网络中的潜在规律和各类型网络的特性，将网络模体理论及技术运用至卫星网络之中，以网络中紧密连接的点形成的子图作为基本单元去研究，为卫星网络结构分析、重要节点挖掘等研究提供局部子图的新手段。

5.1 基本概念

5.1.1 卫星网络模体

网络模体(Network Motif)，又被称为网络基元，通俗理解为重复出现在网络中的相互连接模式，其概念由 Milo 等人[1]于 2002 年首次提出。所谓互相连接的模式，以不考虑边连接顺序的 3 个节点有向图为例，其连接模式共有图5-1中的 13 种可能，若其中的某种连接模式在网络中的出现概率比随机网络中明显高一截，就可以称为模体。图论中，通常把网络中的相互连接模式叫做子图，故下文统称为网络子图。模体不限于 3 个节点、4 个节点，甚至更多个节点，如果其中的某种子图频繁出现，就可以称为模体。根据模体中的节点数量，把模体分为高阶模体和低阶模体，通常来说，由 4 个节点或少于 4 个节点组成的模体是低阶模体，超过 4 个节点组成的模体为高阶模体。

卫星网络模体是指重复出现在卫星网络中的子图结构，是网络模体在卫星网络领域的拓展概念。用节点表示卫星网络中的卫星、地面站等实体元素，连边表示实体之间的信息传输过程，将卫星网络转换为带有动态时变特性的简单二元网络结构，节点之间相互连接构成子图结构。如 2 个节点三边和 3 个节点三边有向子图包括图 5-2 中的 36 种，连边上的数字代表其先后发生顺序，如果其中的某种连接模式在卫星网络中的出现概率比零模型网络中明显高一截，就可以称为卫星网络模体。

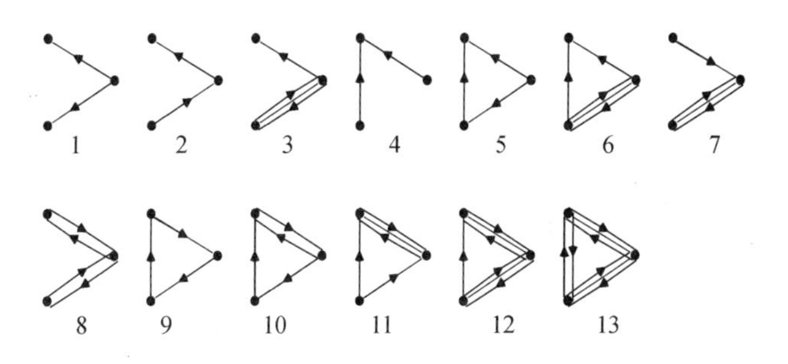

图 5-1　3 个节点有向子图示意图[1]

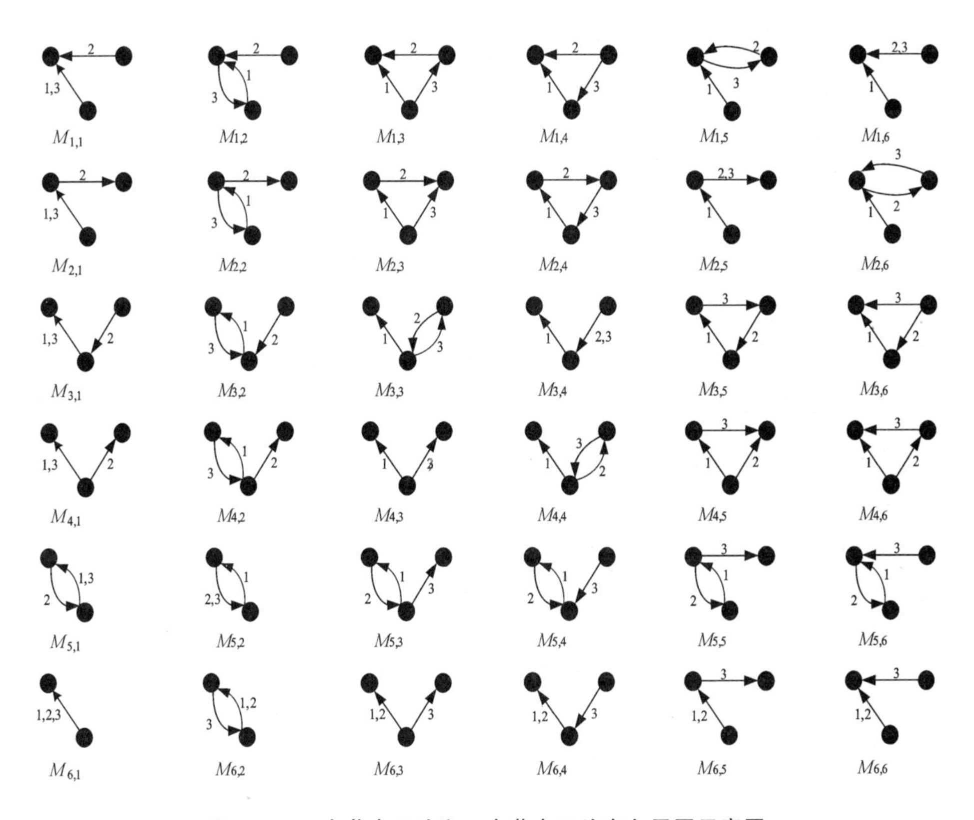

图 5-2　2 个节点三边和 3 个节点三边有向子图示意图

具体来说，卫星网络模体概念借鉴经典的网络模体定义，将现实网络（或称实证网络）与零模型网络进行比较，满足相应的数学约束条件。经典网络模体的定义中，假设存在零模型网络与实证网络节点数和节点分布相同，且零模型网络的任意节点特征与实证网络相同，即零模型网络中任一节点的出度、入度与实证网络中的相应节点相同，在实证网络中如果存在某种子图的出现概率远大于零模型网络，那么这种子图我们称为模体；其数学定义条件，给定一组参数$\{P,U,D,N\}$和随机生成N个与实证网络G类似的零模型网络，那么子图G_k被称为网络模体需满足三个条件，如下式所示，式中，$f_{\text{real}}(G_k)$为子图G_k在实证网络中的出现次数，$\bar{f}_{\text{random}}$为子图G_k在零模型网络中的平均出现次数。

$$\left.\begin{array}{l}\text{Pr}ob(\bar{f}_{\text{random}}(G_{\text{k}})>f_{\text{real}}(G_{\text{k}}))\leqslant P\\ f_{\text{real}}(G_{\text{s}})\geqslant U\\ f_{\text{real}}(G_{\text{k}})-\bar{f}_{\text{random}}(G_{\text{k}})>D\times\bar{f}_{\text{random}}(G_{\text{k}})\end{array}\right\}\tag{5-1}$$

考虑卫星网络的动态时变性，用节点的接触时间序列代替节点度序列，以卫星网络为基准构造的零模型网络，保证了任一节点的接触时间与卫星网络一致。

5.1.2 卫星网络模体识别

模体识别是从大图中找到频繁出现小图的过程，大图即指卫星网络，小图即网络中的子图。与经典的模体识别方法类似，卫星网络模体识别包括零模型网络生成、子图搜索和模体评价三个步骤。

(1)零模型网络生成。模体是相较于零模型网络，在实证网络中更加频繁出现的子图。因此，根据实证网络性质生成一组与之相对应的零模型网络是模体识别中的必要步骤。零模型网络与实证网络具有相似的统计性质，如具有相同的节点数量、节点度分布和度序列等。

(2)子图搜索。以特定规模的子图为目标，在实证网络和零模型网络中进行子图搜索，并确定子图是否同构，将同构的子图归为一类，最终得出相关子图的出现频率数值。随着网络规模和待搜索子图规模的增加，子图数量呈指数型上升，如何减少子图搜索的消耗时间是一个具有研究意义的计算难题。

(3)模体评价。比较每一类子图在实证网络和零模型网络中的出现次数，计算子图的$\{P,U,D,N\}$四个参数值，与给定的具体值相比较，若符合约束条件，则把该子图称为网络模体。

5.1.3　含时网络

含时网络描述了实际网络中微观相互作用断续存在的情形，因其考虑了时间属性而更加贴近现实，也具有更高的研究意义和研究难度。在现实生活中，网络节点间的连接不一定会持续存在，也就是说节点间的连接关系受到时间因素的制约，某些时刻节点间产生了连接关系，某些时刻节点间的连接关系又断开了，仅在节点之间产生一条固定的边已难以有效描述网络节点间的交互作用了。于是，在传统复杂网络理论的基础上，把时间作为一个独立的自由度，出现了含时网络模型。复杂网络用 $G_1(V_1, E_1)$ 表示，其中 V、E 分别为节点集合和边集合，含时网络用 $G_2(V_2, E_2, t)$ 表示，其中 t 代表网络连边的发生时刻。含时网络与时间的关系具体见图 5 - 3，节点间连边上的数字代表连边的发生时刻，时间从 1 至 3，网络节点间的连接关系不断发生变化，网络结构也随之改变。注意的是，本书中提到的动态网络，是对包括含时网络表征形式在内，具有动态变化性质网络的泛称，且卫星网络因其具有高动态的时变特性，属于含时网络。

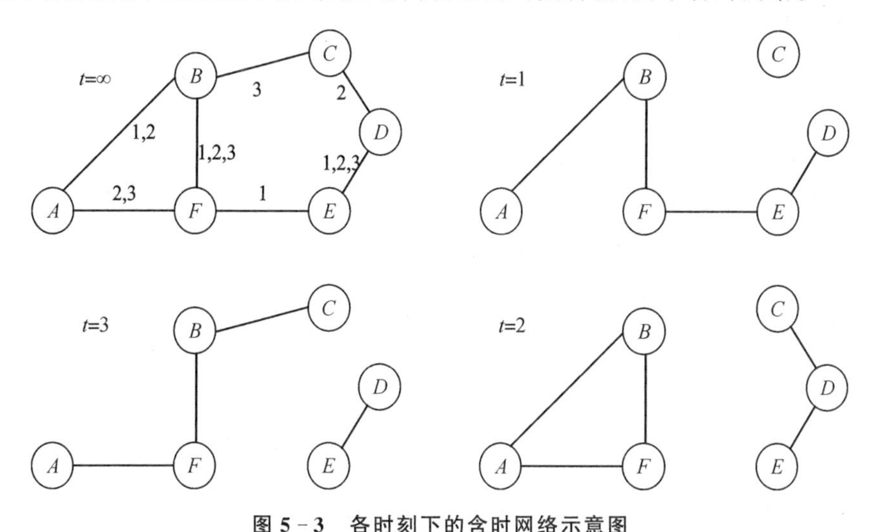

图 5 - 3　各时刻下的含时网络示意图

5.1.4　零模型

零模型理论产生于生态统计学，“零模型(Null Model)”一词是 1981 年由生态学学者 Colwell 等人[2]提出，生态学家在通过自然实验方法进行生态学假说实证研究时，根据已有的实验数据，运用计算机技术，构建生态随机模型作为参照，大大降低了假说验证难度。后来，具有生物学背景的复杂网络研究人员将零模型理论带入了复杂网络研究空间，研究系统生物的科学家 Maslov 等人[3]明确提出了复杂网络中的零模型概念。网络零模型理论对复杂网络基础性研究发挥着指导性作用。

零模型网络是与实证网络具有某些相同性质的随机化副本，对网络特性研究具有重要意义。探索网络中的非平凡特性及特性背后的产生机理是复杂网络研究的重要方向，研究人员一般会使用多种统计量来定量描述网络的性质，如静态无权网络中的常见统计量包括聚类系数、平均度、度分布等。统计量的绝对数值大小往往受网络规模和网络结构的影响，仅仅依靠其来分析网络特性，所获得的结果是不够准确的。合理的零模型网络为实证网络提供了准确参照，把关注点从统计量的绝对数值转移到实证网络与零模型网络比较后的相对值，使用相对值的统计结果来进行网络特性分析。传统实证网络研究与参照零模型网络的研究过程对比见图 5-4，其中实线部分为传统网络研究过程，虚线为参照零模型网络研究过程所增加的部分。

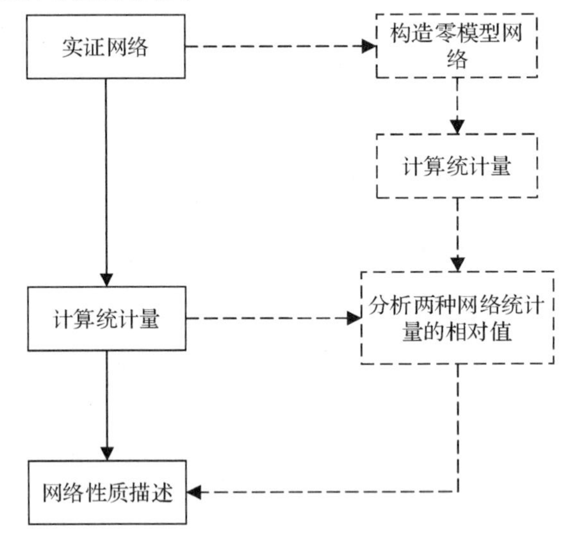

图 5-4　传统实证网络研究与参照零模型网络的研究过程对比

5.2　含时卫星网络生成方法研究

开展含时卫星网络数据生成方法研究，是卫星网络模体研究的首要步骤。考虑现有卫星网络的星间链路较少，且实际的卫星网络节点交互情况，涉及节点间的数据传输过程，获取难度较大，特别是着眼于未来高连通度卫星网络发展趋势和理论研究需要，结合星间链路实际约束条件，使用计算机软件构建卫星网络模型，生成考虑时间属性的仿真卫星网络数据，以解决卫星网络图计算数据输入问题，为卫星网络模体识别及相关方法研究提供基础。

卫星网络由在轨高速运动卫星和固定地面站点组成，其网络拓扑结构随时间不断发生变化，具有动态时变、结构复杂等特性，且其网络数据难以通过网络开源渠道获取，而卫星网络模体研究涉及图计算问题，需以网络数据来作为图计算的输入。本节提出了三元组含时网络数据生成方法的总体流程，借助 STK 软件（版本号 11.6.0）构建卫星网络结构模型，联合 Matlab（版本号 R2018b）设置包含星间链路可见性约束等的卫星网络连边约束，并生成卫星网络数据；将 SNAP 框架抽样含时网络子图计数算法运用至卫星网络，实现卫星网络子图计数；最后，以典型的 GPS 卫星网络为对象，进行了网络数据生成与子图计算仿真实验，并对子图计数结果与实验参数之间的关系进行了分析，得出了相关结论。

5.2.1 联合 STK 与 Matlab 的含时卫星网络数据生成

卫星网络模体结构研究涉及到图计算问题，本节将 STK 与 Matlab 联合构建含时网络数据，解决图计算的网络数据输入问题。卫星网络分为节点和连边两部分，使用卫星仿真软件 STK 设置卫星网络节点，与 Matlab 互联建立满足星间链路、星地链路约束条件的卫星网络连边，并对某段时间内的卫星网络运行情况进行仿真，生成带有时间属性的三元组(u,v,t)卫星网络边数据。

1.卫星网络节点构建

卫星网络节点包括卫星节点和地面站节点，由于 STK 软件功能丰富，其中的节点构建途径不止一种，因此，可根据实验场景和实验目的需要自行选择。在 STK 软件上根据卫星轨道参数逐个添加或导入星座星历文件生成整个星座，均可完成卫星节点的构建，STK 数据库查询后可以添加地面站节点，或根据经纬度、高度等地理位置信息自行构建地面站。

卫星轨道六根数[4]描述了任意时刻卫星的轨道和位置，在 STK 中根据轨道六根数构建卫星节点。其中 a 为半长轴，是卫星轨道形成的椭圆长半轴的长度，确定了轨道的大小，e 为椭圆轨道的偏心率，描述了卫星轨道的，a 和 e 决定了卫星轨道的形状；i 为轨道倾角，即轨道平面与赤道平面的夹角，描述了轨道平面的倾斜程度；Ω 为升交点赤经，指行星轨道升交点的黄道经度；ω 为近地点幅角，指从升交点沿行星运动轨道逆时针量到近地点的角度；θ 为真近角，描述了某一时刻下卫星在轨道中的位置，指地心指向卫星和指向近地点矢量之间的夹角。

卫星星历[5]，又称为两行轨道根数，主要用来描述卫星轨道及卫星位置、速度等运动状态的内容，包括广播星历和精密星历。卫星发射进入太空后，就会被列入北美空防司令部（North American Aerospace Defense Command，NORAD）卫星星历编目，并持续保持跟踪，根据卫星星历与卫星轨道六根数之间的数学关系，可以准确确定并预测卫星的时间、位置、速度等各项参数。STK软件能够直接读取卫星星历文件，从 CelesTrak 网站（https://celestrak.org/）上下载星座星历文件，导入 STK，完成近地空间的卫星星座节点设置，相对于卫星轨道六根数的设置，提高了卫星节点设置的准确性，并简化了操作流程。在构建地面站节点时，在 STK 自带地面站数据库中查询，若有，则直接添加；若无，则根据地面站的经度、纬度、高度自行进行设置。

2.卫星网络连边构建

卫星网络中的边包括星地链路和星间链路，根据卫星网络实际运行情况，结合简化假设，设置模型中边的连接准则。星间链路的建立条件包括[6]几何可视条件、天线可视条件和传输距离条件。星间链路天线可视性的约束条件[7]为

$$\left.\begin{aligned} &l_{AB} > L_{A\min} + L_{B\min} \\ &L_{A\min} = (d_A + h + R)\cos\alpha_{\max} \\ &L_{B\min} = (d_B + h + R)\cos\alpha_{\max} \end{aligned}\right\} \tag{5-2}$$

式中：l_{AB} 为卫星间的距离；$d_A + h$ 为卫星 A 的高程；$d_B + h$ 为卫星 B 的高程；R 为地球半径，取 6 371 km；h 为大气层厚度，为确保卫星连接免受大气中气体和水汽等因素影响，取 1 000 km；$\alpha_{\max}$为卫星天线最大扫描范围。

星间链路几何可视性的约束条件[7]为

$$\left.\begin{aligned} &l_{AB} < L_{AB} = L_{A\max} + L_{B\max} \\ &L_{A\max} = \sqrt{(d_A + h + R)^2 - (h + R)^2} \\ &L_{B\max} = \sqrt{(d_B + h + R)^2 - (h + R)^2} \end{aligned}\right\} \tag{5-3}$$

某时刻下，若卫星间的距离 l_{AB} 满足星间链路的几何可视性约束及天线可视性约束，则认为卫星节点间建立了双向连接，不考虑传输距离等因素的影响；某时刻下，若地面站节点与卫星节点满足几何可视性约束，则认为建立了从卫星到地面站的双向连接，不考虑时延和误码等因素。

3.含时卫星网络数据表征与生成方法

在(1)和(2)的卫星网络模型基础上，生成具有时间属性的卫星网络数据，描述卫星网络的动态交互过程。含时网络[8,9]在复杂网络模型的基础上，加入了时间维度，主要用来刻画离散时间内网络连边断续存在的情形。比如，在某段时间内，卫星网络节点 A 和 B 之间存在数据传输，A 和 B 之间的连边仅在进行数

据传输时存在，数据传输结束后，连边也随之消失，只在 A、B 之间建立一条连边已无法描述节点相互作用时刻变化的特点。含时网络示意图如图 5－5 所示，代表 A、B、C、D 四个节点在不同时刻建立连接。

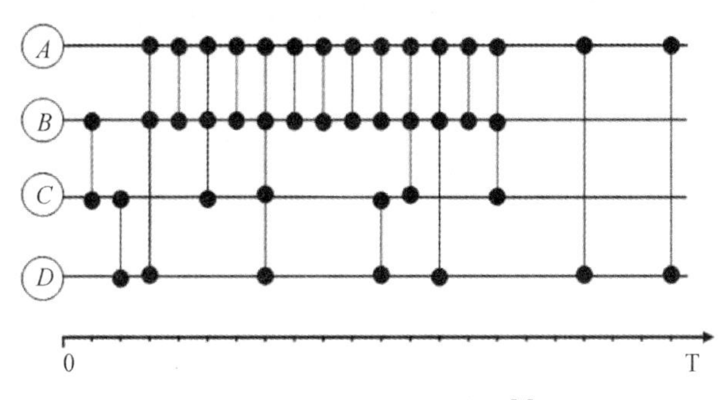

图 5－5　含时网络示意图[8]

网络的动态变化具体表现为边数量的增减或节点数量的增减，而卫星网络的节点数量通常不发生变化，边的数量随时间不断变化。用三元组 (u,v,t) 表示卫星网络中的连边，u 表示边起点，v 表示边终点，t 表示 u 和 v 在时刻 t 处于连接状态。Matlab 与 STK 的互联之后，可以调取卫星节点和地面站节点的相关数据，包括某时刻下，卫星之间的距离和卫星的高程，卫星与地面站是否满足几何可见性约束等，设置时间段长度、时间步长等参数，依据卫星网络模型中边的连接准则并进行条件判断之后，获取某一时间段内的网络三元组边数据，完成卫星网络数据的构建。

在卫星网络模型构建的基础上，考虑星间链路、星地链路的约束条件，提出了卫星网络数据生成算法流程见图 5－6，代码见附录 A。STK 与 Matlab 互联时需考虑软件版本的匹配问题，本书中使用 STK11.6.0 与 MatlabR2018b 建立连接，对卫星天线最大扫描角度、开始时间和结束时间、时间步长等实验参数进行赋值；分析卫星节点间的连接情况时，根据开始时间、结束时间以及时间步长，从 STK 中获取任一卫星节点对之间的距离数据，以及任一卫星节点的高程数据，将所获得的数据代入式(4－2)和式(4－3)，判断该时刻下，卫星节点间的距离是否满足星间链路天线可视性约束和几何可视性约束，若满足，则建立连接；同理，分析卫星节点与地面站节点的连接情况时，获取任一卫星节点与任一地面站节点之间的距离数据，根据几何可视性约束条件判断星地链路是否建立；以三元组 (u,v,t) 的形式分别输出卫星节点间的连边数据和卫星节点与地面站节点之间的连边数据，为提高卫星网络数据生成算法速度，每次输出 100 万行数据(每行为一个三元组)，最后将所有数据合并为一个 txt 文件。注意的是，本书中考虑的连接为双向连接，若有三元组（u，v，t）生成，则必有三元组（v，u，t）生成。

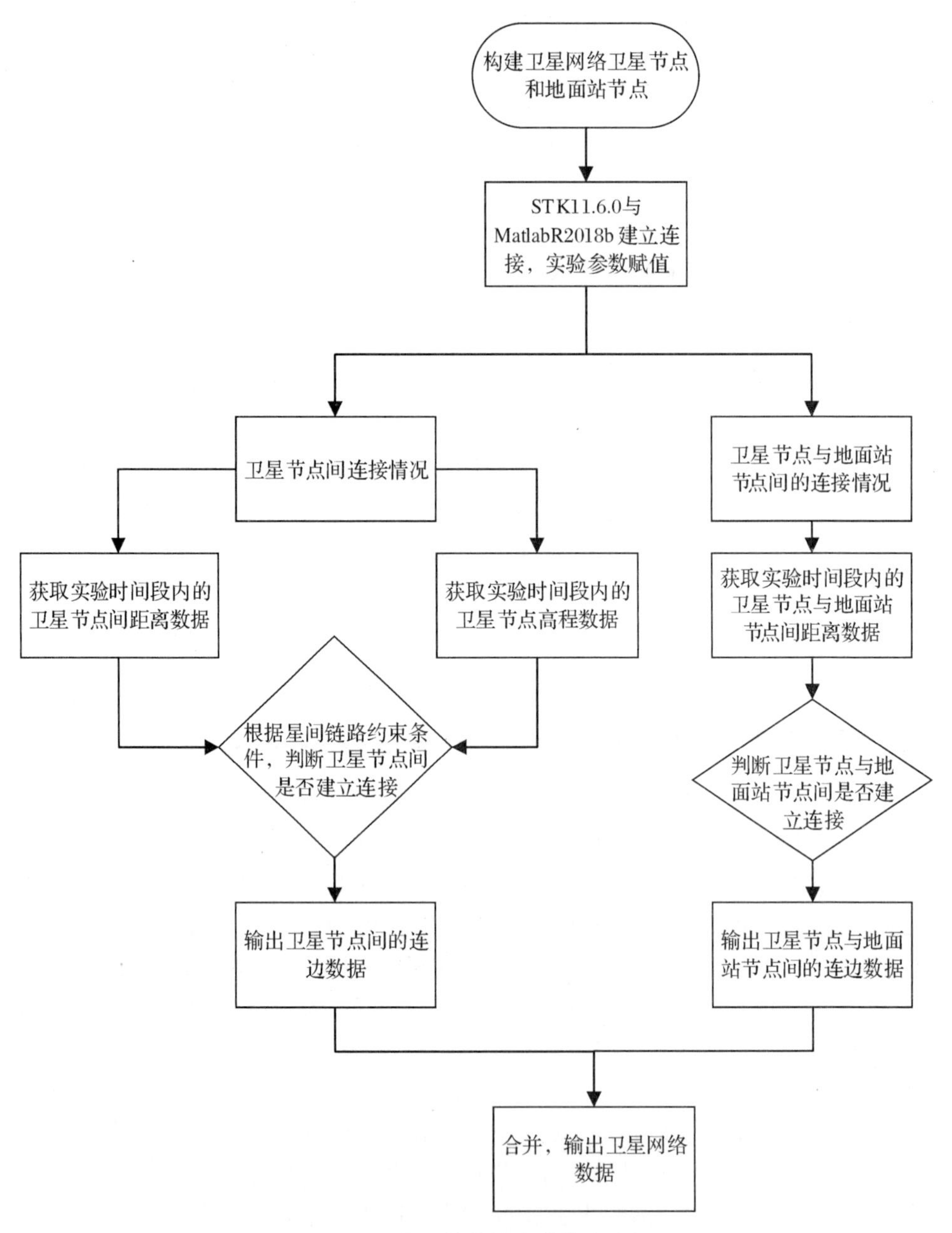

图 5-6　卫星网络数据生成算法流程图

4.卫星网络数据生成案例

随机生成 30 个中轨道卫星节点和 16 个地面站节点，设置实验开始时间为 1 s，结束时间为 3 600 s，时间步长为 1 s，卫星天线最大扫描范围为 30°、45°、60°、75°、90°，生成相应的卫星网络数据，从卫星天线最大扫描范围为 30°的数据中选取 20 行作为示例，见表 5－1，节点 1 与节点 3 在 2 521 s 至 2 530 s 建立了持续性连接。案例中，不同卫星天线扫描角度下的卫星网络数据生成案例结果如表 5－2 所示，随着卫星天线最大扫描范围的扩大，卫星节点与卫星节点之间的连接不断增多，卫星网络数据量逐渐变大。值得注意的是，现有卫星天线的最大扫描范围在 30°至 60°之间或 60°左右，在进行理论研究时，选取了 75°和 90°作为实验参数，并发现在卫星天线最大扫描范围达到 75°时，同样将其扫描范围值提高 15°，其数据量的增幅已不如之前，说明此时卫星天线最大扫描范围可能不再是制约星间链路建立的主要因素。

表 5－1　卫星网络数据生成结果示例

节点编号	节点编号	连接时间/s
1	3	2 521
3	1	2 521
1	3	2 522
3	1	2 522
1	3	2 523
3	1	2 523
1	3	2 524
3	1	2 524
1	3	2 525
3	1	2 525
1	3	2 526
3	1	2 526
1	3	2 527
3	1	2 527
1	3	2 528
3	1	2 528
1	3	2 529
3	1	2 529
1	3	2 530
3	1	2 530

表 5-2　卫星网络数据生成案例结果

天线最大扫描范围	数据量/行数	txt 文件大小/MB
30°	1 816 802	17.8
45°	2 648 118	25.8
60°	3 463 778	33.6
75°	4 026 572	39.1
90°	4 160 228	40.3

5.2.2　基于 SNAP 框架抽样算法的卫星网络子图计数方法

在 5.2.1 节含时卫星网络数据生成方法的基础上，计算卫星网络中子图的出现频率，是本节的主要研究内容。根据卫星网络数据规模及表征化形式，从动态网络模体识别算法中选择了 SNAP 框架抽样算法，适用于三元组 (u,v,t) 的数据格式，且能高效实现大规模网络数据的子图计数；因含时卫星网络数据生成方法中，考虑的节点连接为双向连接，取相应的子图计数结果平均值，将算法的有向子图计数结果(36 种 2 个节点三边和 3 个节点三边有向子图)转换为 3 个节点三边无向子图计数结果，并计算子图浓度。

1.常用模体识别算法及 SNAP 框架抽样算法的选用依据

常用的模体识别工具及算法可分为两类，即面向静态网络和面向动态网络的模体识别工具及算法。面向静态网络的模体识别算法发展较为成熟，将随机网络生成、随机网络与原始网络子图计数的实现、随机网络与原始网络的子图特征比较，三部分内容打包组成了网络模体识别工具，而面向动态网络的模体识别算法主要关注于如何高效、准确地实现动态网络子图计数。

网络模体识别是网络模体研究的重点和难点之一。经典的模体识别算法[10]主要是面向静态网络，生成若干个与实证网络节点数和节点的度序列相同的随机网络；在实证网络和随机网络中搜索某一规模的子图，将同构的子图归为一类；比较每一类子图在实证网络和随机网络中的出现次数以确定其统计意义，从而确定是否为网络模体。常用的静态网络模体识别工具包括 MFinder[11]、FANMOD[12]、MODA[13]和 NemoMap[14]等。

卫星网络具有高动态的时变性质。面向动态网络的模体识别算法包括基于流模型的 StreaM[15]和 Massive Streaming Data Analytics[16]，SNAP(Stanford Network Analysis Project，斯坦福网络分析项目)框架下的动态模体识别抽样算法[17]和 oDEN 算法[18]等，上述的动态网络模体识别算法，主要研究如何高效、准确地实现动态网络子图计数。论文所生成的卫星网络数据以三元组（u，v，t）的形式表示，每一个三元组代表一行网络数据，且认为卫星网络节点间的连接为双向连接，从 5.2.1 节 4 卫星网络数据生成案例中可看出，设置实验时间段长度为 3 600 s，时间步长为 1 s 时，网络数据的规模已有数百万行，在进行实际的卫星网络结构分析等研究时，有时需要考虑较长时间段内的卫星网络动态变化情况，此时，使用 5.2.1 节方法生成的卫星网络数据将具有较为庞大的规模，故选用 SNAP 框架抽样动态网络模体识别算法，该算法采取抽样计算策略，在提高了子图计数速度的同时，具有较高的计数结果准确性。

SNAP 框架下面向大规模网络数据的抽样动态 3 个节点模体识别算法，该算法适用于 2 个节点三边和 3 个节点三边的 36 种有向子图计数，如图 5－2 所示，包括三角形子图和星型子图。为提高算法速度，计算星型子图出现次数时，将中心节点的所有相邻节点对遍历替换为中心节点边遍历，计算三角形子图出现次数时，遍历节点对的所有相邻边，相较于对比算法，计算速度提升了 50 倍，具体见文献[17]。卫星网络具有动态时变特性，结构受时间因素影响，用含时网络模型 $G_2(V_2, E_2, t)$ 描述卫星网络时，卫星网络子图数量与时间段长度相关，故引入时间参数 δ，对卫星网络子图进行定义：由具有时间属性的边组成的子图，子图中的带有时间属性的边具有先后顺序，受时间段 δ 约束，即连接关系均发生在时间段 δ 内，用数学表达式可表示为

$$\max\{t_1, t_2, \cdots\} - \min\{t_1, t_2, \cdots\} \leqslant \delta \tag{5-4}$$

式中，$t_1, t_2, \cdots$ 为卫星网络子图中的边连接时刻。

2. 3 个节点三边无向卫星网络子图计数

实现含时卫星网络数据 3 个节点三边无向子图计数，计算其子图浓度。在 5.2.1 节卫星网络连边构建中，考虑卫星网络节点间的连接为双向连接，即卫星节点间、卫星节点与地面站节点间的连接均为无向边，而 SNAP 框架抽样算法是对图 5－2 中的 36 种有向子图进行计数，现将有向子图计数结果转换为无向子图计数结果，已知 3 个节点三边无向图共有图 5－7 中的 4 种。

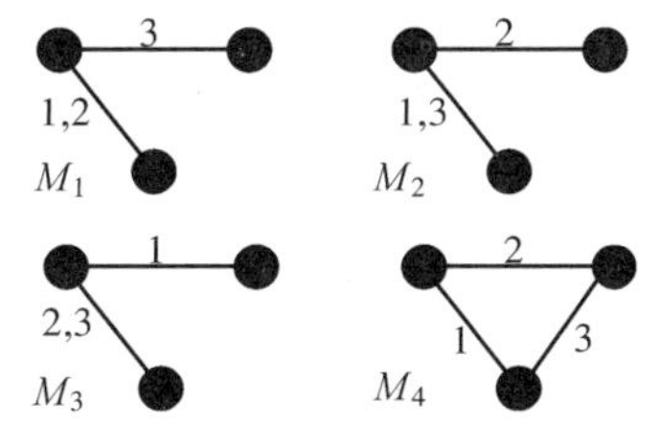

图 5－7　3 个节点三边无向子图示意图

采用均值思想，将抽样有向子图计数结果转化为无向子图计数结果。找到图 5-7 中无向子图在图 5-2 中所对应的有向子图，取有向图计数结果的均值为无向图计数结果，具体计算见下式。该算法在实现有向子图计数时，通过抽样提高了算法的运行效率，对应同一种无向子图的有向子图计数结果存在细微差别，取均值可以降低因抽样计算带来的误差。因生成含时卫星网络数据为无向边数据，使用 SNAP 框架抽样算法对有向图中有带环的子图，如 $M_{1,2}$ 等计数时，存在重复计数过程，使其计数结果高于实际无向子图个数，故在取均值时，舍去带环的子图。

$$\left.\begin{aligned} M_1 &= (M_{63}+M_{64}+M_{65}+M_{66})/4 \\ M_2 &= (M_{11}+M_{21}+M_{31}+M_{41})/4 \\ M_3 &= (M_{16}+M_{25}+M_{34}+M_{43})/4 \\ M_4 &= (M_{13}+M_{14}+M_{23}+M_{24}+M_{35}+M_{36}+M_{45}+M_{46})/8 \end{aligned}\right\} \tag{5-5}$$

图 5-7 中的 4 种 3 个节点三边无向图，M_1、M_2、M_3 均为星型子图，指单节点为中心节点，其他节点直接与中心节点相连构成的子图，M_4 为三角形弯路子图，有利于网络结构的稳定，重点关注子图 M_4 的出现次数和子图浓度。子图浓度是指相同实验条件下，同等子图规模的某种子图所占的比例，体现了网络中同等规模不同连接模式子图的分布情况，计算如下：

$$C_k = \frac{M_k}{\sum_N M_k} \tag{5-6}$$

式中，C_k 为某子图规模下第 k 个子图结构的子图浓度，M_k 为第 k 个子图的出现次数，该子图规模下，共有 N 个异构子图结构。

5.2.3 GPS 卫星网络数据生成与子图计数仿真实验

结合含时卫星网络数据生成及卫星网络子图计数方法，选用典型的 GPS 卫星网络进行仿真验证实验。GPS 全面建成于 20 世纪 90 年代，发展成熟并得到全球范围的广泛应用，且为实现精密定轨计算，GPS 卫星需要持续收集更新各颗卫星的测量数据，卫星与卫星之间或卫星与地面站之间频繁地进行数据传输，GPS 卫星网络节点间的连接众多，识别网络中频繁出现的子图对 GPS 卫星网络结构研究具有重要意义，以其为研究对象进行卫星网络子图计数实验。以 GPS 卫星网络为对象，下载开源 GPS 星座星历文件，导入 STK 建立 GPS 卫星节点，根据地理位置信息设置地面监测站，生成含时 GPS 卫星网络数据，使用 SNAP 框架抽样算法的卫星网络子图计数方法，并对子图计数结果进行分析，验证本章所提方法的有效性。

1.GPS 卫星网络结构建模

GPS 由空间段、地面段和用户终端组成，用户终端包括移动电话、车、船等海量对象，本书不考虑用户终端。空间段由 30 颗中轨道卫星组成。地面段包括主控站、监测站及注入站。主控站[19]主要是收集和处理监测站的观测数据；监测站利用复杂的 GPS 接收机跟踪从监测站上空经过的 GPS 卫星，收集导航信号、范围测量数据和大气数据等；注入站在卫星离开其作用范围之前进行指令等信息注入。综上，地面段的监测站与 GPS 卫星之间的信息传输最为频繁，出于理论研究和模型简化的目的，本书只考虑 GPS 卫星与监测站之间的连接，建立由空间段卫星节点和监测站节点组成的卫星网络，且不考虑地面节点间的连接。在 STK 软件中建立的 16 个 GPS 监测站点的具体位置信息见表 5－3 ，STK 仿真 2D 图如图 5－8 所示。

表 5－3　16 个 GPS 监测站点位置信息

序　号	站点名称	经　度	纬　度	高度/m
1	夏威夷(Hawaii)	−158.00°	21.50°	0
2	迪戈加西亚岛(Diego Garcia)	72.30°	−7.30°	0
3	科罗拉多州施里弗空军基地(Schriever AFB Colorado)	−104.30°	38.50°	1 901
3	夸贾林(Kwajalein)	167.72°	8.72°	0
5	阿森松(Ascension)	−14.40°	−7.90°	0
6	阿德莱德(Adelaide)	138.60°	−34.90°	0
7	布宜诺斯艾利斯(Buenos Aires)	−56.20°	−34.90°	40
8	冬宫(Hermitage)	−0.91°	51.12°	130
9	麦纳麦(Manama)	50.60°	26.20°	−23
10	厄瓜多尔(Ecuador)	−78.60°	−0.60°	3 587
11	华盛顿(USNO Washington)	−77.10°	38.80°	19
12	卡纳维拉尔角(Cape_Canaveral)	−80.40°	25.60°	−24
13	阿拉斯加州(Alaska)	−147.50°	65.00°	0
14	乌山(Osan)	127.00°	37.50°	0
15	比勒陀利亚(pretoria)	27.70°	−25.90°	0
16	惠灵顿(Wellington)	175.50°	−41.15°	120

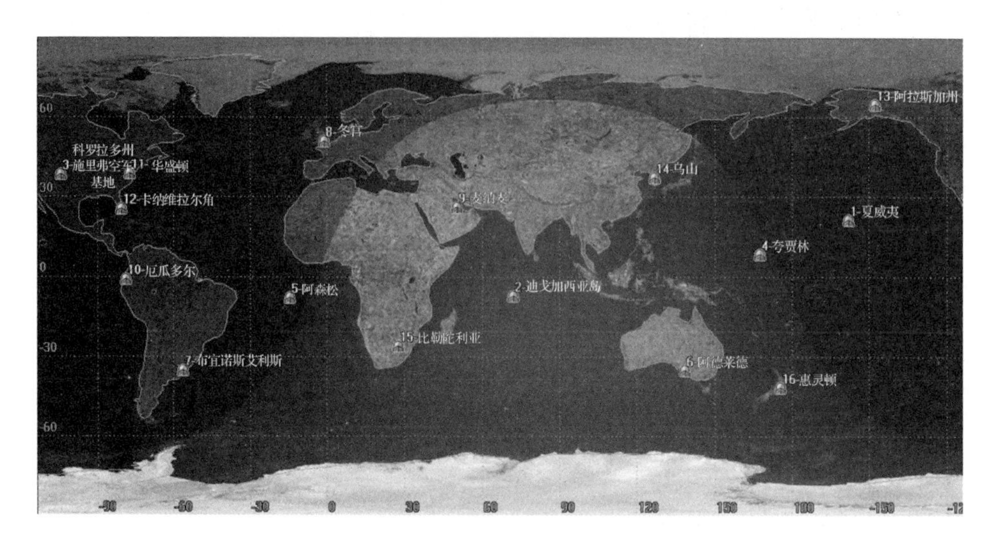

图 5-8　GPS 地面段监测站 2D 示意图

使用 Celestrak 网站的两行根数(TLE)文件构建 GPS 空间段。TLE 文件的时间为 2021 年 12 月 21 日,导入 STK 软件,卫星节点数量为 30,地面站节点和卫星节点数目总和为 46,GPS 卫星网络 3D 示意见图 5-9。

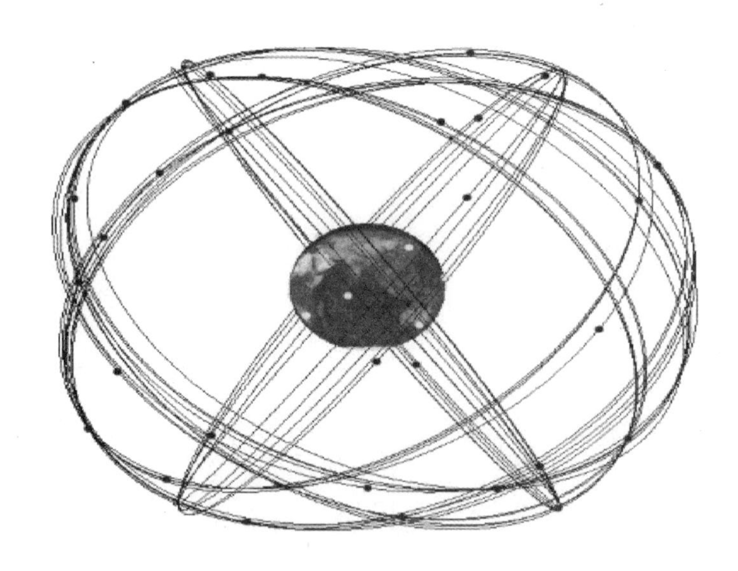

图 5-9　GPS 卫星网络 3D 示意图

1.GPS 卫星网络数据生成

在仿真 GPS 卫星网络模型基础上，结合含时卫星网络数据生成算法，设置实验参数，实现 GPS 卫星网络数据生成。将 STK11.6.0 与 MatlabR2018b 进行互联，实验参数主要包括卫星天线最大扫描角度、开始时间和结束时间、时间步长、卫星节点数量和地面站节点数量。在星间链路建立时，天线可视性约束中的卫星天线最大扫描范围 α_{max} 起关键作用，对网络拓扑结构具有较大影响[20]。GPS 导航系统的 30 颗卫星其轨道均为中轨道，轨道高度近似相同，卫星运行周期也近似相同，大约为 12 h(718 min)，结合实际卫星网络运行情况，并考虑数据量规模等问题，设置实验时长为 24 h，实验开始时间为 1 s，结束时间为 86 400 s，时间步长为 1 s，天线最大扫描范围分别为 30°、45°和 60°。从 STK 中获取 1～86 400 s的卫星节点间距离、卫星节点高程，以及卫星节点与地面站节点之间的距离数据，依据可视性约束条件判断连边是否建立，且均为双向连接，即无向边，卫星节点间连边数据和卫星节点与地面站节点之间的连边数据分别以三元组 (u,v,t) 的形式输出，数据合并后完成不同天线最大扫描范围的三组 GPS 卫星网络数据生成，数据量情况见表 5－4。

表 5－4　不同天线最大扫描范围的三组 GPS 卫星网络数据量情况

天线最大扫描范围	数据量/行数	txt 文件大小/MB
30°	43 913 166	480
45°	63 778 766	694
60°	83 231 842	903

2.GPS 卫星网络子图计数仿真实验

运用 3 个节点三边无向卫星网络子图计数方法，对生成的 GPS 卫星网络数据进行子图计数，验证时变卫星网络数据生成方法的有效性，为卫星网络模体识别提供技术支撑。以卫星天线最大扫描范围为 30°、时间参数 δ 取值为 1 s 时的子图计数过程为例，包含 36 种有向子图计数、有向子图计数结果向无向子图计数结果的转换两个过程，其余实验参数下的卫星网络子图计数过程类似，不再赘述。

使用虚拟机 VMware 虚拟机搭建 Ubuntu20.04.3 系统环境，运行 SNAP 框架抽样动态网络模体识别算法，得到图 5－2 中的 36 种有向子图计数结果，见表

5－5,用 6×6 矩阵形式表示,如有向子图 $M_{1,1}$ 对应的计数结果为 455 867 559。在有向子图计数结果的基础上,结合式(5－5)和式(5－6),计算出 3 个节点三边无向子图出现次数及子图浓度。

表 5－5　$\alpha_{max}=30°$、$\delta=1$ s 时,GPS 卫星网络 36 种有向子图计数结果

455 867 559	531 886 384	23 169 622	23 167 896	531 899 242	227 933 688
455 867 231	531 899 815	23 166 621	23 164 736	227 972 842	531 898 961
455 867 605	531 786 697	531 837 827	227 894 382	23 170 721	23 168 653
455 867 095	531 800 309	227 933 584	531 846 590	23 167 907	23 165 672
43 909 189	21 954 597	531 867 058	531 828 531	531 916 589	531 869 091
0	21 954 601	227 933 553	227 893 991	227 972 825	227 933 393

若忽视卫星与地面站之间的连接(简称为第一种情况),则 GPS 卫星网络将是一个独立自主运行的系统。考虑卫星网络信息传输的时效性,时间参数 δ 取值为 1 s、2 s、3 s[三边连接时间点的最大间隔不超过 δ s,见式(5－4)],3 个节点三边无向图子图浓度统计结果见图 5－10、图 5－11 和图 5－12。

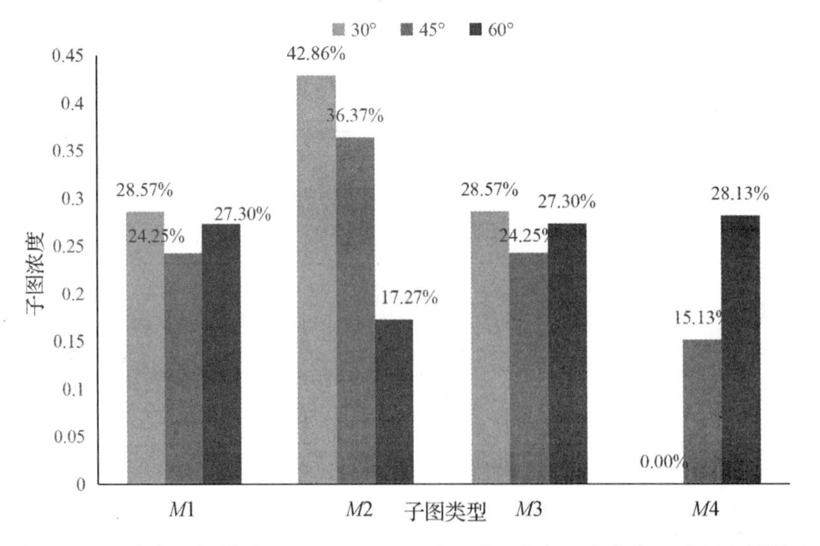

图 5－10　考虑星间链路,$\delta=2$ s,$\alpha_{max}=30°$、45°、60°时,3 个节点三边无向图浓度

既考虑星间链路,又考虑星地链路(简称为第二种情况)时的结果见图5－11 和图 5－12。

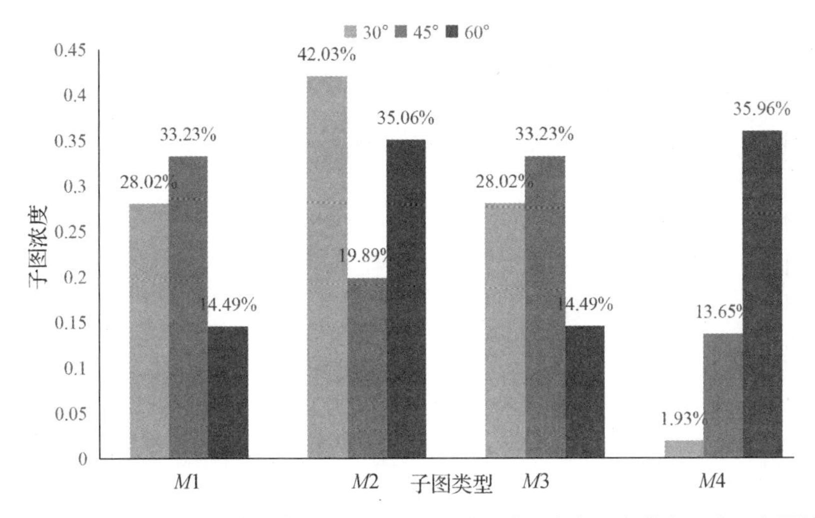

图 5-11　考虑星间和星地链路，$\delta=2$ s，$\alpha_{max}=30°$、45°、60°时，3个节点三边无向图浓度

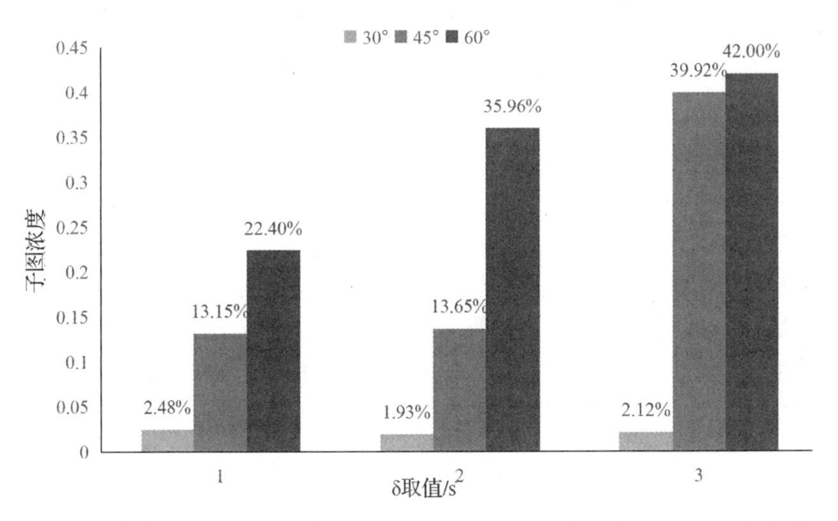

图 5-12　考虑星间和星地链路，$\delta=1$ s、2 s、3 s，$\alpha_{max}=30°$、45°、60°时，M_4 子图浓度

由图 5-10、图 5-11 和图 5-12 可得

(1)图 5-10、图 5-11 和图 5-12 所处情况下，天线最大扫描范围都与 M_4 子图浓度呈正相关，α_{max} 越大，卫星节点间的连接越多，全连通结构子图的出现概率越大，M_4 子图浓度越高，越有利于网络的稳定。

(2)$\alpha_{max}=30°$ 和 60°时，第二种情况的 M_4 子图浓度均高于第一种情况，说明

在 α_{max} 较小时,可以借助星地链路建立"卫星—地面站—卫星"的 3 个节点全连通结构;在 α_{max} 较大时,卫星节点之间的联系紧密,第一种情况下的网络具有较高的连通度,增加星地链路之后,地面站同时与多个卫星建立连接,增加了 3 个节点全连通结构的出现次数,提高了 M_4 子图浓度。

(3)按照三条边的发生顺序,M_1 和 M_3 的边路径发生了一次转换,而 M_2 发生了两次转换,发现在第一种情况和第二种情况的不同 α_{max} 下,M_1 和 M_3 总是具有相同的子图浓度。在本书的卫星网络模型中,受节点连接关系特性的影响,节点之间的连接在某一时间段内持续存在,使得边路径发生一次转换的 M_1 和 M_3 同时出现,并具有相同的出现次数。

5.3 基于零模型的卫星网络模体识别

卫星网络属于含时网络,而在当前的含时网络模体识别研究中,由于暂未形成对含时网络模体的统一认识,常常根据含时网络中子图出现频率的绝对数值来判断其是否为模体,比如将实证网络(即原始网络)中出现次数最大的同一规模的含时网络子图认定为模体,或将出现次数超过某一特定数值的子图认定为模体,而不同含时网络的规模大小各异,结构千差万别,不考虑网络自身因素对子图出现频率造成的影响,直接分析实证网络,从而定性子图是否为模体,其结果往往不够准确,如某些网络的节点数量众多,节点间的连接频繁,其子图出现次数数值自然较大。为了提高模体识别结果的准确性,本章拟提出一种以零模型为参照的卫星网络模体识别方法,构造一组与卫星网络具有相同规模和某些相同性质的零模型网络,作为卫星网络模体识别的基准,用两者子图特征比较后的相对值来识别含时网络中的具有显著结构意义的子图;在零模型构造过程中,研究零模型何时能达到稳定状态,以保证零模型质量和最终结果的有效性。

5.3.1 基于零模型的卫星网络模体识别方法流程设计

1.卫星网络模体识别方法流程

借鉴以零模型为参照的网络特性挖掘思路,提出了一种基于零模型的卫星网络模体识别方法,构造一组稳定状态下的零模型网络,统计其子图特征,并与实证卫星网络进行比较,以实现模体识别,流程图见图 5-13 。先对卫星网络不断进行随机置乱操作(随机置乱后的卫星网络即为零模型网络),并统计随机置乱后的子图特征,若随着成功置乱次数的增加,随机置乱后的卫星网络子图特征不再变化或变化较小，则认为零模型网络达到了稳定状态，否则不断增加成功置乱次数，直至稳定；再构造一组稳定状态下的零模型网络，对卫星网络和零模型网络中的子图进行计数，并计算网络的子图特征；最后将卫星网络的子图特征值与零模型网络进行比较，一般是取两者网络子图特征的相对值，根据其相对值和模体评价指标，识别出具有频繁结构性意义的卫星网络模体，并完成卫星网络模体的重要性排序。

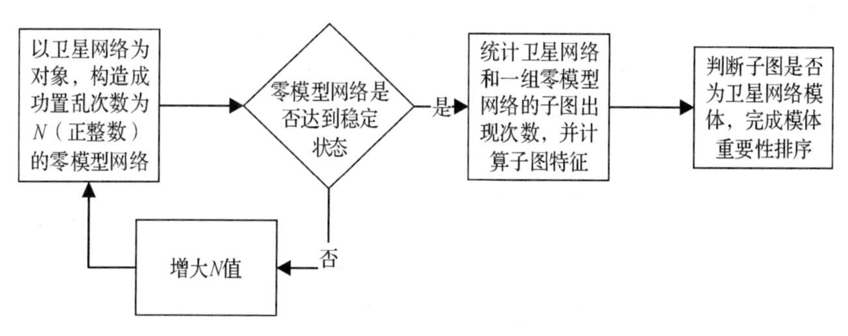

图 5 - 13 卫星网络模体识别方法流程图

卫星网络模体识别主要分为三步：第一步，生成一组与卫星网络相对应的稳定状态零模型；第二步，在卫星网络和零模型网络中，对某一规模的子图进行计数；第三步：根据子图在卫星网络和零模型网络中的出现次数计算子图特征，判断该子图是否为含时网络模体。随着成功置乱次数的增加，零模型网络会达到稳定状态，在模体识别过程中，子图出现频率趋向一个稳定值。生成一组稳定状态的零模型与实证网络进行比较，统计子图出现频率，设定模体参数的值（P，U，D，N），若结果满足要求，则称为卫星网络模体；计算模体的 Z 得分，并进行归一化处理，按照得分大小进行模体重要度排序。

2.卫星网络模体参数及评价指标

经典的静态网络模体定义中包含四个参数｛ P,U,D,N ｝，引入到卫星网络模体识别中，对卫星网络子图进行约束。｛ P,U,D,N ｝的具体数学定义式，结合使用的具体参数值来理解，比如｛ P,U,D,N ｝的值为{0.01，10，0.1，1 000}，也就是说用 1 000 个零模型网络来分析卫星网络子图的结构统计意义，判断其是否为模体。卫星网络子图在零模型网络中出现的次数大于它在卫星网络中出现次数的概率小于 0.01；子图在卫星网络中至少出现了 10 次；子图在卫星网络中出现的次数与它在零模型网络中出现的平均次数之差至少是零模型网络中平均次数的 0.1 倍。

卫星网络模体 G_k 的 Z 得分为：

$$Z=\frac{N_{\text{real}}-\langle N_{\text{real}}\rangle}{\sigma_{\text{rand}}} \tag{5-7}$$

式中，$\langle N_{\text{rand}}\rangle$ 为 G_k 在零模型网络中出现次数的平均值，σ_{rand} 为标准差，Z 得分越大，说明模体在卫星网络中越重要。

进行归一化处理，得

$$SP_i=\frac{Z_i}{\sqrt{\sum Z_i^2}} \tag{5-8}$$

值得注意的是，卫星网络中的子图出现次数与时间参数 δ 相关，δ 的定义见式(5－4)，受 δ 约束的卫星网络子图示意图如图 5－14 所示。

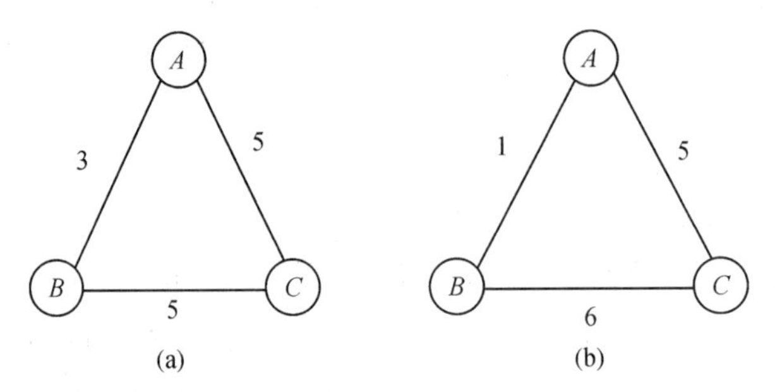

图 5－14　受 δ 约束的卫星网络子图示意图

取 $\delta=3$，则图 5－14(a)可称为 $\delta=3$ 含时网络子图，而图 5－14(b)中的子图发生在时间段 $6-1=5$ 内，不满足 δ 约束条件

5.3.2　网络模体识别中的零模型构造

本节介绍零模型构造的一般方法，从中选取时间置乱和时间随机化方法用于卫星网络模体识别，并采用成功置乱次数对两种方法进行改进。构造具有相同网络规模和某些相同性质的零模型网络作为现实网络(或者说实证网络)的参照，通过比较来发现实证网络的特殊性，进而得出实证网络的非平凡特性结论，是复杂网络研究中的常用手段[21－23]，识别网络中频繁出现的模体结构是网络零模型研究的重要应用方向之一。根据网络类型进行分类，模体识别中的网络零模型构造可分为静态网络模体识别中的零模型构造和含时网络模体识别的零模型构造，前者不需要考虑时间属性，相关研究较为成熟，且静态网络模体具有统一定义，后者需考虑时间属性，较为复杂。时间置乱和时间随机化零模型构造方法在实现网络随机置乱的同时，保留了实证网络的部分原有结构性质，用于卫星网络中的模体识别；为构造稳定状态下的含时网络零模型，并对其构造过程进行

量化分析，借鉴成功置乱次数概念，改进了时间置乱和时间随机化方法。

1.零模型构造一般方法

按照网络类型，零模型构造一般方法可以分为静态网络零模型构造方法和含时网络零模型构造方法。Mahadevan 等人[24]定义了静态网络不同阶数零模型的概念，其中的 1 阶零模型网络被当作实证网络的参照，用于识别静态网络模体。

(1)0 阶零模型：0 阶零模型是最简单的网络零模型，与实证网络具有相同的节点数量和平均度。

(2)1 阶零模型：1 阶零模型在 0 阶零模型的基础上，与实证网络具有相同的节点度序列和度分布，即零模型与实证网络具有相同的节点数量、平均度，且对应节点的出度和入度相同。

(3)2 阶零模型：2 阶零模型与实证网络具有相同的节点数量和联合度分布，联合度分布是指任一条边两端节点的度数目和概率。

含时网络零模型构造方法[25]包括连边置乱、时间置乱、时间随机化、时权置乱、等权置乱等。其中的时间置乱和时间随机化方法是在原有实证网络上进行时间接触序列随机置乱或随机重连，零模型对应节点对之间的时间接触数量与原始网络相同。时间置乱方法是将实证网络中的连边接触时间随机交换置乱，任意选取两对存在连边的节点 A、B 和 C、D，随机选取 AB 连边中的接触时间 t_1 和 CD 连边中的接触时间 t_2，并进行置换。注意的是，接触时间置换之后，连边中不能出现重复的接触时间，若 AB 连边中本来就存在接触时间 t_2，则需要将重复的接触时间再次置换，直至无重复时间为止。图 5-15 中，连边 AB 与连边 CD 进行一次接触时间置换，只能是 AB 连边中的 2 时间戳与 CD 连边中的 5 时间戳发生置换，否则将出现重复接触时间。

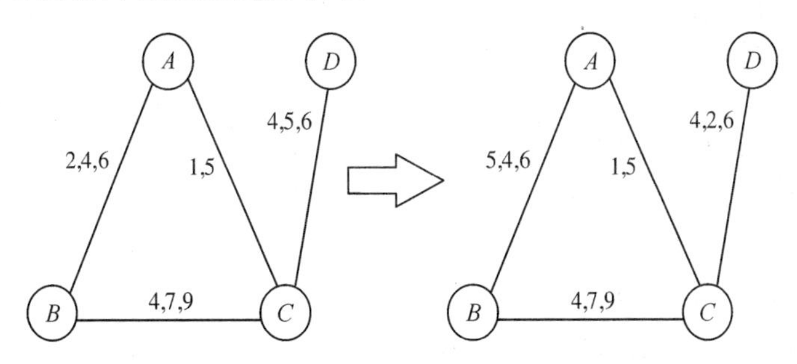

图 5-15 时间置乱零模型构造方法示意图

时间随机化方法不再进行连边接触时间交换置乱，而是接触时间随机化。任意选取一对存在连边的节点 A 和 B，随机选取其中的某个时间戳 t_1，将其置换为整个网络开始接触时间到结束接触时间之间的一个随机时间戳 t_2，同样的具有约束条件，置换后不能出现重复的接触时间，若存在，则需再次置换，直至无重复时间为止。图 5－16 中，连边 CD 进行了一次接触时间时间随机化，网络接触时间的开始时间是 1，结束时间是 7，随机选中 CD 连边的时间戳 4，进行接触时间随机化时，随机结果不能与原有的接触时间重复，结果为 1，满足约束条件。

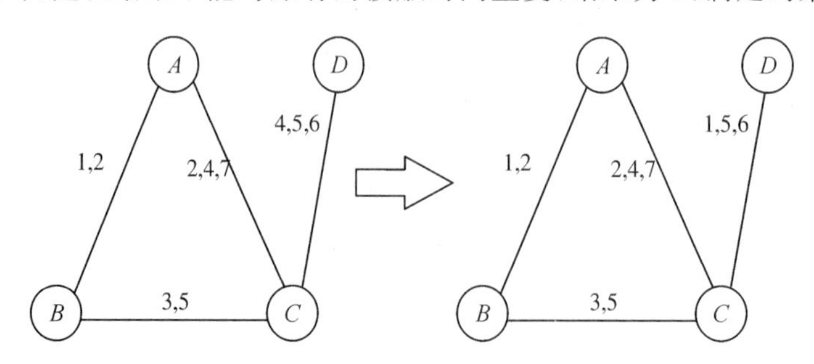

图 5－16　时间随机化零模型构造方法示意图

2.基于时间置乱和时间随机化的卫星网络零模型构造方法

分析静态网络模体识别中的 1 阶零模型网络与实证网络之间的关系，借鉴其思路，选取合适的含时网络零模型构造方法用于识别卫星网络模体。在识别静态网络模体时，1 阶零模型网络与实证网络具有相同的节点数量、平均度和节点度序列，即任一节点在实证网络和 1 阶零模型网络中都具有相同的度，主要关注节点的度，而卫星网络需要考虑时间属性。含时网络零模型构造方法中的时间置乱和时间随机化方法，在实现网络随机置乱的同时，保留了实证网络的部分原有结构性质，适用于识别卫星网络模体。以卫星网络为对象，使用时间置乱方法或时间随机化方法构造的零模型网络在实现接触时间随机置乱的同时，与卫星网络具有相同的节点数量、节点平均接触时间、节点接触时间序列，即任一节点在卫星网络和时间置乱或时间随机化的零模型网络中都具有相同的接触时间。比如，卫星节点 A 与卫星节点 B 在某段实验时间内(1～86 400 s)的连边数量为 53 051，时间步长为 1 s，则其接触时间即为 53 051 s。

卫星网络用静态加权网络(连边权重为接触时间数量)来表示时，相同的节点数量、节点平均接触时间和节点接触时间序列，可以直观理解为两种方法所构造的零模型网络与卫星网络具有相同的加权拓扑结构，即时间置乱和时间随机化方法保留了卫星网络原有的加权网络结构。如图 5－17 所示，数字为卫星网络节点编号，边的颜色由浅至深，代表边的接触时间数量由低到高，两种方法所构造零模型网络的加权拓扑结构一致。

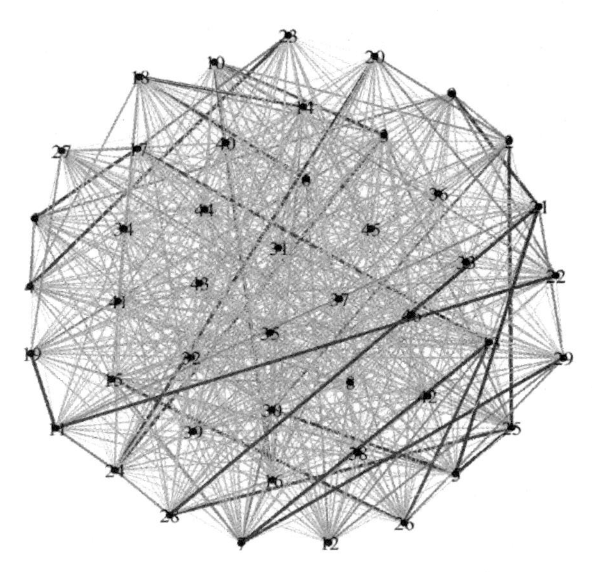

图 5-17　仿真加权卫星网络拓扑结构示意图

使用某种零模型构造方法不断地对实证网络进行随机置乱等操作，最终会获得一个足够随机化的网络，称为稳定状态下的零模型网络，即使再次重复该操作，网络的性质也不会发生变化或变化很小。用稳定状态下的零模型网络与实证网络进行比较，得出的结论更具有科学性和说服力。确定零模型网络何时达到稳定，对零模型质量的保证和构造效率的提高具有重要意义。

零模型构造过程中，为保持实证网络的原有部分性质，对随机置乱等操作都有一定的约束条件，而以往的研究人员往往采用的是“尝试置乱次数”[26,27]，即不管置乱的结果是否满足约束条件，只要置乱发生了，次数就会累加 1。用“尝试置乱次数”来确定零模型网络是否达到稳定状态具有较大的随机性和不确定性。李欢[28]等人提出了“成功置乱次数”的概念，置乱结果在满足零模型约束条件时，置乱次数才累加，并据此确定了静态网络零模型在成功置乱次数达到网络边数的多少倍时，网络性质达到了稳定。为构造稳定状态下的零模型网络，并对其构造过程进行量化分析，论文借鉴成功置乱次数概念，改进了时间置乱和时间随机化方法，用成功置乱次数代替尝试置乱次数。在零模型构造过程中，不断进行置乱目标的随机选择，而只有满足相应约束条件的置乱操作才会得到实施，确保了每次置乱操作的有效性，提高了零模型构造的效率和模体识别结果的科学性、准确性，并为置乱次数与网络稳定状态之间关系的量化提供了方法支撑。

给出采用成功置乱次数的时间置乱和时间随机化零模型构造方法部分伪代码。

输入：原始网络 G，置乱次数 N（一般为网络边数的倍数）

输出：时间置乱后的随机网络

(1)读取网络数据文件。用元胞(cell)储存边的接触时间，元胞的行和列代表节点编号。

(2)随机交换边的接触时间。

```
for i=1:N
While(1)
随机选取原始网络中的两对节点 num_1、num_2 和 num_3、num_4
    if 两对节点中存在某对节点之间没有连边
     Continue; //重新选择两对节点
    end
在 num_1 和 num_2 的接触时间中，随机选取一个时间戳 t1，num_3 和 num_4 中，随机选取时间戳 t2
        q=find(元胞{ num_3 和 num_4}== t1);
        p=find(元胞{ num_1 和 num_2}== t2);
            if p,q 均为空集
            break;  //跳出 while 循环
            end
end
已产生两组满足约束条件的接触时间，将其交换，并存储在元胞中；
end    //成功置换次数为 N 时，结束接触时间交换
```

(3)时间置乱后的随机图生成。根据元胞的行列编号及相应矩阵中的接触时间，生成对应的网络数据。

时间随机化方法的第一步和第三步与时间置乱方法相同，下面介绍其第二步随机化边的接触时间：

输入：原始图 G，置乱次数 N

输出：时间随机化后的网络

方法：

```
for i=1:N
While(1)
随机选取原始网络中的一对节点 num_1 和 num_2;
if 节点 num_1 和节点 num_2 之间不存在连边
    Continue; //重新选择一对节点
end
```

在 num_1 和 num_2 的接触时间中，随机选取一个时间戳 t_1，生成一个介于网络初始时间到结束时间的时间戳 t_2；

```
        q=find(元胞{ num_1 和 num_2}== t2)；
         if  q为空集
          break；  //跳出 while 循环
         end
end
已产生满足约束条件的接触时间，将其交换，并存储在元胞中
end   //成功置换次数为 N 时，结束接触时间交换
```

5.3.3 GPS 卫星网络模体识别仿真实验

以典型的 GPS 卫星网络为对象，开展卫星网络模体识别仿真实验，并验证方法的有效性。简要描述 GPS 卫星网络数据生成及子图计数过程，在 STK 软件上构建 GPS 星座，包含 30 个卫星和 16 个地面站，若任意两颗卫星 A 和 B 在时刻 t_0 满足星间链路的天线可视条件[见式(5-2)]、天线可视条件[见式(5-3)](t_0 为正整数)，则认为 A 和 B 在时刻 t_0 建立了双向连接，用三元组 (A,B,t_0) 和 (B,A,t_0) 表示；同样地，若地面站与卫星之间满足几何可视性条件，则也认为其建立了双向连接(不考虑地面站与地面站之间的连接关系)。实验开始时间为 0 s，结束时间为 86 400 s，卫星天线最大扫描范围为 30°，时间参数 δ 为 2 s，Matlab 与 STK 软件互联，生成了 43 913 132 行三元组网络数据，基于此参数下的卫星网络数据，构造零模型网络，使用 SNAP 框架抽样算法的卫星网络子图计数方法，对 36 种有向含时网络子图(见图 5-2)进行计数，并转换为 4 种 3 个节点三边无向子图(见图 5-7)，挖掘仿真 GPS 卫星网络中的频繁出现的模体结构。

1.GPS 卫星网络零模型构造

在零模型网络的构造过程中，随着时间置乱次数或时间随机化次数的增加，网络会逐渐逼近于完全随机化，最终网络的子图特征会达到稳定，不再随成功置乱次数的增加而变化。为确定零模型网络的子图特征在成功置乱次数达到多少时会稳定，本书将成功置乱次数设置为 GPS 卫星网络三元组数量的 0.1、0.2、…、2.0 倍，分析 GPS 卫星网络与零模型网络对应子图出现频率的比值变化情况，结果如下：图 5-18 和图 5-19 中，(a)图中的子图出现频率比值大于 1，(b)图中的子图出现频率比值小于 1；横坐标为成功置乱次数与原始网络边数的倍数，如 1.5 代表成功置乱次数为原始网络边数的 1.5 倍；纵坐标为某种子图在

GPS卫星网络中的出现次数与子图在零模型网络中出现次数的比值。需要注意的是，GPS卫星网络的边数据为双向连接，而子图计数的对象是36种有向子图，所以在子图计数结果中，某些子图的出现次数完全相同，故选取了其中的一种子图作为实验结果来呈现，三角形子图 $M_{1,3}$、$M_{1,4}$、$M_{2,3}$、$M_{2,4}$、$M_{3,5}$、$M_{3,6}$、$M_{4,5}$ 和 $M_{4,6}$ 在网络中的出现次数相同，所选取的子图为 $M_{4,6}$；$M_{5,6}$、$M_{2,6}$、$M_{6,4}$、$M_{1,5}$、$M_{5,4}$、$M_{4,4}$、$M_{5,3}$ 和 $M_{3,3}$ 在网络中的出现次数相同，所选取的子图为 $M_{5,6}$；$M_{1,2}$、$M_{2,2}$、$M_{3,2}$、$M_{4,2}$ 在网络中的出现次数相同，所选取的子图为 $M_{4,2}$；$M_{1,1}$、$M_{2,1}$、$M_{3,1}$、$M_{4,1}$、$M_{4,3}$、$M_{6,3}$、$M_{3,4}$、$M_{6,4}$、$M_{2,5}$、$M_{6,5}$、$M_{1,6}$、$M_{6,6}$ 在网络中的出现次数相同，所选取的子图为 $M_{6,6}$；子图 $M_{5,2}$ 和 $M_{6,2}$ 在网络中的出现次数相同，所选取的子图为 $M_{6,2}$；$M_{5,1}$ 和 $M_{6,1}$ 均为单独出现的曲线。

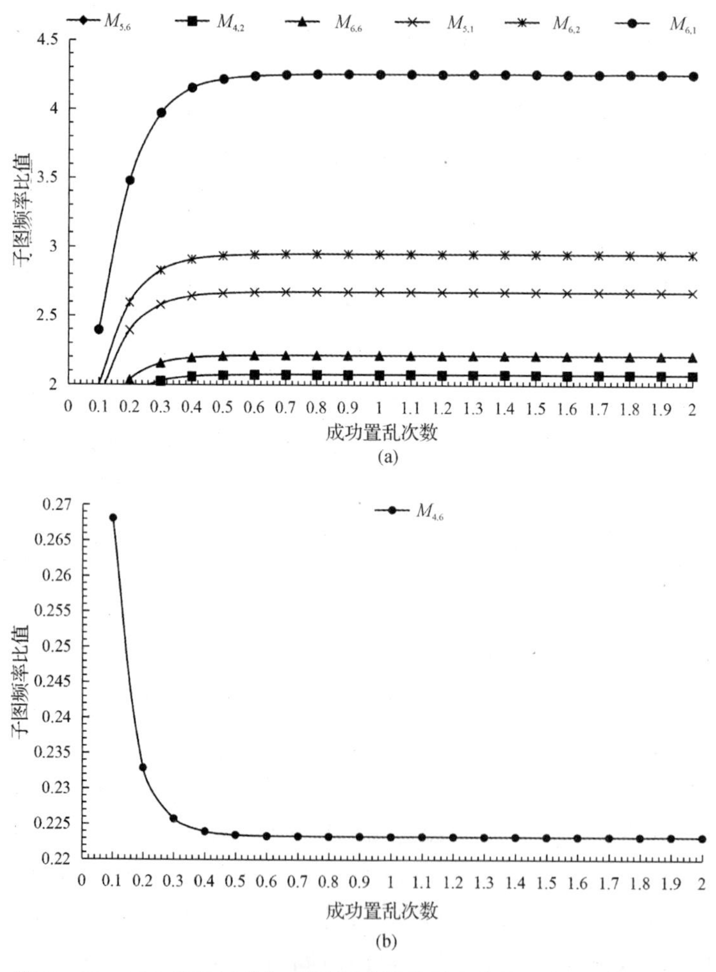

图 5-18 GPS卫星网络与时间置乱零模型网络的子图出现频率比值

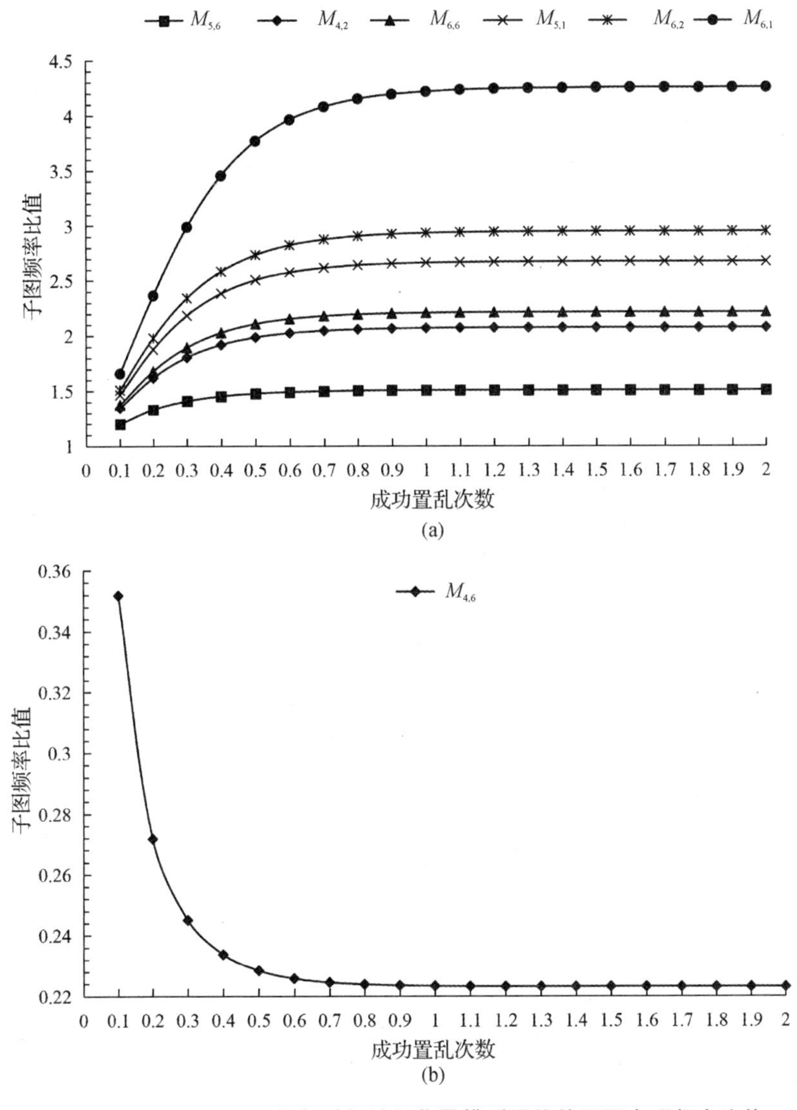

图 5－19　GPS 卫星网络与时间随机化零模型网络的子图出现频率比值

由实验结果，可知

(1)随着零模型网络的随机化程度的提高，GPS 卫星网络与零模型网络的子图出现频率比值趋向于稳定，即零模型网络的子图出现频率不再变化或变化较小；

(2)只有 $M_{4,6}$ 代表的三角形子图相应比值小于 1，并最终稳定在 0.22 左右，说明 GPS 卫星网络中的三角形子图出现频率小于零模型网络，约为零模型网络的五分之一；

(3)若子图出现频率比值的波动小于0.01%(方差小于0.01%)，则认为零模型网络达到稳定，所得结果如表 5-6 所示。

表 5-6　两种零模型构造算法下，结果达到稳定时所需的成功置乱次数（L 为原始网络的总边数）

零模型构造算法/子图	$M_{5,6}$	$M_{4,2}$	$M_{6,6}$	$M_{5,1}$	$M_{6,2}$	$M_{6,1}$	$M_{4,6}$
时间置乱	$0.3L$	$0.4L$	$0.4L$	$0.4L$	$0.5L$	$0.6L$	$0.2L$
时间随机化	$0.5L$	$0.7L$	$0.8L$	$0.9L$	$0.9L$	$1.1L$	$0.3L$

由表 5.6，可知使用时间置乱方法时，为使零模型网络达到稳定，需要的成功置乱次数为 $0.6L$；使用时间随机化方法时，为使零模型网络达到稳定，需要的成功置乱次数为 $1.1L$；可见时间置乱方法相较于时间随机化方法，零模型网络达到稳定时所需的成功置乱次数更少，零模型构造过程中的随机化效率更高。

2.GPS 卫星网络模体识别

以仿真 GPS 卫星网络为原始网络，生成 10 个时间置乱零模型网络和 10 个时间随机化零模型网络，为保证网络的随机化程度，分别设置成功置乱次数为 $0.6L$ 和 $1.1L$，统计子图出现频率及相关统计特征见表 5-7 和表 5-8。

表 5-7　时间置乱零模型网络有向子图统计特征

子图\统计特征	GPS 卫星网络中的出现次数	零模型网络中的平均出现次数	P	D	Z
$M_{5,6}$	$1.51\ N_{5,6}$	$N_{5,6}=9.57\times10^{8}$	0	$\leqslant 0.51$	0.120
$M_{4,2}$	$2.08\ N_{4,2}$	$N_{4,2}=6.95\times10^{8}$	0	$\leqslant 1.08$	0.156
$M_{6,6}$	$2.22\ N_{6,6}$	$N_{6,6}=4.12\times10^{8}$	0	$\leqslant 1.22$	0.314
$M_{5,1}$	$2.68\ N_{5,1}$	$N_{5,1}=4.92\times10^{7}$	0	$\leqslant 1.68$	0.431
$M_{6,2}$	$2.95\ N_{6,2}$	$N_{6,2}=2.98\times10^{7}$	0	$\leqslant 1.95$	0.471
$M_{6,1}$	$4.25\ N_{6,1}$	$N_{6,1}=1.03\times10^{7}$	0	$\leqslant 3.25$	0.574
$M_{4,6}$	$0.22\ N_{4,6}$	$N_{4,6}=2.82\times10^{8}$	1	无	-0.354

表 5－8　时间随机化零模型网络有向子图特征统计

子图\统计特征	GPS 卫星网络中的出现次数	零模型网络中的平均出现次数	P	D	Z
$M_{5,6}$	1.51 $N_{5,6}$	$N_{5,6}=9.57\times10^{8}$	0	≤0.51	0.120
$M_{4,2}$	2.08 $N_{4,2}$	$N_{4,2}=6.95\times10^{8}$	0	≤1.08	0.156
$M_{6,6}$	2.22 $N_{6,6}$	$N_{6,6}=4.12\times10^{8}$	0	≤1.22	0.314
$M_{5,1}$	2.68 $N_{5,1}$	$N_{5,1}=4.92\times10^{7}$	0	≤1.68	0.431
$M_{6,2}$	2.95 $N_{6,2}$	$N_{6,2}=2.98\times10^{7}$	0	≤1.95	0.471
$M_{6,1}$	4.25 $N_{6,1}$	$N_{6,1}=1.03\times10^{7}$	0	≤3.25	0.574
$M_{4,6}$	0.22 $N_{4,6}$	$N_{4,6}=2.82\times10^{8}$	1	无	−0.354

在成功置乱次数分别为 $0.6L$ 和 $1.1L$ 时，10 个时间置乱零模型网络和 10 个时间随机化零模型网络具有相同的子图特征统计结果（子图出现次数数值在四舍五入后，取小数点后两位）。根据 5.2.2 节将有向子图计数结果转换为无向子图计数结果，对时间置乱零模型网络无向子图特征进行统计，结果如见表 5－9。

表 5－9　时间置乱零模型网络无向子图特征统计

子图\统计特征	GPS 卫星网络中的出现次数	零模型网络中的平均出现次数	P	D	Z
M_1	2.22 N_1	$N_1=4.12\times10^{8}$	0	≤1.22	0.43
M_2	2.22 N_2	$N_2=6.17\times10^{8}$	0	≤1.22	0.58
M_3	2.22 N_3	$N_3=4.12\times10^{8}$	0	≤1.22	0.43
M_4	0.22 N_4	$N_4=2.82\times10^{8}$	1	无	−0.54

3.GPS 卫星网络模体识别结果分析

使用时间置乱和时间随机化方法，分别构造了 10 个零模型网络与 GPS 卫星网络进行比较，具体统计结果见表 5－7 和表 5－8，分析两种零模型网络的有向子图特征统计结果。

（1）时间置乱和时间随机化两种不同的零模型构造方法，当零模型网络达到稳定状态时，分别统计 10 个零模型网络和 GPS 卫星网络的 36 种有向子图（见图 5－2）的特征，发现其结果完全相同，说明在本书的仿真 GPS 卫星网络下，时间置乱和时间随机化零模型构造方法具有相同的网络随机置乱意义，且时间置乱方法的随机置乱效率更高，仅需要 $0.6L$ 次成功置乱次数即可达到稳定状态，而时间随机化方法需要 1.1L 次成功置乱次数。

(2)使用时间置乱或时间随机化零模型网络构造方法进行 GPS 卫星网络模体识别时,若取模体约束参数 $\{P,U,D,N\}$ 的值为{0.01,100 000, 0.5,10},则表中的前 6 种子图 $M_{5,6}$、$M_{4,2}$、$M_{6,6}$、$M_{5,1}$、$M_{6,2}$、$M_{6,1}$ 皆可称为卫星网络模体,以 10 个零模型网络为参照,均频繁出现于 *GPS* 卫星网络中。其中子图 $M_{6,1}$ 在 *GPS* 卫星网络中的出现次数仅为子图$M_{5,6}$ 的 ,而$M_{6,1}$ 的 Z 得分最大,是网络中最重要的模体。在本书的 GPS 卫星网络模型中,因其只受天线可视性和几何可视性条件的约束,若在某一时刻节点之间满足了连接条件,则会持续性地产生连接,直至节点间的相互运动导致条件不再满足,因此,两节点持续连接的 $M_{6,1}$ 子图具有较高的出现频率。模体识别结果反映了卫星网络节点间的连接具有连续性的特点,与卫星网络模型的实际情况相符,验证了模体识别方法的有效性。

结合子图计数方法,对零模型网络与 GPS 卫星网络 4 种 3 个节点三边无向子图(见图 5-7)的相关特征进行统计,因时间置乱和时间随机化两种方法下的子图特征结果一致,时间置乱方法的随机置乱效率更高,故比较 10 个稳定状态时间置乱零模型网络与 GPS 卫星网络的无向子图统计特征,具体见表 5-9,并对其结果进行分析。

(1)子图 M_1、M_2、M_3 在 GPS 卫星网络中的出现次数大于时间置乱零模型网络的平均出现次数,且都是时间置乱零模型网络平均出现次数的 2.2 倍,子图出现次数的比值相同;子图 M_4 在 GPS 卫星网络中的出现次数小于时间置乱零模型网络的平均出现次数,仅为时间置乱零模型网络平均出现次数的 0.22 倍。

(2)识别 GPS 卫星网络 3 个节点三边无向子图中的模体时,若取模体约束参数 $\{P,U,D,N\}$ 的值为{0.01,100 000, 1.2,10},则子图 M_1、M_2、M_3 皆为卫星网络模体,其中 M_2 的 Z 得分最大,是网络中最重要的模体;子图 M_4 的 Z 得分为负值,本章对卫星天线最大扫描范围为 30° 的 GPS 卫星网络进行模体识别仿真实验,受星间链路天线可视性条件的约束,卫星节点间的连接较少,且不考虑地面站节点之间的连接,三角形子图 M_4 的出现次数少,而时间置乱方法构造的零模型网络中,出现次数明显增多,说明 M_4 在论文构建的 GPS 卫星网络中不具备频繁结构意义。

5.4 基于三角形模体识别的卫星网络节点重要性分析

卫星网络是国家新一代共用信息基础设施。裸露在太空的在轨卫星面临地磁风暴干扰、太空垃圾碰撞等失效风险，为确定重点监护目标以保证卫星网络的可靠运行，开展卫星网络节点重要性分析具有重要意义。目前，在进行卫星网络节点重要性分析时，主要关注于网络的微观结构分析[29-31]，而研究表明[32]，局部结构作为网络结构分析的中尺度视角，与网络结构的微观、宏观分析角度同样重要，有时局部结构特征能更好地揭示网络结构与功能的内在关系。Peter J. Menck 等人[33]研究了单节点大幅度扰动下的电网结构稳定性与网络拓扑中频繁出现的连接模型之间的关系，发现树状连接结构(Dead trees)会严重损害电网结构的稳定性。Martí Rosas - Casals 等人[34]对欧洲电网的结构稳定性进行研究，发现相对于分散的去中心化连接模式，4 个节点三边的星型模体数量增加会加剧网络的脆弱性，Paul Schultz 等人[35]发现在相同节点数目的情况下，模体的连接链路越多，网络中节点稳定性低的节点占比越小，网络中的弯路连接能够提高弯路中节点的稳定性，弯路模体(Detours motifs)在提高网络稳定性上发挥了重要作用，3 个节点弯路模体即三角形模体，典型网络结构如图 5 - 20 所示。

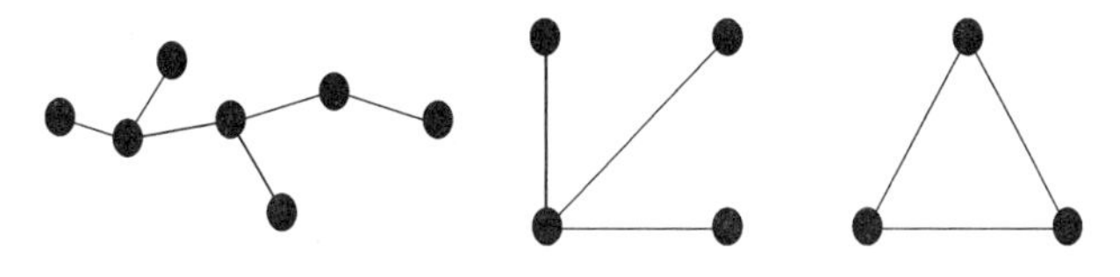

图 5 - 20　典型网络结构示意图

三角形模体是典型的高频局部子图之一，且在维持网络结构稳定上具有一定意义，本节旨在探究网络局部结构与卫星网络节点重要性之间的关系，重点关注网络中的三角形模体。在仿真卫星网络及其稳定状态零模型上模拟网络攻击过程，从模体特征的网络局部结构角度进行结构稳定性分析，并提出一种基于三角形模体的卫星网络节点重要性分析方法，为卫星网络局部结构的研究提供方法借鉴。

5.4.1　卫星网络节点重要性分析方法流程

网络节点重要性研究中，常分析移除节点后网络性能指标(如静态网络的网络效率、最大连通子图)的变化情况，来进行重要节点挖掘和重要性排序方法验证[36,37]。适用于卫星网络等含时网络的性能评价指标，包括平均时效距离、网络效率、平均等待时间等[9,38,39]，多是描述网络的整体性质，而局部结构也是网络结构分析的重要视角。遭受攻击时，网络维持原有拓扑结构的能力反映了网络的稳定性[40]，基于局部结构的模体特征直观地描述了网络的结构属性。

静态网络中的节点度为相连节点的个数，不适用于具有时间属性的卫星网络，故引入时间因素，根据节点间的时间接触数量，定义卫星网络节点含时度：时间段 $[x,y]$ 内，发生于节点 i 的所有带时间戳连边的总和称为节点 i 的含时度，计算见下式。

$$D_{x,y}(i)=\sum_{j\in E_1} d_{x,y}(i,j) \tag{5-9}$$

式中，E_1 为时间段 $[x,y]$ 内，与节点 i 之间存在连边的节点集合；$d_{x,y}(i,j)$，为时间段 $[x,y]$ 内，节点 i 与节点 j 之间的带时间戳的连边数量。

依据节点重要性排序对网络进行攻击时，随着攻击次数的增加（如每次移除10%节点），某些子图的出现次数会逐渐降低，以相邻两次攻击下的子图数量变化定义模体生存时间，计算如下式，模体生存时间反映了攻击策略下子图的衰减速度。

$$T_k(t-1)=N_k(t-1)-N_k(t) \tag{5-10}$$

式中，$T_k(t-1)$ 为生存时间为 $(t-1)$ 的模体 k 数量；$N_k(t)$ 为 t 次攻击下模体 k 数量。

模体生存时间分布计算见下式。

$$p_k(t)=\frac{T_k(t)}{N_k(0)} \tag{5-11}$$

式中，$N_k(0)$ 为网络未遭受攻击时模体 k 数量。

3 个节点三边无向子图总共有 4 种，其中 M_1、M_2、M_3 均为边缘节点直接指向中心节点的星型子图，在网络蓄意攻击策略下，中心节点往往会成为优先目标，使得剩余两个节点无法建立连边，而移除三角形子图 M_4 中的任一节点后，剩余两个节点间仍然处于连接状态，并依据文献[35]中发现的弯路模体在网络稳定性上发挥重要作用的结论，三角形模体是最简单的弯路模体，由此我们认为在网络遭受攻击时三角形模体在维持原有结构上具有一定作用，并依据节点对网络三角形模体特征的影响程度提出一种卫星网络节点重要性分析方法，流程图见图 5-21。

构造稳定状态下的时间置乱零模型，保留了实证网络的节点数量、节点平均接触时间和节点接触时间序列，并使卫星网络连边的接触时间足够随机化，以其为参照进行基于三角形模体识别的节点重要性研究。借鉴静态网络中最常用的节点度概念，定义卫星网络的含时度，并以此进行网络攻击，分析三角形模体特征与维持网络原有结构能力之间的关系。模体特征从网络局部高阶子结构的角度提供了网络结构演变信息，反映了受损情况下网络维持原有结构的能力。依据节点对网络中三角形模体数量的影响，实现节点重要性排序，以此为攻击策略,并与基于节点含时度的攻击策略进行比较,以证明方法的有效性。

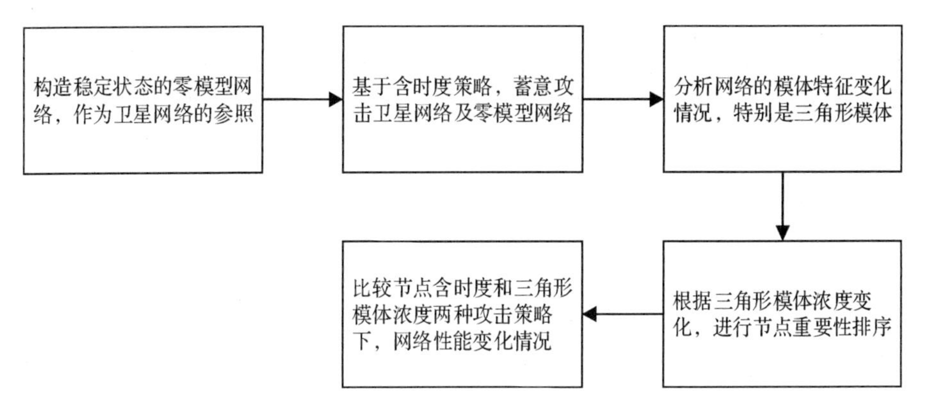

图5-21 基于三角形模体识别的节点重要性分析方法流程图

5.4.2 基于模体特征的节点重要性分析方法验证实验

以典型的GPS卫星网络为对象,基于2.4节生成的含时卫星网络数据和3.3节的卫星网络模体识别仿真实验,开展节点重要性分析方法验证仿真实验。STK软件联合Matlab生成带时间戳的三元组(u,v,t)卫星网络数据,对GPS卫星网络中的4种3个节点三边无向子图进行计数。在STK软件上构建含有30个卫星和16个地面站的GPS星座,具体见5.2.3节。若任意两颗卫星A和B在时刻t_0满足星间链路的几何可视条件、天线可视条件,其中t_0为正整数,则认为A和B在时刻t_0建立了双向连接,用两行三元组(A,B,t_0)和(B,A,t_0)表示;同样地,若地面站与卫星之间满足几何可视性条件,也认为其建立了双向连接(不考虑地面站与地面站之间的连接关系)。实验时间段为[0 s,86 400 s],时间步长为1 s,卫星天线最大扫描范围为45°,共生成63 778 766行三元组数据。取时间参数δ为2 s,SNAP框架抽样算法能实现36种有向子图的计数,通过舍去重复计数的带环子图,并取有向子图计数结果的平均值来抵消抽样识别导致的细微差别,将有向子图计数结果转换为3个节点三边无向子图计数结果。

根据含时度大小对GPS卫星网络节点进行排序,因网络模型中不考虑地面站节点间连接,30个卫星节点的含时度均大于16个地面站节点,且移除卫星节点至只剩地面站节点时,网络变成了孤立地面站节点集合,故只考虑移除卫星节点,每次移除10%节点,共10次。采用时间置乱方法构造GPS卫星网络的零模型,为确保零模型的模体特征达到了稳定状态,当满足约束条件的置乱操作实施了实证网络边数量的 0.6 倍(4.3.3 节)时,停止置乱。

基于节点含时度对 GPS 卫星网络以及其零模型网络实施蓄意攻击,计数每次攻击后的 3 个节点三边无向子图数量并计算子图浓度,结果如图 5－22 和图 5－23,选取了 4 种 3 个节点三边无向子图中的 M_1、M_2、M_4。

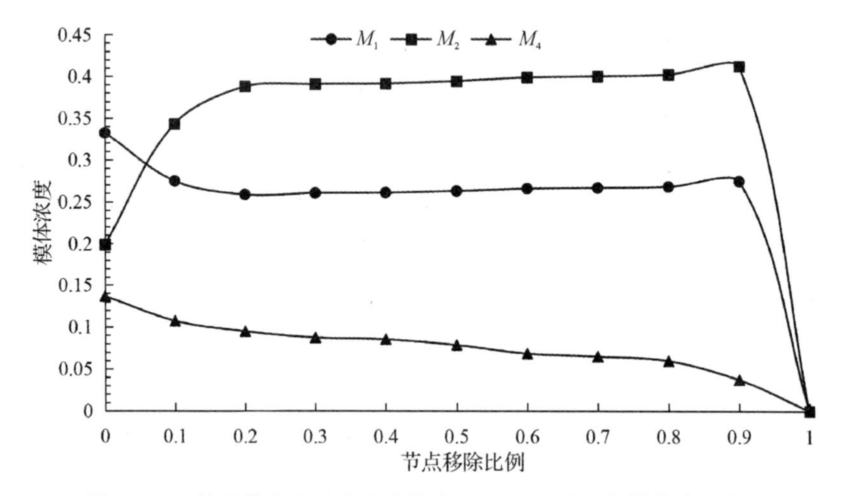

图 5－22　基于节点含时度攻击策略下,GPS 卫星网络模体浓度变化

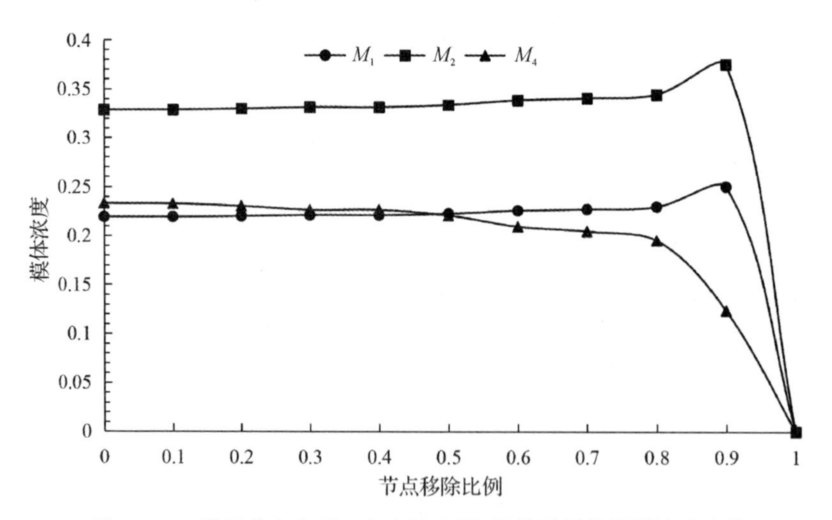

图 5－23　基于节点含时度攻击策略下,零模型网络模体浓度变化

根据 M_4 子图数量的变化,计算 M_4 模体生存时间分布如图 5－24 和图5－25。

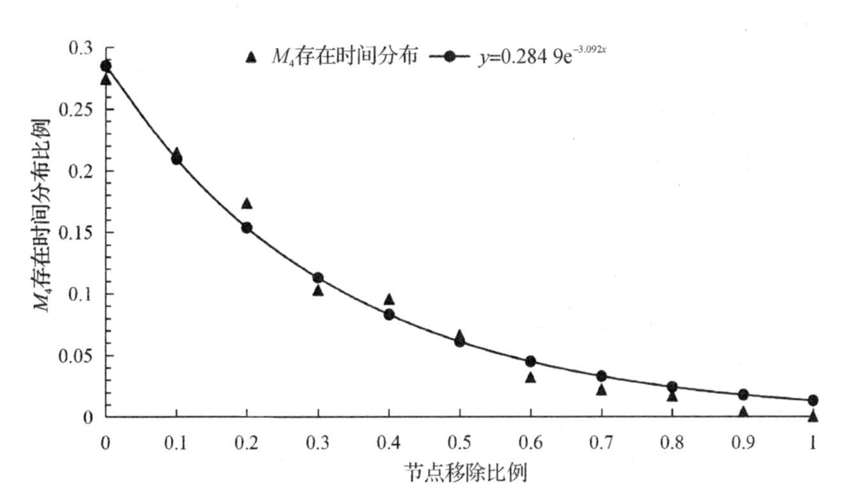

图 5-24　基于节点含时度攻击策略下,GPS 卫星网络 M_4 模体生存时间分布

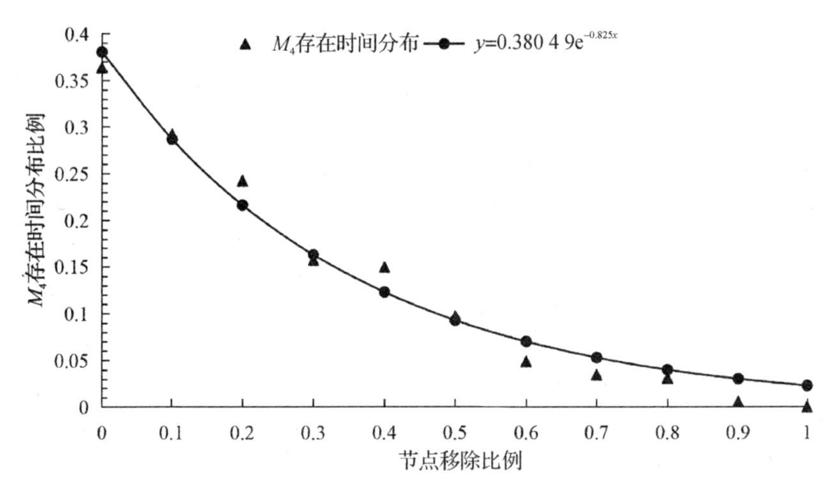

图 5-25　基于节点含时度攻击策略下,零模型网络 M_4 模体生存时间分布

实验结果表明:

(1)未遭受攻击时,GPS 卫星网络 M_4 三角形模体的浓度为 13.65%,零模型网络三角形 M_4 模体浓度为 23.31%,与实证网络具有相同节点接触序列的零模型网络具有更高的三角形模体浓度。在基于节点含时度的攻击策略下,零模型网络模体浓度变化小,移除节点比例达到 50% 时,M_1 模体浓度超过 M_4,网络结构发生较为明显的变化;而在实证网络中,移除比例大于 10% 后,M_2 模体浓度超过 M_1,网络原有的结构已被破坏并逐渐严重。

(2)GPS卫星网络和零模型网络的 M_4 模体生存时间分布曲线基本拟合于函数 $y=Ae^{-\lambda x}(A>0,\lambda>0)$,在基于含时度的攻击策略下,$M_4$ 模体数量随生存时间的增加呈指数下降形式。GPS卫星网络 M_4 模体平均生存时间为0.209 2,零模型网络的 M_4 模体平均生存时间为0.315 9,初始三角形浓度较高的零模型网络在遭受攻击时,表现出较强的维持原有结构能力。

在节点含时度的蓄意攻击下,比较时间置乱零模型网络与GPS卫星网络模体特征的变化情况,包括3个节点三边无向子图浓度变化情况及模体生存时间分布情况,发现初始三角形模体浓度较高的网络,相对而言具有较高的网络结构稳定性,卫星网络的三角形模体浓度指标与网络维持原有结构的稳定性能力之间具有正相关性,验证了根据卫星网络节点对网络三角形模体浓度的影响程度来进行卫星节点重要性分析方法的科学性和合理性。

5.4.3 GPS卫星网络节点重要性分析仿真实验

5.4.2节验证了基于三角形模体识别的卫星网络节点重要性分析方法的合理性。本节以GPS卫星网络为对象,根据卫星网络节点对网络三角形模体浓度的影响程度进行卫星节点重要性分析仿真实验。本书的仿真GPS卫星网络包含30个卫星节点和16个地面站节点,共46个节点,从节点1至节点46依次移除每个节点,计算剩余45个节点网络的 M_4 模体浓度,比较单节点移除后网络中 M_4 模体浓度的变化,以此来进行GPS卫星网络节点重要性排序,若节点移除后,M_4 模体浓度下降程度越大,则认为节点越重要。计算单节点移除后的 M_4 模体浓度与原始*GPS*卫星网络 M_4 模体浓度的比值,结果如图5-26所示,比值分布在区间[0.92,0.99],前30个节点均为卫星节点,2个卫星节点与1个地面站节点或3个卫星节点相互连接时构成三角形子图,故对网络 M_4 模体浓度变化影响较大;而后16个节点为地面站节点,对网络 M_4 模体浓度变化影响较小,在论文建立卫星网络模型中,节点的重要性程度较低。

1至30号节点均为卫星节点,31至46号节点为地面站节点,由于不考虑地面站与地面站之间的连接,移除地面站节点后 M_4 模体浓度变化较小。根据图5-26中的 M_4 模体浓度变化情况进行节点重要性排序,并以此进行GPS卫星网络的节点移除,每次移除10% 卫星节点(3个),剩余网络节点数量依次减少,最后只有16个地面站节点,GPS卫星网络的模体浓度变化情况如图5-27所示;根据 M_4 模体的数量变化情况计算 M_4 模体的生存时间分布,其结果同样基本拟合于函数 $y=Ae^{-\lambda x}(A>0,\lambda>0)$,见图5-28;给出基于节点含时度和节点三角形模体的两种攻击策略下,GPS卫星网络节点移除的顺序,见表5-10,节点的重要性越高,节点被移除的次序就越靠前,共30个卫星节点,每次移除10%,即3个卫星节点。

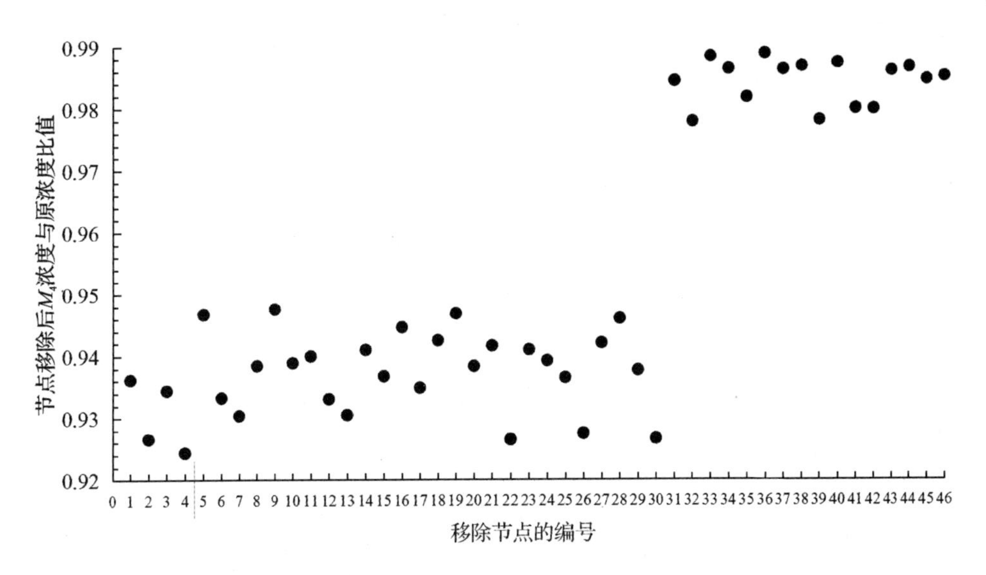

图5-26　单节点移除后,M_4模体浓度变化情况

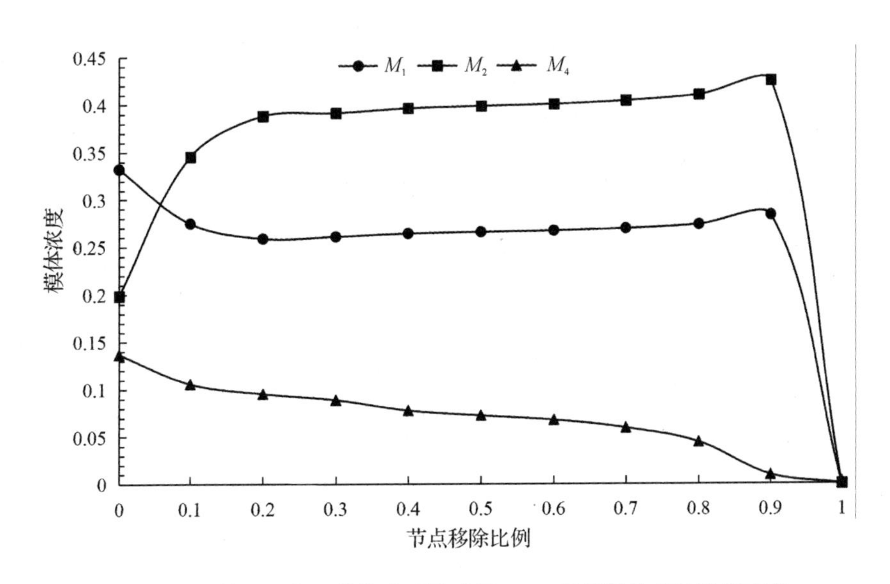

图5-27　基于三角形模体攻击策略下,GPS卫星网络模体浓度变化

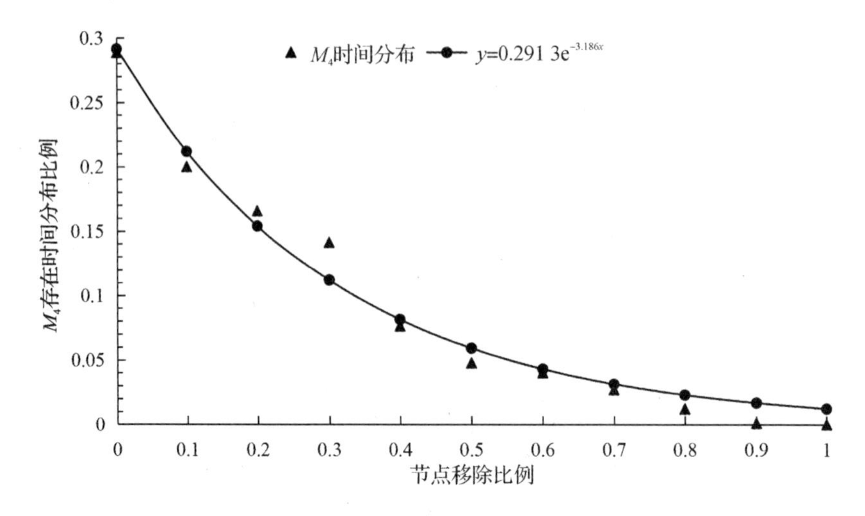

图 5-28 基于三角形模体攻击策略下,GPS 卫星网络 M_4 模体生存时间分布

实验结果表明:

(1)比较图 5-22 和图 5-27,发现在节点含时度和节点三角形模体浓度的蓄意攻击策略下,随着节点移除比例的增加,M_1、M_2、M_4 的模体浓度变化情况大体一致,说明节点含时度和节点三角形模体浓度两种策略的网络攻击效果基本相同。本书所建立的 GPS 卫星网络模型,在卫星的运动过程中若节点之间距离满足可视性约束条件则建立连边,节点间的连接具有连续性特点,且卫星间的联系较为频繁,节点在网络中构建的三角形模体数量与其含时度大小呈正相关,含时度较大的卫星节点,其所构建的三角形模体数量也较多。

(2)相对基于节点含时度的攻击策略,三角形模体攻击策略在节点移除比例较高时,M_4 模体浓度会以更大的速度衰减,且 M_4 模体平均生存时间更短。图 5-27 中,GPS 卫星网络的节点移除比例为 0.9 时,M_4 模体浓度已经接近 0,而图 5-22 在节点移除比例为 0.9 时具有相对较高的 M_4 模体浓度;比较图 5-24 和图 5-28,发现三角形模体攻击策略下的 M_4 模体平均生存时间为 0.203 3,略低于基于节点含时度攻击策略的 0.209 2。

(3)表 5-10 给出了的两种网络攻击策略下的节点移除顺序,也是两种方法下的节点重要性排序,发现两种策略下重要性排序为前 20%的节点完全相同,排序略有不同,后 80%部分的节点次序具有较高的相似度,也存在部分节点具有较高的含时度,构建的三角形模体数量较少,如节点 11、21 等,反之同理部分节点构建的三角形模体数量较多,而含时度不高,如节点 12、29 等。

表 5-10 两种网络攻击策略下的节点移除顺序

移除比例/移除节点编号	节点含时度攻击策略下（每次移除 10%，3 个节点）	节点三角形模体攻击策略下（每次移除 10%，3 个节点）
0.1	4、22、30	4、22、2
0.2	7、2、26	30、26、7
0.3	13、3、6	13、12、6
0.4	11、25、15	3、17、1
0.5	21、17、1	25、15、29
0.6	12、29、24	20、8、10
0.7	10、20、5	24、11、14
0.8	18、8、28	23、21、27
0.9	27、14、19	18、16、28
1.0	23、16、9	5、19、9

综合仿真实验过程及结果，本节以节点的含时度和节点的三角形模体浓度为攻击策略，得到 GPS 卫星网络在遭受攻击后的模体特征变化情况，分析并比较两种节点重要性排序方法。总的来说，根据节点对网络三角形模体浓度的影响来进行节点重要性排序，此方法略优于基于节点含时度的节点重要性排序方法，相对而言，能更加准确地识别出对网络结构稳定性发挥重要作用的节点。

5.5 小结

随着在轨卫星数量的增多，卫星网络结构的研究受到众多学者的广泛关注。以往的研究大多关注于网络的整体性质或微观属性。本书创新性地引入网络模体的局部结构分析方法，为卫星网络结构分析与网络对抗等研究提供可靠视角。先对卫星网络建模方法、网络模体识别算法和网络模体技术运用的国内外研究现状进行了总结综述，再在此基础上，对卫星网络数据生成及子图计数、卫星网络模体识别和模体识别方法运用展开研究。主要工作总结如下：

1.完成了时变数据生成和子图计数的卫星网络模体基础性研究

提出了一种时变卫星网络数据生成方法，并基于此实现了卫星网络子图计数。通过 STK 软件仿真卫星网络模型，Matlab 设置网络节点连接条件，并生成三元组数据，运用面向大规模数据的高效抽样动态模体识别算法，以 GPS 卫星网络为例，实现了 3 个节点三边无向卫星网络子图计数，为后续卫星网络模体研究提供了基础和有力借鉴。

2.开展了卫星网络模体的判定方法及过程研究

借鉴以零模型为参照的网络特性挖掘思路，提出了一种卫星网络模体识别方法。根据零模型构造过程采用了时间置乱和时间随机化的含时网络零模型构造方法，并借鉴成功置乱次数的概念，改进了时间置乱和时间随机化的含时网络零模型构造方法，提高了模体识别效率和准确性。构造若干个稳定状态的零模型与实证卫星网络比较，相对于以往比较子图出现频率绝对数值的方法，能更准确地识别出反映网络结构特性和动态变化过程的模体。

3.基于网络局部结构的模体特征分析了卫星网络节点的重要性程度

提出了一种基于三角形模体的卫星网络节点重要性分析方法。以稳定状态的时间置乱零模型为参照，从模体特征的网络局部结构角度进行卫星网络结构稳定性分析；定义卫星网络含时度，依据节点构建三角形模体数量提出一种卫星网络节点重要性分析方法，比较模体特征在含时度和基于三角形模体的蓄意攻击下的变化情况。仿真实验发现初始三角形浓度较高网络表现出较高的稳定性；在节点三角形模体数量与其含时度大小呈正相关的卫星网络中，基于三角形模体的攻击策略加速了三角形子图的衰减，该卫星网络节点重要性分析方法具有更高的准确性。

5.6 参考文献

[1] MILO R，SHEN－ORR S，ITZKOVITZ S，等. Network Motifs：Simple Building Blocks of Complex Networks[J]. Science，298.

[2] COLWELL，WINKLER R，DAVID W. 20. A Null Model for Null Models in Biogeography：Ecological Communities Conceptual Issues and the Evidence[J]. Ecological Communities，1984.

[3] MASLOV S，SNEPPEN K. Specificity and Stability in Topology of Protein Networks[J]. Science，2002，296(5569)：910－913.

[4] 晏坚，曹志刚. 低轨卫星星座网络 IP 路由技术研究[D]. 北京：清华大学，2010.

[5] 李振昌，李仲勤. 基于卫星星历的 BDS 卫星轨道插值与拟合方法研究及精度分析[D]. 兰州：兰州交通大学，2019.

[6] 高贺. 北斗导航系统星间链路分配方法研究[D]. 长沙:湖南大学.
[7] 高贺. 北斗导航系统星间链路分配方法研究[D]. 长沙:湖南大学.
[8] 辜姣，郭龙，江健，等. 多层网络和含时网络的相关问题研究[J]. 复杂系统与复杂性科学，2016，13(1)：7.
[9] HOLME，P，SARAM? KI. Temporal networks[J]. Physics Reports：A Review Section of Physics Letters (Section C)，2012.
[10] 覃桂敏. 复杂网络模式挖掘算法研究[D]. 西安：西安电子科技大学，2013.
[11] KASHTAN N，ITZKOVITZ S，MILO R. Efficient sampling algorithm for estimating subgraph concentrations and detecting network motifs [J]. Bioinformatics，2004，20(11)：1746 - 1758.
[12] WERNICKE S，RASCHE F. FANMOD：a tool for fast network motif detection[J]. BIOINFORMATICS - OXFORD -，2006.
[13] OMIDI S，SCHREIBER _F_，MASOUDI - NEJAD A. MODA：An efficient algorithm for network motif discovery in biological networks [J]. Genes & Genetic Systems，2009，84(5)：385 - 395.
[14] HUYNH T，MBADIWE S，KIM W. NemoMap：Improved Motif - centric Network Motif Discovery Algorithm[J]. Advances in Science Technology and Engineering Systems Journal，2018，3(5)：186 - 199.
[15] SCHILLER B，JAGER S，HAMACHER K. StreaM - A Stream - Based Algorithm for Counting Motifs in Dynamic Graphs[C]//DEDIU A H，HERNÁNDEZ - QUIROZ F，MARTÍN - VIDE C. Algorithms for Computational Biology. Cham：Springer International Publishing，2015：53 - 67.
[16] EDIGER D，JIANG K，RIEDY J，et al. Massive streaming data analytics：A case study with clustering coefficients [C]//IEEE International Symposium on Parallel & Distributed Processing. 2010.
[17] PARANJAPE A，BENSON A R，LESKOVEC J. Motifs in Temporal Networks[J]. ACM，2017.
[18] SARPE I，VANDIN F. odeN：Simultaneous Approximation of Multiple Motif Counts in Large Temporal Networks[J]. Proceedings of the 30th ACM International Conference on Information & Knowledge Management，2021.
[19] 刘天雄. GPS 全球定位系统由几部分组成？[J]. 卫星与网络，2012，000

(4)：56 - 62.

[20] 李朝瑞，孟新. 星座仿真中天线扫描范围对系统的影响分析[C]//中国空间科学学会空间探测专业委员会第十九次学术会议论文集(下册). 2006.

[21] 陈泉，杨建梅，曾进群. 零模型及其在复杂网络研究中的应用[J]. 复杂系统与复杂性科学，2013，10(1)：10.

[22] 于咏平. 时变网络上零模型的构造算法及应用[J]. 无线互联科技，2019.

[23] 许小可，崔文阔，崔丽艳，等. 无权网络零模型的构造及应用[J]. 电子科技大学学报，2019，48(1)：20.

[24] MAHADEVAN P，HUBBLE C，KRIOUKOV D，et al. Orbis：rescaling degree correlations to generate annotated internet topologies [J]. Acm Sigcomm Computer Communication Review，2007，37(4)：325 - 336.

[25] 尚可可，许小可. 基于置乱算法的复杂网络零模型构造及其应用[J]. 电子科技大学学报，2014，43(1)：14.

[26] 曾进群，杨建梅，陈泉，等. 基于零模型的开源社区大众生产合作网络结构研究[J]. 华南理工大学学报:社会科学版，2013，15(2)：6.

[27] 王鑫厅，侯亚丽，梁存柱，等. 基于不同零模型的点格局分析[J]. 生物多样性，2012，20(2)：8.

[28] 李欢，卢罡，郭俊霞. 复杂网络零模型的量化评估[J]. 计算机应用，2015，35(6)：5.

[29] 武健，刘新学，舒健生，等. 基于复杂网络的卫星重要度评估[J]. 火力与指挥控制，2014，39(5)：60 - 63.

[30] 朱林，方胜良，胡卿，等. 卫星时变拓扑网络节点重要度评估方法[J]. 系统工程与电子技术，2017，39(6)：6.

[31] 秦玉帆. 卫星网络拓扑评估与节点重要性的研究[D]. 大连:大连大学.

[32] MURSA B，DIOAN L，ANDREICA A. Network motifs：A key variable in the equation of dynamic flow between macro and micro layers in Complex Networks[J]. Knowledge - Based Systems，2020，213(3)：106648.

[33] MENCK P J，HEITZIG J，KURTHS J，et al. How dead ends undermine power grid stability[J]. Nature Communications，2014，5.

[34] CASALS M R，COROMINAS - MURTRA B. Assessing European power grid reliability by means of topological measures[J]. OAI，2009.

[35] SCHULTZ P, HEITZIG J, KURTHS J. Detours around basin stability in power networks[J]. New Journal of Physics, 2014, 16(12): 125001.

[36] 韩忠明，陈炎，李梦琪，等. 一种有效的基于三角结构的复杂网络节点影响力度量模型[J]. 物理学报，2016.

[37] 任卓明，邵凤，刘建国，等. 基于度与集聚系数的网络节点重要性度量方法研究[J]. 物理学报，2013(12): 5.

[38] BLONDER B, WEY T W, DORNHAUS A, et al. Temporal dynamics and network analysis[J]. Methods in Ecology and Evolution, 2012, 3(6): 958-972.

[39] KIM H, ANDERSON R. Temporal node centrality in complex networks[J]. Phys.rev.e, 2012, 85(2): 026107.

[40] DEY A K, GEL Y R, POOR H V. What network motifs tell us about resilience and reliability of complex networks[J]. Proceedings of the National Academy of Sciences, 2019, 116(39): 201819529.

第6章　可重构卫星网络评价与优化

网络可重构是网络保持弹性的重要方法。卫星网络作为一个复杂的天地一体网络，具有多层子网特征。确保子网之间，以及子网内节点之间的连边具有冗余性是实现卫星网络可重构的重要方法，尤其是保持不同轨位或星座子网之间连边的可重构，可以有效提升网络的传输性能，实现网络体系弹性，破解由于网络中节点高速运动所导致的网络拓扑结构不稳定难题。

6.1　构建可重构卫星网络需解决的基本问题

从学术研究角度来看，首先要解决的是卫星网络结构抽象与形式化表征，即如何把带有业务功能的卫星网络系统抽象成由节点和连边确定的网络，再利用图论或网络科学的方法进行研究。其次才是卫星网络可重构性的评价标准问题，即评价标准。最后才是整个网络生成的问题。

6.1.1　卫星网络多层结构抽象与形式化表征

基于卫星网络多层、异构、动态的特点，可以从网络节点的物理空间分布、网络的业务功能、网络的时变特性等不同角度进行抽象。比如，从卫星时变特性角度来看，卫星网络中的空基和天基的大部分节点会随着时间变动，而且网络中会不断有实体节点加入或失效，在不同的时间片段内，空间信息网络都有着不同的拓扑结构，可以通过时间采样等方法抽象出不同时间点的网络结构剖面，进而依据时间序列组合成多层网络结构。具体而言，如图 6－1 所示，通过截取不同时刻片段的网络模型，构成多层时变拓扑网络，进而研究网络的可重构或弹性问题。

本书主要从节点的物理空间分布角度开展研究。比如，第 2 章所提出的弹性卫星网络架构就是对空间信息系统的简化。本章先把天地一体的卫星网络抽象成多层网络的重构问题，研究相关的学术问题。

如图 6－2 所示，天地一体的卫星网络可以分为空间（高轨、中轨、低轨）、临近空间、空中、陆地、海洋等多个层级，层内实体交互连接，层间相互协作，实现跨越天空地多维互联。

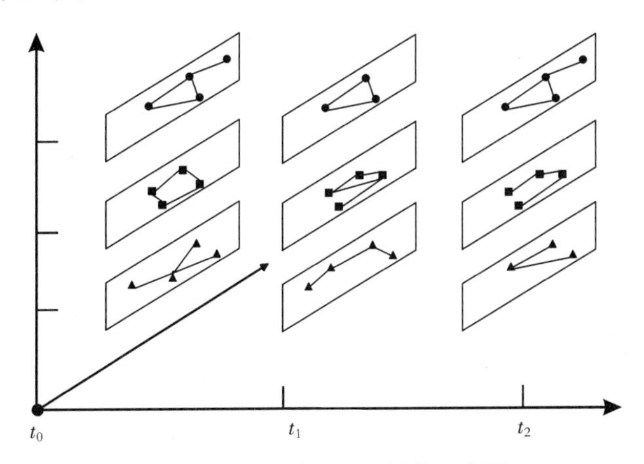

图 6－1　时变多层卫星网络示意图

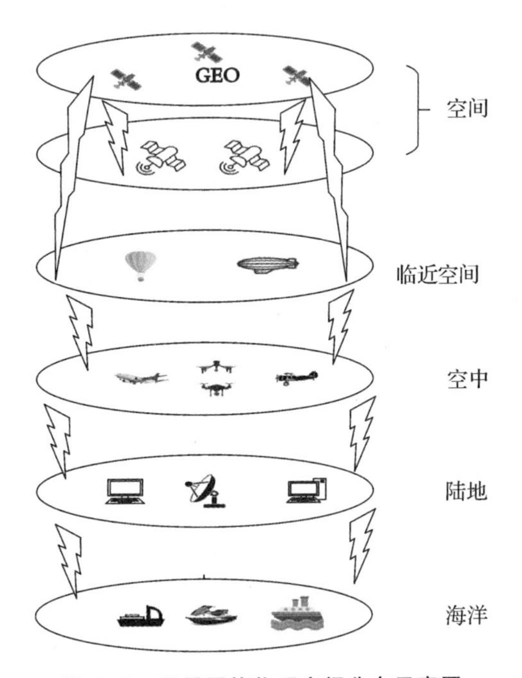

图 6－2　卫星网络物理空间分布示意图

为突出研究解决问题的理论方法与手段，结合多层复杂网络技术的发展趋势和研究热点，本书对现实的卫星网络做了简化和抽象，以期能够将现实问题转化成一般的学术问题进行探讨。据此，针对错综复杂的多层网络结构，本书抽象出具有典型层级关系的结构模型。以三层卫星网络的问题研究为例，如图 6－3 所示，卫星网络被抽象为 A、B、C 三层子网。其中子网 A 表示由中高轨空间信息网络构成的子网，节点距离地面较高、覆盖面积大、链路较为稳定。子网 B 表示由低轨空间信息网络构成的子网，低轨卫星数量多、带宽大、时延低，为整个空间信息网络提供大部分网络接入服务。子网 C 表示由地面和空中的用户和终端节点组成的子网，节点数量大，与地面其他类型的网络连接。

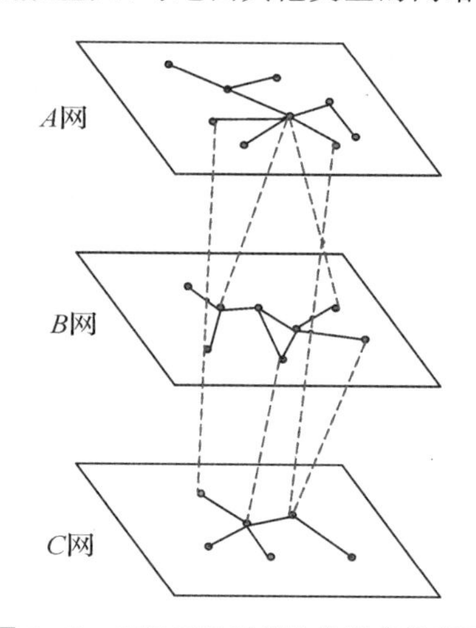

图 6－3　三层卫星网络结构抽象示意图

对于多层空间信息网络的形式化表示，可以基于点和边构成的矩阵来表示。假设 M 层网络是由 M 个单独的子网络和这些网络之间相互的连边组成。定义 M 层网络为 $G=(V,E)$，V 是多层网络中所有节点的结合，E 是网络中所有边的集合。不失一般性，设 $M=3$，且连边是无向无权的，多层网络的邻接矩阵可表示为

$$\boldsymbol{\Lambda}=\begin{bmatrix}\boldsymbol{A} & \boldsymbol{AB} & \boldsymbol{AC}\\ \boldsymbol{BA} & \boldsymbol{B} & \boldsymbol{BC}\\ \boldsymbol{CA} & \boldsymbol{CB} & \boldsymbol{C}\end{bmatrix} \tag{6-1}$$

式中，$\boldsymbol{A}$、$\boldsymbol{B}$、$\boldsymbol{C}$ 分别为 3 个子网络的邻接矩阵，表示 3 个子网络内部节点的连接关系，$\boldsymbol{AB}$、$\boldsymbol{BC}$、$\boldsymbol{AC}$ 分别为 A 网络和 B 网络、B 网络和 C 网络、A 网络和 C 网络的层间邻接矩阵，表示子网络之间的连边关系。

根据上述分析，在多层网络中节点可以位于多个层中，边的两个端点既可以同时位于一个层中，也可以位于不同层中，比如导航层中的卫星节点 u，既与本层节点紧密相连，也可以连接到侦察层的卫星节点 x。网络层数若退化为1，则退化为传统的单层网络。本节采用基本属性和其他属性给出实体的形式化模型，即

$$V=\{\text{ID},\text{类型},\text{功能},\text{编号时间},\text{其他属性}\} \tag{6-2}$$

式中，ID、类型、功能、编号时间为基本属性，具体表述如下：ID为当前在屋里网络的唯一标识，不随物理位置功能网络变化而变化，是当前节点不可变更属性；节点类型表示实体的具体功能和所处位置等，可以是卫星（S）、地面站（G）、目标（T）等，划分的主要依据是实体节点物理空间层次和具体功能；节点功能包括信息获取类和信息发送类节点 S、信息决策类节点 D、信息使能类节点 I，进一步细分可以分为通信（C）、导航（N）、指控（CO）等，不同的节点功能构成不同的功能组网分层；编号时间表示节点在子网中存在的时间，当子网解耦时，编号取消；其他属性是对实体节点本身特殊属性的进一步描述，根据节点类型和功能确定，包括轨道、经纬度、频率等。例如，{GC19985，G，C，20－2，(东经116°、36°)}，表示编号为 GC19985 的一个地面站，类型是通信节点，在功能组网中的标识为20，存在时间为2 h，地理位置是东经116°、纬度36°。

连边表示空间信息网络实体之间的信息流交互关系，物理网络中可根据物理位置分为星间链接、地间链接、星地链接、临空—地面连接等；按照功能类型，可划分为指控信息流、反馈信息流、情报信息流，进一步细分可以分为导航数据链接、通信数据链接、星历信息链接、目标信息链接等。本节中同样采取基本属性和其他属性形式化地描述，即

$$E=\{\text{No1},\text{No2},T,\text{其他属性}\} \tag{6-3}$$

式(6－3)中，No1 和 No2 表示具有链接的两个实体节点，表示从 No1 到 No2 的有向连边；T 表示链接存在时间。并不区分层内连边和层间连边，而是根据具体分析中网络层的划分原则和节点属性确定连边为层内连边或层间连边，如导航网络需要和侦察网络联通，那么导航网内的边为层内连边，导航网络和侦察网络之间的连边为层间连边。其他属性参数的提取主要是根据链接对象即节点本身的一些特性。例如{GC19985，SS198，2－6，(8 666 Hz～8.3 GHz，上行100 kbit/s，下行450 kbit/s)}表示编号为19985、功能为通信的地面站与编号为198号的卫星在第2 h到第6 h之间建立链接，天线波段为8 666 Hz～8.3 GHz，链路的上行传输速率为100 kbit/s，下行传输速率为450 kbit/s，其他信息也可以在其他属性中描述。

6.1.2 卫星网络可重构性的评价标准

对于一个卫星网络结构是否可重构性而具有弹性，标准问题很重要。一个弹性网络的评价指标有很多种，主流的主要包含两类：一类是重构后更加稳定，即稳定性指标，是用来衡量网络的抗毁性和鲁棒性，表示网络遭到攻击时的稳定性；另一类是重构后更加有效，即有效性指标，衡量卫星网络承载业务后实际运行中的网络性能。针对稳定性和有效性，不同的学者针对不同的网络提出了不同的评价指标，最为常用的分别是代数连通度和时延。1973 年，Fiedler 研究提出，当且仅当一个图所对应拉普拉斯矩阵的第二小连通度大于零时，图是连通度。设 n 个节点的图 G 对应拉普拉斯矩阵的特征值为 $0=\lambda_1\leqslant\lambda_2\leqslant\cdots\leqslant\lambda_n$，定义代数连通度 $a(G)=\lambda_2$，一个连通图的代数连通度越大，网络的抗毁性越高，稳定性越好。同时，时延是网络有效运行的重要指标，表明网络的传输效能更高。本章选取代数连通度作为网络的稳定性指标，时延作为网络的有效性指标。

有些学者提出卫星网络性能评估的准则如下：评估得到的性能指标与测量得到的数据越拟合，评估效果越好。依据评估准则，依据空间信息网络的实际情况，提出能够反映评价目标的评估内容，并将评估内容层层分解。选取的评估指标一般可以分为三个类别：

(1)网络性能指标，即反映网络运行性能的指标，主要有网络连通性、带宽、时延、时延抖动、数据包丢失率、路由跳数、最大传播范围、传播阈值等。

(2)网络流量指标，即反映网络中业务流量的指标，主要有端到端吞吐量、链路利用率、流量大小和使用量等。

(3)业务质量指标，即从用户角度评价的服务质量指标，主要包括通过带宽、丢包率和时延评定的视频业务和交互式业务(网络即时通信)等。

有些学者采用以下网络性能度量参数进行空间信息网络性能分析：

(1)链路带宽是指单位时间里能够传输的数据量，表征的是链路的通信能力。在空间信息网络中，链路带宽包括有线、无线和卫星链路的带宽。在实际应用中，各个网络的带宽差别很大，所具有的数据传输能力也不同。

(2)负载率表示网络中承载的流量或网络设备承载的用户量与理论最大量的比值。在本项目中，负载率为同时接入网络中转节点(信关站、网关站和卫星转发器)的终端占其最大可接入终端的比率。

(3)业务类型主要包括语音、传感器数据、视频、图像、文件等。它们是在对空间信息网络的常见业务进行统计得到的。不同的业务类型对网络具有各不相同的要求。比如，语音业务对带宽和时延要求高于其他业务。

(4)业务尺寸表示所传输的业务的大小。通常，业务尺寸是对业务数据流量的度量。

(5)业务优先级表示业务传输数据在路由器中转发队列的优先等级。用户对不同的业务类型具有不同的延迟敏感度。为了确保延迟敏感度高的业务优先传输。其中，语音通话的延迟敏感度最高，将其设定为最高优先级，其他依次降低。

(6)服务器响应时长是指从用户终端发起业务申请到业务传输开始所花费的时间。由于在空间信息网络的业务应用开发中，数据平面和控制协议栈的各层之间的交互通常被忽略。

本书拟基于网络中普遍存在的三角结构，结合节点重要性排序，基于不同的连边策略对链路进行重构，研究提出网络链路重构中节点选取的评价标准。

6.2　基于三角结构的卫星网络连边确定

6.2.1　空间信息网络连边节点选取的方法思路

可重构网络的核心是通过连边获得更优的网络构型，如何连边进行重构成为关键。连边就会涉及一个核心问题：选取哪些节点建立连边更科学、合理？通常而言，可以对重要节点(如网关节点、簇头节点等)采取一定的连边策略构建结构优良、稳定性更强的网络。由此，在研究连边策略前，如何评价节点，进而选取连边节点成为首要解决的学术问题。因此，空间信息网络连边的首要一步是确定哪些节点重要，这就转化为一个网络节点重要性选取与评价的问题。

网络节点重要性的选取与评价问题是网络科学中的经典问题。经过近几年的研究，很多学者提出了度中心性(Degree Centrality，DC)方法、介数中心性(Betweeness Centrality，BC)方法、接近中心性(Closeness Centrality，CC)方法、特征向量(Vector Centrality，VC)中心性方法等。

1.DC 方法

DC 方法最为直接和简单，即网络中一个节点的度越大就意味着这个节点越重要。一个包含 N 个节点的网络中，节点最大可能的度值为 $N-1$，通常为便于比较而对中心性指标做归一化处理，度为 k_i 的节点的归一化的度中心性值定义如下：

$$DC_i = \frac{k_i}{N-1}$$

2.BC 方法

BC 方法的核心思想在于节点位于网络中多个节点对最短路径上就会很重要，即节点的重要性除邻居多之外，还要考虑路径问题。这类似于地理上的交通，说一个地方重要，经常有几省通衢之说。这种以经过某个节点的最短路径的数目来刻画节点重要性的指标就称为介数中心性。Freeman 于 1977 年给出其具体定义，即节点 i 的介数定义如下：

$$BC_i = \sum_{s \neq i \neq t} \frac{n_{st}^i}{g_{st}}$$

其中，g_{st} 为从节点s 到节点t 的最短路径的数目，n_{st}^i 为从节点s 到节点t 的g_{st} 条最短路径中经过节点 i 的最短路径的数目。介数刻画了节点 i 对网络中节点对之间沿着最短路径传输信息的控制能力。如果节点 s 和节点t 之间没有路径(即 $n_{st}^i = g_{st} = 0$)，或者节点 i 没有位于节点 s 和节点 t 之间的任何一条最短路径上(即 $n_{st}^i = 0$)，那么显然节点 i 对节点s 和节点t 之间的传输信息没有直接的控制能力。一般地，如果信息在两个节点之间总是沿着最短路径传输，并且在存在多条最短路径情形时随机选择其中一条最短路径，那么节点 s 和节点t 之间传输的信息经过节点i 的概率为n_{st}^i/g_{st}(如果 $n_{st}^i = g_{st} = 0$，那么定义 $n_{st}^i/g_{st} = 0$)。对于一个包含 N 个节点的连通网络，节点度的最大可能值为 $N-1$，节点介数的最大可能值是星形网络中的中心节点的介数值。因为所有其他节点对之间的最短路径是唯一的并且都会经过该中心节点，所以该节点的介数就是这些最短路径的数目，即为$(N-1)(N-2)/2$。从而一个包含 N 个节点的网络中的节点i 的归一化介数可定义如下：

$$BC_i = \frac{2}{(N-1)(N-2)} \sum_{s \neq i \neq t} \frac{n_{st}^i}{g_{st}}$$

3.CC 方法

对于网络中的每一个节点 i，可以计算该节点到网络中所有节点的距离的平均值，记为 d_i，即有

$$d_i = \frac{1}{N} \sum_{j=1}^{N} d_{ij}$$

式中，d_{ij} 是节点i 到节点j 的距离。这样，就得到网络平均路径长度的另一种计算公式：

$$L = \frac{1}{N} \sum_{i=1}^{N} d_i$$

式中，d_i 值的相对大小在某种程度上反映了节点 i 在网络中的相对重要性：d_i 值越小意味着节点 i 更接近其他节点。我们把 d_i 的倒数定义为节点 i 的接近中心性，简称接近数，用记号 CC_i 来表示。

$$CC_i = \frac{1}{d_i} = \frac{N}{\sum_{j=1}^{N} d_{ij}}$$

4.VC 方法

特征向量指标强调节点之间的相互影响节点的重要性不仅与其连接的边数目有关，而且和连接节点的重要性成线性关系，通俗讲与中心性较高的节点连接的节点具有较高的中心性，节点可以通过连接重要的节点间提升自己在网络中的重要性。设网络具有 N 个节点，$\mathbf{A}$ 表示网络的邻接矩阵，$\lambda_1,\lambda_2,\cdots,\lambda_n$ 表示 $\mathbf{A}$ 的 N 个特征值。设 λ 为矩阵 $\mathbf{A}$ 的主特征值，其对应的特征向量 $\boldsymbol{e}=(e_1,e_2,\cdots,e_n)T$，则有节点 V_i 的特征向量指标可定义为 $C_e(vi)=\lambda^{-1}\sum_{j=1}^{n} a_{ij}e_j$，特征向量指标适合于描述节点的长期影响力，主要用于传播、谣言扩散。在这些网络中，特征向量指标高的节点通常说明该节点距离传染源很近，是需要防范的关键节点。

5.基于三角结构的方法

以上节点重要性方法分别适用于不同的应用场景，但是存在几点不足：一是对于结构复杂的网络，只是简单计算节点的度，无法以点带面表征网络的结构特征，如 DC 方法。二是空间信息网络星间链路并不是以最短路径的方式进行路由选择的，BC 方法无法直接适用。三是对于大规模网络，CC 方法和 VC 方法计算复杂度较高。因此，一方面，需要将关注的重心由节点拓展到局部子图，以达到用局部规律代替节点表征网络全局特征的目的；另一方面，需要找到针对大规模网络的快速计算方法。

要精确地建立节点重要度的模型，就要充分考虑节点度、所处的位置和节点邻居的信息。如果网络的社团结构明显，就要考虑节点的社团介数。空间信息网络从空间上来看可划分为空间、临近空间、低空、地面和海上系统等；从功能上来看，综合了多种功能子网，包括侦察（监视）、导航、预警、指控和攻击等功能子网。这些层内连接紧密，层与层之间连接稀疏，与复杂网络中社团结构内部连接紧密，社团间连接稀疏结构的特征极为相似。可以将不同功能或业务类型的空间信息网络节点看成不同社团结构构建网络，既保持了空间信息网络业务逻辑的独立性，又考虑到了空间信息网络的整体性。

三角结构是复杂网络中一种特殊的结构。研究表明，三角结构在复杂网络中普遍存在。它是复杂网络中一种特殊的结构，在空间信息网络的核心区域节点之间的链接概率更大，联系更加紧密，会形成大量的三角形结构，而在网络边缘区域，节点较为稀疏，而且相互之间的连接较少，难以形成三角形结构。同度指数、介数中心性、紧密中心性等指标一样，一个节点所拥有的三角形数量能衡量节点的重要性，数量越多，节点相对越重要，不过，与其他指标相比，节点的三角形数量是一个综合性指标，一方面，能反映节点度的大小；另一方面，能在一定程度上反应节点的位置和其邻居的信息。三角结构对网络稳定性的重要性示例如图 6-4 所示。

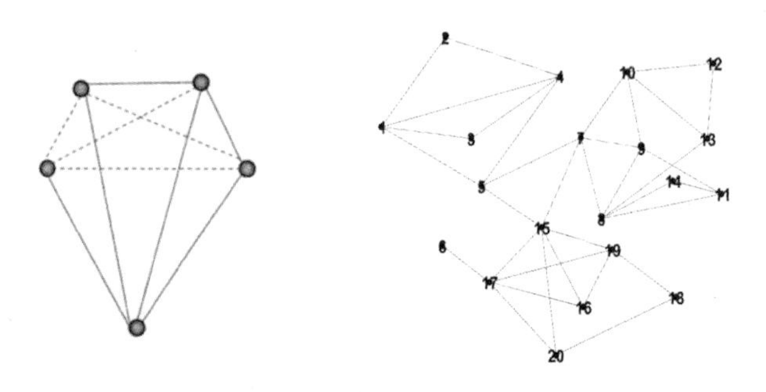

图 6-4　三角结构对网络稳定性的重要性示例

本书针对空间信息网络子网边缘节点稀疏连接特征，着眼节点位置和局部信息（如节点邻居信息）的表征，结合三角结构理论提出一种节点重要度模型。该模型能同时考虑节点度、节点的位置信息和网络的社团结构。多个空间信息网络的仿真实验证明，该模型能精确地衡量空间信息网络的节点重要度。

6.2.2　基于三角结构的重要节点选择评价指标

空间信息网络节点众多，结构复杂，是一个复杂网络，可以用图来表示。用图 $\boldsymbol{G}=(\boldsymbol{V},\boldsymbol{E})$ 表示空间信息网络的拓扑结构，节点集合 $\boldsymbol{V}=\{1,2,\cdots,n\}$ 表示空间信息网络的节点集合，链路集合 $\boldsymbol{E}=\{e_{ij} \mid i,j \in \boldsymbol{V}, i \neq j\}$ 表示节点间的连边集合，$e_{ij}=1$ 表示节点 i 和节点 j 相互连接。

$$e_{ij}=\begin{cases}1, \text{节点} i \text{和节点} j \text{相连} \\ 0, \text{节点} i \text{和节点} j \text{不相连}\end{cases} \tag{6-4}$$

用 $C_{(i)}$ 表示任意 2 个社团的连边经过节点 i 的次数，用 $T(i)$ 表示节点 i 拥有的三角形个数。针对空间信息网络社团结构明显的特点，结合三角结构理论提出下列改进指标，节点 i 的重要度为

$$I(i)=\frac{\sum k(i)S\left[T(i)\right]^{\alpha}C(i)^{\beta}}{Max_{i\in V}\{\sum k(i)S\left[T(i)\right]^{\alpha}C(i)^{\beta}\}} \tag{6-5}$$

式中，sigmoid 函数为单增函数，能够将变量映射到 0 到 1 之间，值越大，该节点拥有的三角结构越多，处于核心区域的可能性越大，也越重要；$S(x)$ 为一个激活函数，设 sigmoid 函数 $S(x)=[1+\exp(-x)]^{-1}$；$k(i)$ 为节点 i 的度，度越大，节点越重要；$C(i)$ 为节点 i 的社团介数，大小表示连接社团的作用；α、β 为幂指函数，用来衡量 3 个参数的重要性，α、β 的值越大，其对应的参数越重要，分母是为了归一化。用 $\boldsymbol{NE}_i$ 表示节点 i 的邻居节点集合，j、k 为网络中不同于节点 i 的任意 2 个节点，节点 i 拥有的三角结构数量可表示为

$$T(i)=\left|\boldsymbol{NE}_i \cap \boldsymbol{NE}_j \cap \boldsymbol{NE}_k\right| \tag{6-6}$$

如图 6－5 所示，这个网络一共有 20 个节点、68 条边，对于这类规模较小的网络，通过度的大小可以得出 15、7、8 和 17 号节点为较重要的核心节点。对于度相同的节点，度却不能度量其重要性。1 号和 5 号节点的度都为 4，但是 5 号节点与核心节点 7 号和 15 号都相连形成三角结构，并且去除 5 号节点，整个图不再连通，而去除 1 号节点，整个图仍然能连通，显然 5 号节点的重要性要大于 1 号节点，但是度并不能很好区分。6 号节点仅与 17 号节点相连，度为 1，2 号节点的度为 2，并有 1 个三角形结构，16 号节点的度为 3，有 2 个三角形结构，并且与核心节点 15 号直接相连接，显然 16 号的重要性要大于 2 号，2 号要大于 6 号，但是介数中心性指标中 2、6 和 16 号节点的值都是 0。

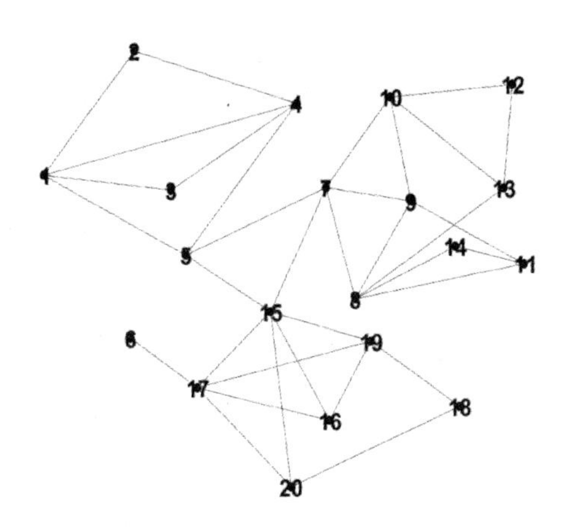

图 6－5　20 个节点的网络

6.2.3 基于三角结构的网络连边节点选取与评价算法流程

节点的重要度取决于节点度、邻居和位置。先计算节点的度，然后计算节点有的三角结构数量，最后根据节点重要度公式计算节点的重要度，下面是算法流程。

节点重要度算法流程
输入：复杂网络对应的邻接矩阵 $\boldsymbol{A}$
输出：节点 i 的节点重要度 I_i
把实体系统抽象为一个网络，并设置节点编号
构建网络的邻接矩阵
把节点 i 的度 k_i 赋值为 0
遍历节点 i 的邻居，每有一条边相连，k_i 值加 1
遍历求得网络中所有节点的度
把节点 i 的三角结构数量 T_i 赋值为 0
遍历所有节点，得到与 i 相邻的邻居节点 j
遍历所有节点，当有节点与 i 和 j 同时相邻时，T_i 值加 1
完成遍历得到节点 i 的三角结构数量 T_i
根据公式 $S(x)=[1+\exp(-x)]^{-1}$ 计算 T_i 对应的值 ST_i
计算节点 i 对应的节点重要度

为分析改进的指标和其他典型指标的差异，选择图 6－5 的网络作为实例，分别计算节点的改进指标值、度中心性、介数中心性和 H 指标，然后对比分析，其中式(4－2)中取值 $\alpha=1,\beta=1$。

该网络一共有 20 个节点、68 条边，给出了各个节点对应各个指标的值如表 6－1 所示。

表 6－1　不同指标节点重要度排序

节　点	度	改进指标	介数中心性	H 指标
1	4	0.245 1	0.195 1	2
2	2	0.148 4	0	2
3	2	0.148 4	0	2

（续表）

节　点	度	改进指标	介数中心性	H 指标
4	4	0.245 1	0.195 1	2
5	4	0.705 0	0.709 4	4
6	1	0.063 4	0	1
7	5	0.883 9	1.000 0	4
8	5	0.324 4	0.369 5	2
9	4	0.353 4	0.104 4	3
10	4	0.259 8	0.254 2	2
11	3	0.223 1	0.008 9	2
12	2	0.129 9	0	2
13	3	0.174 8	0.036 5	2
14	2	0.148 4	0	2
15	6	1.000 0	0.932 0	3
16	3	0.335 3	0	3
17	5	0.369 9	0.222 7	1
18	2	0.088 8	0.003 9	2
19	4	0.338 3	0.106 4	2
20	3	0.229 5	0.094 6	2

对于度指标不能区分的 1 号节点和 5 号节点，在改进指标里 1 号节点为 0.245 1，5 号节点为 0.705 0，与上边分析的 5 号节点比 1 号节点重要相吻合。介数中心性指标中 2、6 和 16 号节点的值都是 0，不能区分其重要性，而改进的指标中 2 号节点为 0.148 4，6 号节点为 0.063 4，16 号节点为 0.335 3，与上边分析的重要性排序 16＞2＞6 一致。

根据上述不同指标对应的排序结果，依次删除节点重要度最大的节点，对比删除节点之后网络的最大子图规模和子图与总节点数比值，见表 6－2 和表 6－3。最大子图规模越小，子图与总节点数的比值越大，则说明删除的节点对网络的破坏较为严重，即删除的节点更为重要。文章通过删除节点对网络的破坏程度来验证节点的重要程度，所删除的节点越重要，网络就被破坏得越严重，在图上可以表现为曲线的斜率较大。

表 6-2 删除节点后最大子图规模

删除节点数	度	介数中心性	H 指标	改进指标
1	13	13	14	14
2	7	7	7	7
3	6	7	7	7
4	6	7	7	7
5	6	6	6	6
6	6	6	6	5
7	6	6	6	5
8	5	5	6	5
9	5	5	5	3
10	5	3	5	3
11	4	3	4	3
12	3	3	3	2
13	3	2	3	2
14	2	2	2	1
15	2	1	1	1
16	1	1	1	1
17	1	1	1	1
18	1	1	1	1
19	1	1	1	1
20	0	0	0	0

表 6-3 删除节点后子图与总节点数比值

删除节点数	度	介数中心性	H 指标	改进指标
1	0.15	0.15	0.15	0.15
2	0.25	0.25	0.25	0.25
3	0.30	0.30	0.30	0.30
4	0.40	0.35	0.35	0.40
5	0.45	0.40	0.40	0.45
6	0.55	0.50	0.45	0.55
7	0.55	0.60	0.50	0.65
8	0.60	0.65	0.60	0.65
9	0.65	0.70	0.70	0.70
10	0.65	0.70	0.80	0.75

（续表）

删除节点数	度	介数中心性	H 指标	改进指标
11	0.70	0.80	0.85	0.85
12	0.75	0.90	0.90	0.90
13	0.85	0.90	0.95	0.95
14	0.90	0.90	0.95	1
15	0.95	0.95	0.95	1
16	1	0.95	1	1
17	1	1	1	1
18	1	1	1	1
19	1	1	1	1
20	1	1	1	1

表 6-2 和表 6-3 相对应的曲线图如图 6-6、图 6-7 所示。从图 6-6 可知，度指标效果较差，删除节点到 10 之后，排在曲线的最下方，本书提出的改进指标对应的最大子图规模曲线上升最快。从图 6-7 可以看出，度指标曲线下降最慢，H 指标和介数中心性比度指标次之，本书提出的改进指标对应的比值曲线下降最快，基本在其他指标上方，证明了本方法的有效性，能更有效地衡量节点的重要性。

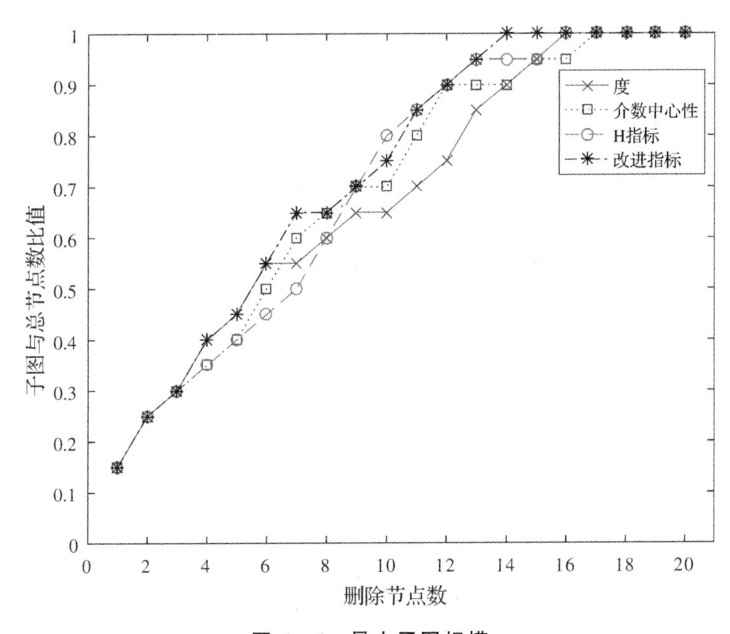

图 6-6　最大子图规模

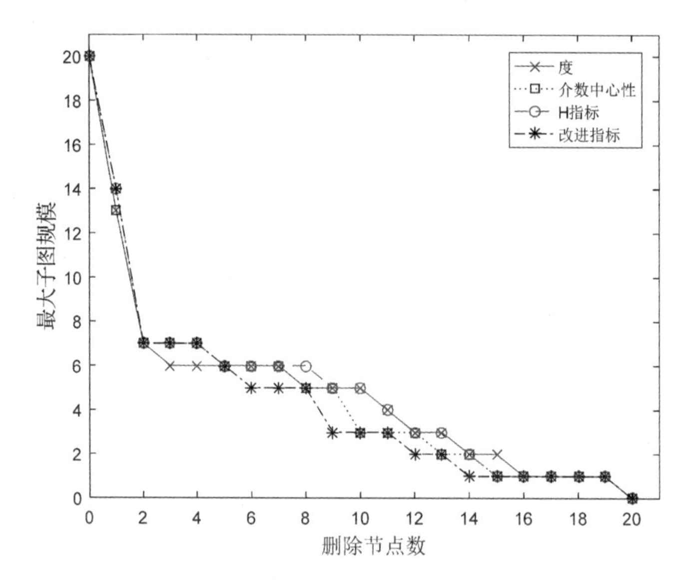

图 6-7　子图数与网络节点总数比值

空间信息网络在空间角度上可以划分为空基、陆基和海基信息网络:空基信息网络中节点功能各不相同,可以划分为天基骨干网络、通信社团网络、导航社团网络、遥感社团网络等;陆基信息网络结合其节点功能的特点,可以划分为移动通信网和互联网等;海基通信网络由海底光缆网、水下无线通信网等组成。

为验证改进节点重要度指标的有效性,并一定程度上体现空间信息网络结构和功能,设计空间信息网络由天基骨干网络、通信社团网络、导航社团网络、遥感社团网络、移动通信网、互联网和水下无线通信网组成。本文在 3 个空间信息网络中进行仿真实验,3 个网络的网络参数如表 6-4 所示。

表 6-4　网络的参数

	节点数量	边数量	平均度	聚集系数
网络 1	103	341	4.53	0.57
网络 2	138	565	5.96	0.63
网络 3	121	435	5.63	0.67

分别在 3 个网络上采用度、介数中心性、H 指标和笔者改进的指标,按照节点重要度大小,依次删除节点、计算子图与网络节点总数的比值来验证方法的有效性,仿真结果如图 6-8、图 6-9 和图 6-10 所示。

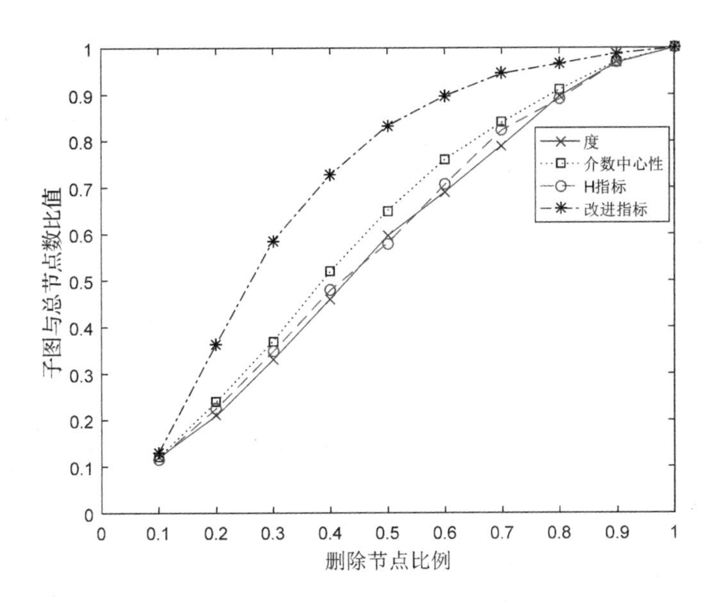

图 6-8　网络 1 节点重要度试验

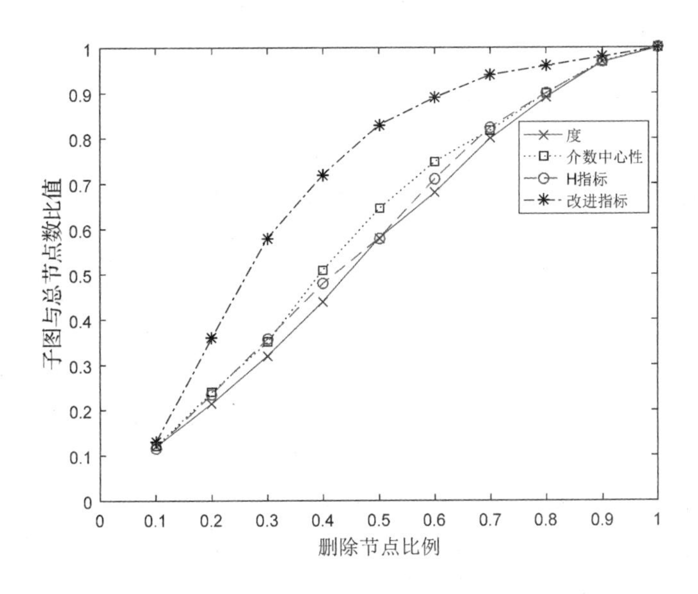

图 6-9　网络 2 节点重要度试验

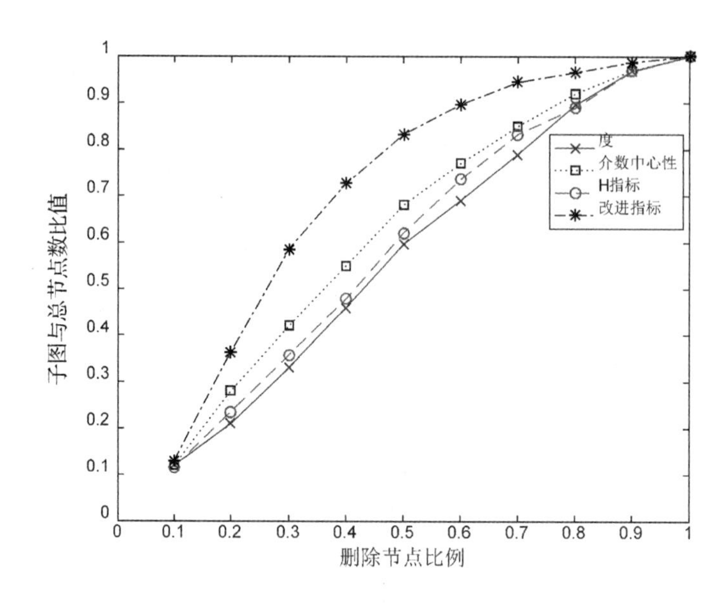

图 6-10　网络 3 节点重要度试验

可以看出，改进指标对应的删除节点后子图与节点总数的比值曲线增加得更快，说明网络破坏程度更严重，删除的节点更重要，证明改进指标能更精确地衡量节点的重要性。

6.3　可重构卫星网络优化方法

6.3.1　卫星网络优化评价指标及思路

网络优化是指在对网络能力评价的基础上，着眼能力提升所做的优化工作。对于网络能力的评价，归结起来主要有两个维度：一是从网络承载能力方面进行评价，重点衡量网络传输性能、网络流量和业务质量等，目前常用的有效性指标有负载率、服务器响应时长、链路带宽、时延等。二是从结构组成的角度出发，研究网络的稳定性，如评价网络的抗毁性和鲁棒性等。常用的指标有网络连通度、完整度、代数连通度、跳面节点可靠性等。

针对空间信息网络中的信息传输问题，结合网络承载能力和结构稳定性，综合两个方面选取典型指标对网络进行评价，进而对网络进行优化。在网络承载能力方面，考虑到信息传输时效（如指挥链路中的 OODA 环路时间要求），选取时延指标，指数据从网络中的一个节点传送到另一个节点需要花费的时间。值得说明的是，本书中的时延指标包括传播时延和节点时延，节点 i 到节点 j 的时延如图 6－11 所示。

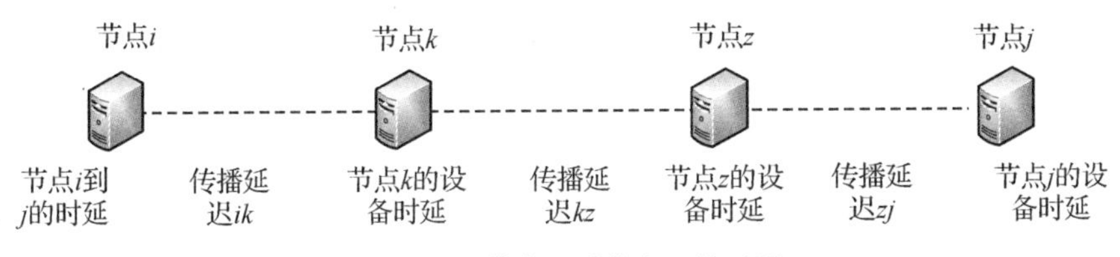

图 6－11　节点 i 到节点 j 的时延

传播时延主要由距离决定，距离越远，传播时延越大。本书从整个空间信息网络的结构出发考虑延迟问题，假设单个节点的设备延迟均相等且等于 T_n，总节点延时为 T_N。因此，节点 i 到节点 j 的时延为

$$T_{ij}=T_s+T_N,\quad T_N=nT_n \tag{6-7}$$

式中，T_s 为节点 i 到节点 j 的总传播时延，等于各个部分的传播时延相加，T_{ij} 可能存在多个传播路径，这里选取最短的一条。定义网络 G 的平均时延 T_G 为网络中任意两个节点对之间时延的平均值，具体如下：

$$T_G=\frac{\sum_{i<j}T_{ij}}{\frac{1}{2}N(N-1)} \tag{6-8}$$

式中，N 是网路 G 中的节点数，$\sum_{i<j}T_{ij}$ 表示网络中所有节点对之间时延的总和，$N(N-1)/2$ 是网络中所有节点对的数目，不包括自己与自己的时延。

网络结构稳定性指标的选取需谨慎分析。研究表明，上述连通度和完整度指标已经被证明是 NP 问题，计算复杂度高，不适合应用于节点数目较大的空间信息网络，跳面节点可靠性指标虽然计算较为简捷，但是忽略了跳面间节点和节点之间链路的信息。相比较而言，代数连通度的计算仅依赖于图 G 的邻接矩阵，只要图 G 是连通图就能求得其代数连通度，与点连通度、边连通度连通度，以及完整度 NP 问题相比较，代数连通度更适用于节点数目较大的空间信息网络，同时还可以避免跳面间节点法忽略节点之间链路的信息的不足，只要图 G 是连通图就能求得其代数连通度，计算量小且适用于节点较大的网络。因此，本书选取代数连通度作为空间信息网络的稳定性指标。依照 1973 年 Fiedler 研究

提出的定义，当且仅当一个图所对应拉普拉斯矩阵的第二小连通度大于零时，图是连通图。设 n 个节点的图 G 对应拉普拉斯矩阵的特征值为 $0=\lambda_1\leqslant\lambda_2\leqslant\cdots\leqslant\lambda_n$，定义代数连通度 $a(G)=\lambda_2$，一个连通图的代数连通度越大，抗毁性越高，稳定性越好。

上一节中提出了基于三角结构的空间信息网络节点选取与评价，在此选取和评价方法的基础上，可以确定重构网络的连边，进而设计网络连边策略，最后综合选取时延作为网络承载能力指标、代数连通度作为网络稳定性指标，来优化提升网络的性能。

6.3.2 卫星网络连边策略分析

1.网络连边策略分类

(1)随机连边策略。随机连边是在复杂网络中随机选取节点对其进行连边，选取时每个节点被选中的概率相同，不考虑节点的特性。因此，随机连边往往应用于均匀网络，实施起来简单且不需要了解网络的内部结构，但是对大规模的无标度网络并不适用。

(2)熟人连边策略。熟人连边是在随机连边的基础上进行改进，先随机选择网络中的一个节点，再在该节点的邻居节点之中选择节点重要性较高的一个节点，然后对选中的这些节点进行连边。这种策略的原理在于选择节点是随机的。因为重要节点一般度比较大，与其他节点联系较为紧密，所以在随机选择邻居节点时有很大概率会选到核心节点。熟人连边策略因为是随机连边，所以不需要了解网络的内部结构，且计算量较小，实施起来较为简单，而且免疫效果相较随机连边有一定的提高。在无标度网络中，目标连边策略效果更好，但是如果节点数量巨大且网络内部结构复杂，计算就会较为困难，熟人连边策略在这类网络中也能顺利计算。在熟人连边策略的基础上，还有改进的熟人免疫策略，第一步也是随机选择节点，第二步在选择邻居节点时加入了判定条件，需要选择的节点比原节点度值更大或其他阈值。加入判断条件后，略微增加了算法的复杂度，但是使得连边策略的效果大大增加。图 6 - 12 是熟人连边策略示意图，标注 1 的点表示第一步随机选中的点，标注 2 的点表示 1 周围重要度最大的节点。

(3)目标连边策略。目标连边是在网络中有针对性地根据指定的规则对指定的节点进行连边。在无标度网络中，不同的节点差异明显，一些重要的节点能起到牵一发而动全身的效果，而另一些度小且处于“边缘”的节点因为与网络中大部分节点没有直接的联系而无关紧要。将这些不重要的“边缘”节点相连接，对网络的提升可能微乎其微，但是如果将这些重要节点相连接，就可能会使得网络性能大大提升。

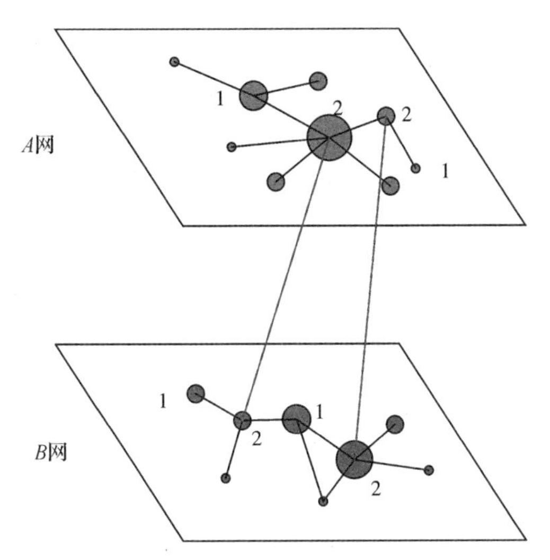

图 6－12　熟人连边策略示意图

使用目标连边策略一般要先制定衡量节点重要的指标，根据指标计算出各个节点的重要度，根据节点的重要度制定相应的连边规则进行连边。虽然目标连边策略有较高的针对性，能较好地适用于无标度网络，但是在其计算各个节点的重要度时，需要了解网络的结构信息。人类社会、互联网等一些网络规模巨大，内部结构复杂，使用目标连边策略得到各个节点的重要度将变得极其困难，且计算量巨大。目标连边策略中使用广泛的有同配连边策略和异配连边策略，如图 6－13 和图 6－14 所示。

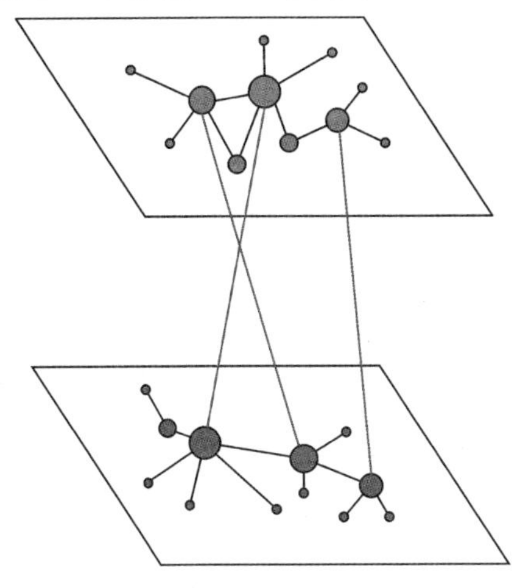

图 6－13　同配连边策略示意图

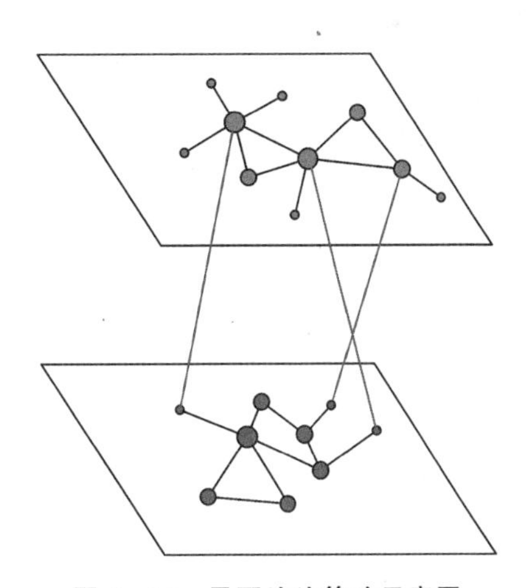

图 6－14　异配连边策略示意图

其中节点的大小表示节点的重要度，同配连边是把不同网络中重要度较大的节点相连接，异配连边是把一个网络中重要度最大的节点和另一个网络中重要度较小的节点相连接。

2.传统目标连边策略量化分析

考虑到空间信息网络层与层之间的连边方式对网络传输性能和稳定性的影响，可以考虑采用子网连边的方法对网络进行优化，即依据不同的层间连边策略建立层间链路，然后计算多层网络的平均时延和代数连通度。平均时延低表明网络具有较好的传输效能，代数连通度大表明网络具有较高的稳定性能，通过改进这两项指标实现对网络的优化。传统的网络目标优化策略有随机连边、同配连边两种策略，另外算法复杂度低易操作的有随机连边策略。

(1)同配连边。在连接层之间连边时，根据节点的重要度公式计算出空间信息网络中各个节点的重要度，然后按照优先连接不同网络层中重要度大的节点的原则，以一定比例对层间进行连边，其中取值 $\alpha=1,\beta=0$，具体连边策略如下：

1)计算网络中所有节点的重要度，并按照重要度大小对所有节点进行排序，把排序信息分别存入 $\boldsymbol{S}_A$、$\boldsymbol{S}_B$、$\boldsymbol{S}_C$ 三个矩阵中。

2)对 A 网和 B 网进行连边。在 A 网和 B 网之间连接 N 条边，按照 $S_A(i)+S_B(j)$ 的大小顺序，依次对 A 网中的 i 节点和 B 网中的 j 节点进行。

3) 按照 2 中的规则对 A 网和 C 网、B 网和 C 网进行连边。

(2) 异配连边。异配连边就是把重要度大(小) 的节点与其他网络层中重要度小(大) 的节点相互连接，具体如下：

1) 计算网络中所有节点的重要度，并按照重要度大小对所有节点进行排序，把排序信息分别存入 $\boldsymbol{S}_A$、$\boldsymbol{S}_B$、$\boldsymbol{S}_C$ 三个矩阵中。

2) 对 A 网和 B 网进行连边。按照 $S_A(i)-S_B(j)$ 的大小顺序，连接 A 网络中的 i 节点和 B 网中的 j 节点，直到连接 N 条边。

3) 按照 2) 中的规则对 A 网和 C 网、B 网和 C 网进行连边。

(3) 随机连边。随机连边顾名思义就是无视节点的各种信息，随机地对 A 网、B 网和 C 网进行连边。

参考实际情况，子网 A 的节点数目设为 $N_A=100$，网络的平均度 $K=6$，网络重连概率 $p=0.5$。子网 B 的节点数目设为 $N_B=500$，网络中每个节点的邻居节点的个数 $K_A=10$，因考虑实际情况卫星链路并不是完全规则的，所以加入随机化重连概率为 0.1。用 BA 无标度网络来表征的子网 C，未增长前的网络节点个数 $m_0=10$，为防止有孤立的点，设为全连接图，每次引入的新节点时新生成的边数 $m=4$，增长后的网络规模 $N_C=1\ 000$。

按照上述三种不同策略，在 3 个网络之间分别连接 50 条边，并用 Matlab 对其进行仿真，如图 6－15 和图 6－16 所示。

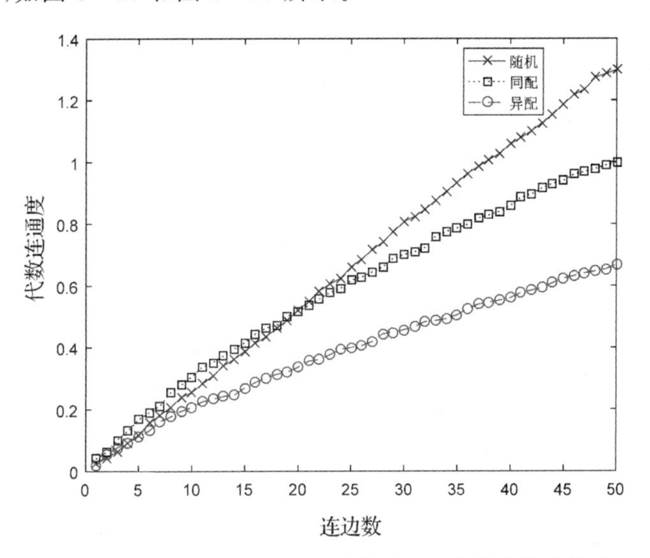

图 6－15　随机、同配、异配连边策略下网络的代数连通度

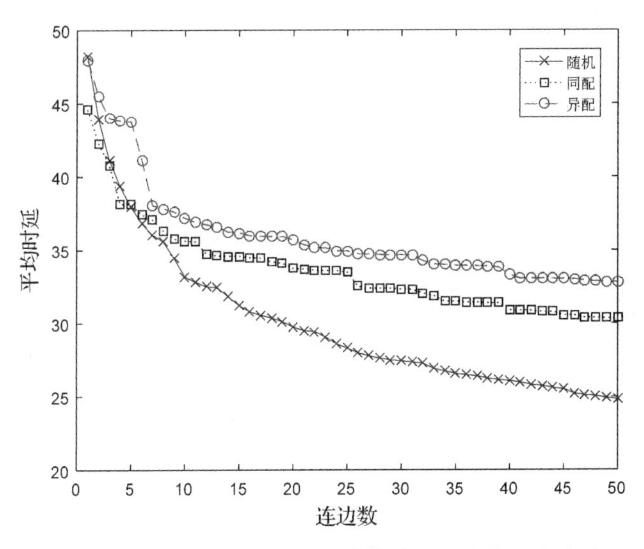

图 6－16　随机、同配、异配连边策略下网络的平均时延

图 6－15 是随机、同配、异配连边策略下网络的代数连通度是随机、同配、异配连接每个网络层 50 条边时，整个网络的连通性示意图，值越大，表示网络的连

通性越好，抗毁性越高。从图中可以看出同配连边的效果要好于异配连边，同配连边的曲线完全在位于异配连边上方。当连边数较少时，同配连边效果要好于异配连边，但是随着连边数目的增加，随机连边的效果要远远优于同配连边。

图 6 - 16 是随机、同配、异配连边策略下网络的平均时延随机、同配、异配连接每个网络层 50 条边时，整个网络的平均时延示意图，值越小，表明整个网络的平均时延越低。从图中可以看出随机连边的效果是最好的，其次是同配连边，异配连边的效果最差，从图中同配、异配连接曲线中可以看出存在一些突变点，表 6 - 5 表示同配连边时 A、B 网络连接不同边数时需要增加的节点的重要度。

表 6 - 5　同配连边时 A、B 网连接不同边数时需增加的节点

连接的边数	节点在 A 网的重要度排序	节点在 B 网的重要度排序
1	1	1
2	1	2
3	2	1
4	1	3
5	2	2
6	3	1
7	1	4
8	2	3
9	3	2
10	4	1

从图中可以看出随着连边数目的增加，重要度顺序靠前的节点会被反复连接，而每经过一定数目的连边时都会有之前没被连接过的节点被连接，比如连接第 4 条边时，B 网中重要度排序为 3 的节点被连接；连接第 7 条边时，B 网中重要度排序为 4 的节点被连接；连接第 10 条边时，A 网中重要度排序为 4 的节点被连接，每次加入新的连边时，图像上会表现为突变。当连接 10 条边时，A 网中最重要的节点（重要度排序为 1 的节点）与 B 网进行了 4 次连边，重要度排序为 2 的节点与 B 网进行了 3 次连边，随着连边次数的增加，这些重要的节点与 B 网连接的次数还会一直增加。而随机连边时，由于连边的随机性，大概率每次连接的节点都不相同，而同配连边因为刚开始选择的都是较为重要的节点，所以刚开始整个网络的连通性能要优于随机连边，但是随着连边数目的增加，大部分节点被反复连接，未被连接的节点加入的频率越来越低，效果就低于随机连边。

6.3.3　基于混合连边策略的卫星网络结构优化

随机连边、目标连边、熟人连边等策略难以适应可重构空间信息网络的构建需求。考虑到空间信息网络子网之间的连边方式对网络传输性能和稳定性的影响,可以设想采用子网连边的方法对网络进行优化,即依据不同的层间连边策略建立子网之间的链路,然后计算多层网络的平均时延和代数连通度。平均时延低,表明网络具有较好的传输效能;代数连通度大,表明网络具有较高的稳定性能。通过改进这两项指标实现对网络的优化,即以提升空间信息网络的网络连通性和时延为目标,提出一种混合连边策略的多层信息网络优化方法。具体而言就是根据空间信息网络中不同子网特性制定不同的选点方式,并且选点时在考虑节点的重要度的同时考虑节点的位置分布,重构网络链路,依据网络平均时延和代数连通度对网络的传输效能和稳定性能进行评估和优化。

(1)加入限制条件的连边策略仿真。对三种连边策略进行改进,加入限制条件,即当网络中一个节点被选中进行连边后,下一次进行选择时,不能再选择该节点,使得在两个网络进行连边时,每一个节点只能被选中一次,并对其进行仿真,实验结果如图 6－17 和图 6－18 所示。

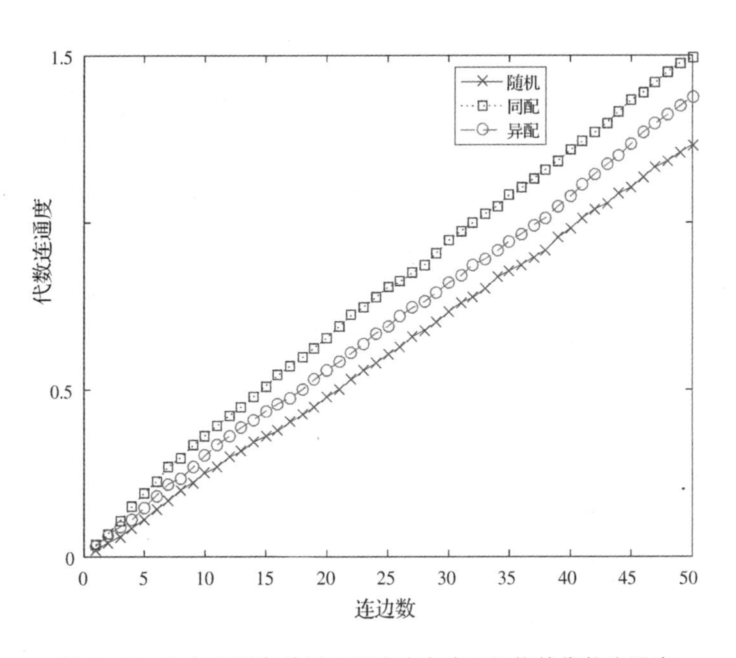

图 6－17　加入限制条件后不同连边方式下网络的代数连通度

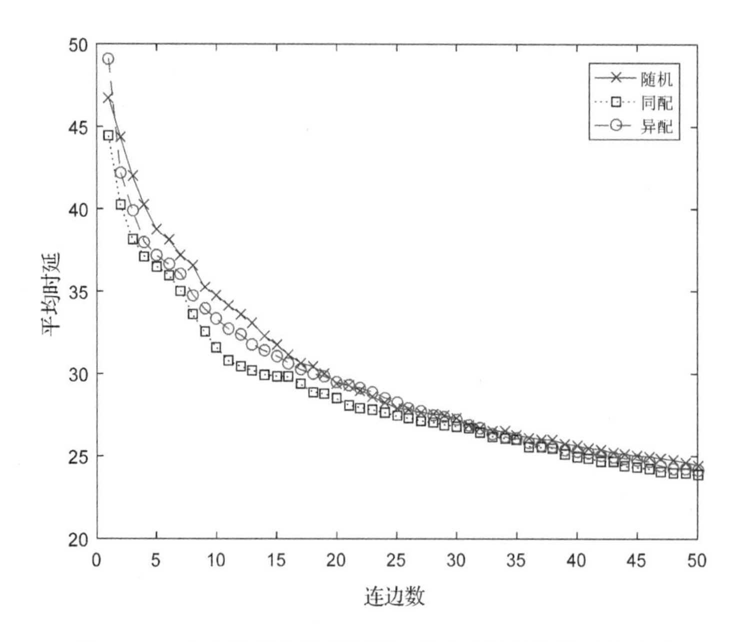

图 6-18　加入限制条件后不同连边方式下网络的平均时延

从图 6-17 和图 6-18 可以看出，加入限制条件后，网络的代数连通度和平均时延在同配连边策略下都是最优的，异配连边次之，而随机连边都是最差的。通过加入不能反复连接同一个节点的策略，使得三种连边策略效果随之发生巨大改变，证明了在空间信息网络建立连接时，连接之前未连接的节点效果要好于反复连接重要度大但是之前已经被连接过的节点。

实验表明，加入限制条件（同一个节点在任两层间只能被连接一次）后，同配连边效果最好，异配连边次之，随机连边最差；优先连接两层间重要度最大的两个节点的效果较好；连接两层之间之前未被连接过的节点的效果要好于反复连接重要度虽大但已经被连接过的节点；选点时牺牲一点重要度使得被选择节点尽可能均匀分布，能够提升网络的性能。这些仿真实验为我们后续提出更好的结构优化方法奠定了基础。

（2）混合连边策略网络结构优化方法流程。同配连边、异配连边两种方式在连接时都是只考虑网络中连接节点的重要度，没有考虑所选择的连接节点的相对位置。假如所选择的节点都只集中于网络的某一区域，会使得连接效果大打折扣。第一层和第二层都是 WS 小世界网络，建立网络时，节点序号越接近接近，其相连的概率越大，即 A 网和 B 网中节点序号能在一定程度上表征节点在网络中的位置。在选取节点时，根据不同子网的特点制定不同的选点策略，基于此，混合连边策略如下：

1）计算网络中所有节点的重要度存于矩阵 $\boldsymbol{I}_A$、$\boldsymbol{I}_B$、$\boldsymbol{I}_C$ 中，并按照重要度大小对所有节点进行排序，把排序信息分别存入 $\boldsymbol{S}_A$、$\boldsymbol{S}_B$、$\boldsymbol{S}_C$ 三个矩阵中。

2）如果某一子网中所有节点的重要度相同，即重要度矩阵 $\boldsymbol{I}$ 中的元素相同，就进行随机选点，否则进行步骤 3）。

3）在 A 网中选点，假设要选择的节点数为 n，则节点之间的距离为 $l=\frac{N_1}{n}$，那么所选节点的中心节点的编号为 $i=xl(x=1,2,\cdots,n)$。

4）在所选择的中心节点 i 周围 $\left(i-\frac{l}{2}\leqslant i<i+\frac{l}{2}\right)$ 选择度最大的节点（S_A 中元素最小的节点）a 作为连接节点。

5）按照循环 2）找出 B 网中的连接节点 b。

6）选择 C 网中之前没有被选中过的重要度最大的节点 c。

7）A 网与 C 网建立层间连边。连接节点 a 与节点 c。

8）B 网与 C 网建立层间连边。连接节点 b 与节点 c。

9）选择 B 网中之前没有被选中过进行 A 网和 B 网连接的重要度最大的节点 ba。

10）A 网与 B 网建立层间连边。连接节点 a 与节点 ba。

策略所对应的流程图如图 6-19 所示。

（3）网络结构优化仿真。空间信息网络的评价指标主要有两类：一类是稳定性指标，用来衡量网络的抗毁性和和鲁棒性，表示网络遭到攻击时的稳定性；另一类是有效性指标，用来衡量空间信息网络实际运行中的网络性能和业务质量。项目选取网络连通度作为网络的抗毁性指标，网络时延作为网络的有效性指标，两个指标一起衡量使用混合连边策略改进后网络的整体性能，对提出的混合连边策略与改进后（加入限制条件的）的同配连边、异配连边和随机连边进行 Matlab 仿真，结果如图 6-20 和图 6-21 所示。

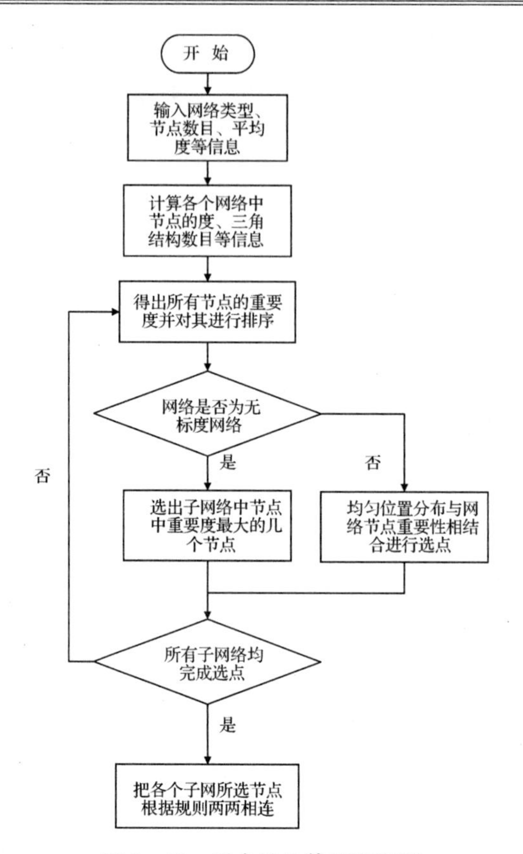

图 6-19　混合连边策略流程图

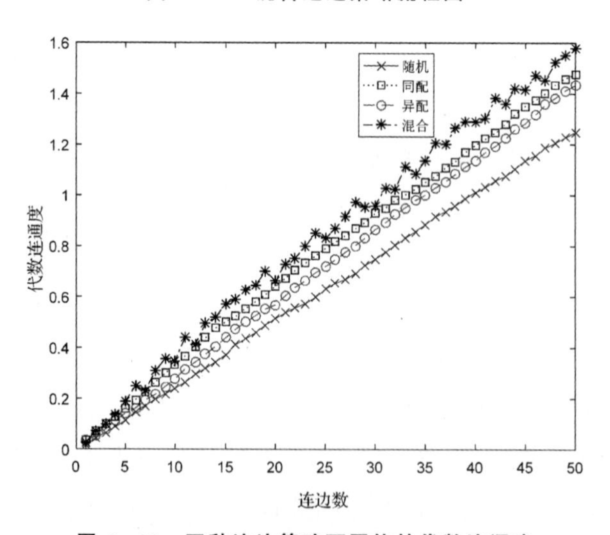

图 6-20　四种连边策略下网络的代数连通度

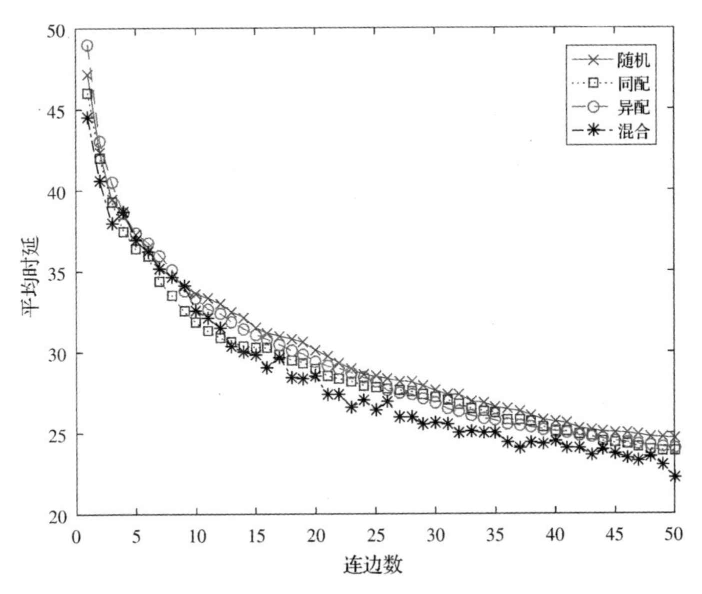

图 6-21　四种连边策略下网络的平均时延

从图 6-20 可以看出，本书提出的混合连边策略代数连通度要优于其他三种连边策略，从图 6-21 可以看出，当连边数目较多时，随机、同配、异配连边的网络平均时延趋向于相同，但是本书提出的混合连边策略要明显优于其他三种连边策略，表明在进行网络连接进行结构优化时，让节点尽可能均匀分布于整个网络中，能够提升网络的连通性和降低平均时延。当连接 50 条边时，本书提出的连边策略与传统的同配连边策略、异配连边策略和随机连边策略中最好的同配连边策略相比，网络的连通性提升了 9.12%，时延下降了 8.23%。

第 7 章　弹性卫星网络分析与评估

7.1　基于社团结构的卫星网络鲁棒性分析

网络结构决定网络功能，而网络功能则是由网络结构上的动力学过程实现的，因此，网络结构影响整个网络的动力学行为。可见对网络拓扑结构特征的研究，是复杂网络研究的基础。当网络拓扑结构遭到物理破坏时，网络所能承担的整体功能会有所变化，功能变化越小的网络具有越高的鲁棒性。

研究弹性卫星网络拓扑结构的鲁棒性主要以拓扑结构的连通性变化作为统计标准，观察与拓扑结构相关的网络属性变化情况，然而影响网络正常运行的因素不单是网络结构，同时还应该考虑网络构成的基本元素——节点对整个网络运行的影响。因为节点会受到自身负载容量的限制，若在自身负载的限制范围内工作，则对整个网络的正常运行起正反馈作用，若是有节点遭到破坏而失效，其他节点在级联效应影响下，将会使相邻节点的运行负载加重，若是在超出自身负载的设计范围运行，就会造成整个网络运行拥塞、缓慢，甚至使整个网络崩溃，所以有必要从节点自身负载角度研究卫星网络的鲁棒性。

7.1.1　卫星网络拓扑结构鲁棒性评估分析

1.攻击策略的选择

攻击策略的选择是根据破坏者对整个网络结构的认知程度决定的。区分破坏者完全不掌握和完全掌握整个网络的结构以及节点连接方式两种情况，模拟攻击策略分为两种。

(1)随机攻击。随机攻击对应的是节点的自然失效或破坏者对网络结构的认知程度为 0，即破坏者不知道卫星网络中哪些节点重要，哪些节点不重要，只能随机对网络中的节点进行攻击。在随机攻击中，每个节点失效的概率均相等。

书中先对网络节点进行编号，然后采用不放回随机抽样的方法依次选取攻击节点，模拟随机攻击策略。

(2)蓄意攻击。蓄意攻击对应的是破坏者对网络结构的认知程度为100%，即优先攻击网络中最重要的节点。在攻击中，由于节点的重要程度依赖于节点之间连接的数量，因此，常采用节点度作为节点重要性的评价指标，即优先攻击网络中度最大的节点；介数作为衡量信息流的重要评价指标，模拟攻击时可以采用最大介数的节点作为攻击目标；头节点作为网络中各个社团节点连接的纽带和桥梁，模拟攻击同样可以选择头节点作为蓄意攻击的目标。

2.卫星网络拓扑结构鲁棒性评估指标

网络拓扑结构的鲁棒性评估指标主要有最大连通子图比例[5]、平均路径长度、网络连通效率[8]等，而模块化度量作为描述社团结构耦合强度和稳定性的指标，同样也可以评估网络拓扑结构的鲁棒性。

(1)最大连通子图比例。最大连通子图是指以最少的边把网络中的所有节点连接起来的子图。其相对大小反映了网络在遭受攻击后，网络拓扑结构发生的变化，是网络破坏程度的标志之一。最大连通子图比例等于最大连通子图中节点的数目与网络中节点数目之比，可表示为N'。

$$s=\frac{N'}{N} \tag{7-1}$$

式中，N'代表最大连通子图中节点数总和，N代表卫星网络节点数总和。最大连通子图比例越大，说明网络被破坏的程度越小，遭受攻击后网络的鲁棒性越好。

(2)网络连通效率。网络连通效率是用来衡量节点间连通性和网络连通性能及整体效率最为有效的评估指标之一，网络的连通效率越高，在遭受攻击后的鲁棒性越好。网络连通效率的表达式如下：

$$RE=\frac{\sum\limits_{\forall i,j,i\neq j}\varepsilon_{ij}}{N(N-1)} \tag{7-2}$$

式中，N代表网络所有节点总数，ε_{ij}表示任意节点之间的连通效率($\varepsilon_{ij}=1/d_{ij}$，$d_{ij}$是要计算的节点连接距离的最小值)。

3.卫星网络拓扑结构鲁棒性评估算法流程

如图7-1所示，在分析拓扑结构鲁棒性时，首先，以整个卫星网络邻接矩阵作为输入。其次，在蓄意攻击策略中，按照度、介数和头节点权重从大到小的顺序展开攻击。在随机攻击策略中，随机选取节点进行攻击。每一次攻击完成后删除该节点，并删除该节点与其他节点的连接，同时计算当前网络的鲁棒性评估指标，总攻击次数为网络节点的总数。最后，将所有攻击次数下的评估指标数组作为结果输出。

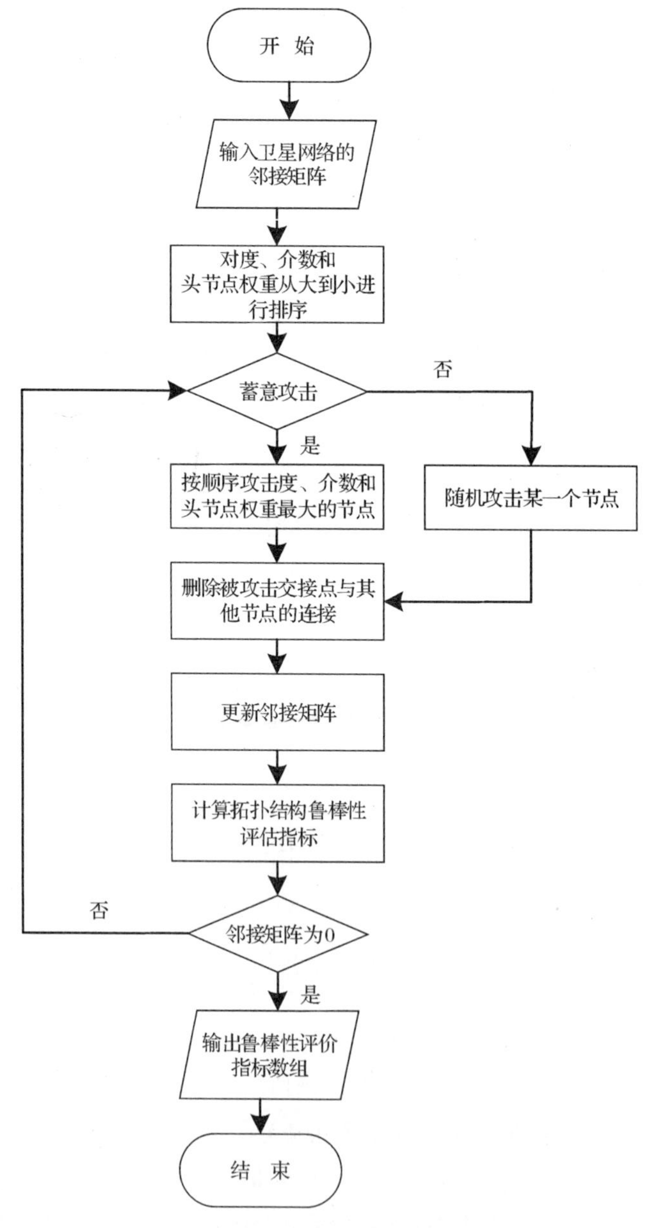

图 7-1 卫星网络拓扑结构鲁棒性评估算法流程

4.卫星网络拓扑结构鲁棒性仿真分析

在网络拓扑结构鲁棒性仿真过程中，每一次选择一个节点进行攻击，剩余节点个数为0时攻击停止。为确保仿真的准确性和可重复性，先生成100个网络(因为生成网络中社团内部节点连接关系在仿真时间内不变，社团间连接关系大部分是确定的，只有小部分连接关系是依据概率进行表示的，需要经过多次仿真来模拟这些小部分概率连接的情况，仿真次数越多，概率连接关系越准确)，而后对每个网络进行100次仿真，最后整体平均后得到仿真结果。

(1)最大连通子图比例 i 。从图7-2中可以看出，随着遭受攻击节点数的增加，$s-n$ 曲线总体呈现下降趋势。在初始攻击阶段，s 下降得很快，其中达到 $s\approx0.5$ 时，攻击头节点(Tattack)权重最大的节点次数最少，平均需要6次左右，攻击介数(Battack)最大的节点需要12次左右，攻击度(Dattack)最大节点所用次数最多，需要50次左右。在攻击中后期($n\approx60$)，度攻击和头节点攻击曲线几乎平行，在 $n\approx100\sim170$ 阶段头节点攻击和度攻击 $s-n$ 曲线无变化，而介数攻击 $s-n$ 曲线则持续下降，最终三条曲线的 s 值都降至0。通过分阶段对 $s-n$ 曲线的变化情况进行分析，有以下发现：

1)头节点在网络结构中处于最关键位置。攻击头节点，最直观的是造成网络中两个社团网之间的连接中断，网络的完整性遭到破坏。继续攻击头节点，会使所有社团网络断开成为一个个孤立的子网络。介数相对于头节点而言，攻击初始阶段对整个网络结构的破坏性比头节点攻击稍弱。度攻击 $s-n$ 曲线下降最慢的原因：在网络中有几个社团节点之间采用全耦合连接方式，这些社团节点的度相对要大一些，但是这些节点既不是头节点，也没有在网络中处于结构中心的位置，因此，初始阶段 s 下降最为缓慢。

2)在 $n\approx7\sim237$ 阶段，当头节点全部失效后，整个网络被分割成6个子网络，此时头节点后续攻击转换成按照C1～C6社团剩余节点编号从小到大顺序依次攻击(这是本文做出的规定，下同)。而度攻击是先攻击全连通社团内节点，再攻击剩余头节点，以及此头节点相对应的社团内节点，最后攻击剩余节点。因此，在攻击中后期($n\approx60$)，度攻击和头节点攻击 $s-n$ 曲线平行，甚至重合，此时度攻击和头节点攻击剩余子网络时网络结构变化不明显，只有再经过多次攻击后，才能分裂成更多个小的子网络。介数攻击在节点顺序上虽然没有规律性，但因为所攻击的节点都是所在子网络的中心连接节点，持续攻击会将子网络不断地分割开，所以从整个攻击过程来看，介数攻击要比头节点攻击和度攻击靶向性更加明显，$s-n$ 曲线波动性更小，攻击更加有效。

从图7-3可以看出，随机攻击时不需要对节点进行排序，多次攻击后三条 $s-n$ 曲线相互重合。与蓄意攻击相比，随机攻击在初始阶段对网络的破坏性要低很多，只有当节点剩余数量较少时，随机攻击和蓄意攻击才有相似的攻击效果。总的来看，网络拓扑结构对随机攻击鲁棒，对蓄意攻击脆弱。

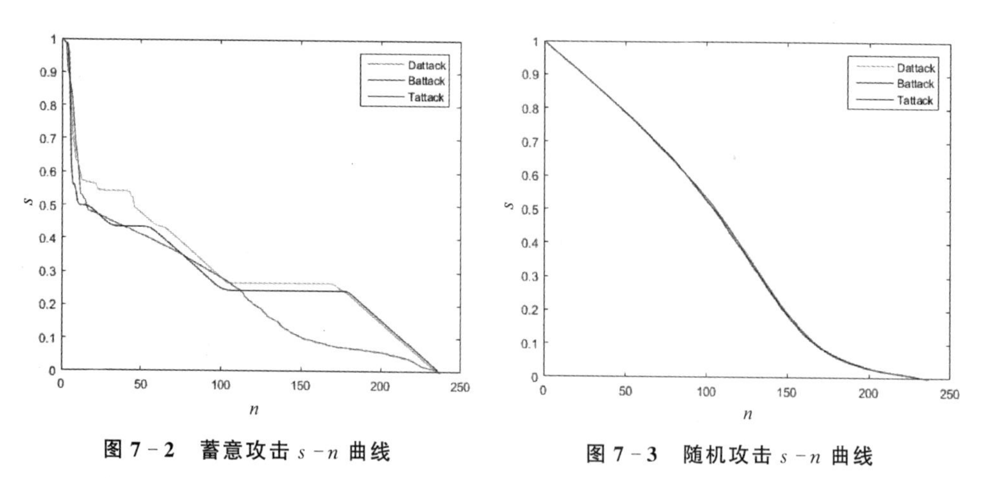

图 7－2　蓄意攻击 $s-n$ 曲线　　　图 7－3　随机攻击 $s-n$ 曲线

(2)平均路径长度 L 。蓄意攻击和随机攻击下的平均路径长度 L 随攻击节点次数 n 的变化曲线如图 7－4 和图 7－5 所示。从图 7－4 中可以看出，当攻击的次数 $n \approx 3$ 时，三种攻击 L 值均达到整个 $L-n$ 曲线的最高值，平均约为 6.7，随后头节点攻击先达到一个低极值点，此时 $n \approx 6$，介数攻击达到第一个极低值点时，$n \approx 20$，度攻击为 $n \approx 48$。接着头节点攻击和度攻击均有两个极高值点，但都不超过 4.5，而介数攻击的极高值点能达到 4.9 左右。具体分析三种攻击 $L-n$ 曲线变化的原因，有以下发现：

1)在 $n \approx 3$ 的初始攻击阶段，三种攻击 $L-n$ 曲线重合且迅速上升到最大值点，原因是三种攻击的节点重要度排序在 $n \approx 3$ 以前都是相同的，此时 C4 社团与 C1 社团、C2 社团和 C6 社团之间的连接被断开，使得这三个社团与 C4 社团无法建立连接关系，整个网络的连通性遭到严重破坏，L 值迅速升高。

2)在 $n \approx 3 \sim 50$ 阶段，头节点攻击率先达到极低值点，这是因为每个社团编号为 1 的节点(也是头节点权重最大的节点)相继失效，社团间连接全部中断。若节点之间没有连接关系，则在计算彼此之间距离时，本文将其设为 0(若设置为 ∞ ，则 L 会变成无穷大，结果就无法输出)，因此，在社团间连接中断后，计算 L 时其值会快速降低。介数攻击和度攻击此阶段 L 值下降原因与头节点相同，只不过这两种攻击使得从网络中分离出去的节点数要比头节点攻击少很多，计算平均距离时相对要大一些。

3)在 $n \approx 50 \sim 237$ 阶段介数攻击最先达到另一个极高值点($L \approx 4.9$)。此阶段开始时，网络结构处于稳定状态，攻击删除节点不会导致网络结构发生太大变化，此时介数攻击就要比头节点和度攻击敏感许多，这与最大连通子图比例仿真得出的结论2类似，因此，继续遭受攻击后网络的连通性会持续降低，L 会达到极高值；头节点攻击和度攻击曲线重合，原因与最大连通子图比例1中的结论一致。随着 n 越来越大，网络中节点越来越少，到最后节点之间基本都是单线连接，聚类系数几乎为0，因此 L ，值越来越小，最终都降至为0。

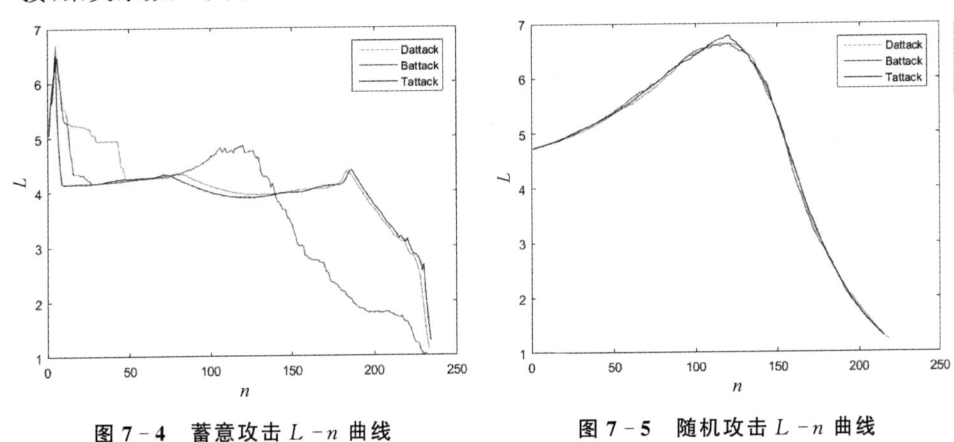

图7-4　蓄意攻击 $L-n$ 曲线　　　**图7-5　随机攻击 $L-n$ 曲线**

从图7-5可以看出，随机攻击 $L-n$ 曲线的变化过程要比蓄意攻击时简单许多，呈现出一个先升高后降低的变化过程。平均来看，在 $n\approx1\sim120$ 阶段，随机攻击会稍微改变网络整体连接结构，不会造成大量节点从网络中分离，因此，平均距离会上升达到最大值。随后网络节点数越来越少，聚类系数也越来越小，L 值快速下降，变化过程和蓄意攻击类似。

(3)网络连通效率 RE 。蓄意攻击和随机攻击下的网络连通效率 RE 随攻击次数 n 变化的曲线如图7-6和图7-7所示。总的来看，蓄意攻击和随机攻击 RE 值随攻击次数 n 的增加呈下降趋势。从图3-6可以看出，在初始阶段($n\approx6$)，蓄意攻击网络中最重要的几个节点导致节点之间的平均距离变大，网络效率降低。三种攻击 $RE-n$ 曲线的变化情况和前两个小节结果基本相似，都是对头节点最敏感，对度攻击的敏感度最低。随着头节点相继失效后，介数成为网络中最敏感的参数，体现在图中为 $n\approx45\sim237$ 时，介数攻击 RE 值比头节点攻击和度攻击都要小。

从图7-7可以看出，随机攻击在 $n\approx1\sim100$ 时 $RE-n$ 曲线要比蓄意攻击平缓一些，而随着 n 的增加，网络中再无关键节点，蓄意攻击和随机攻击引起的 $RE-n$ 曲线的变化情况趋于相同。

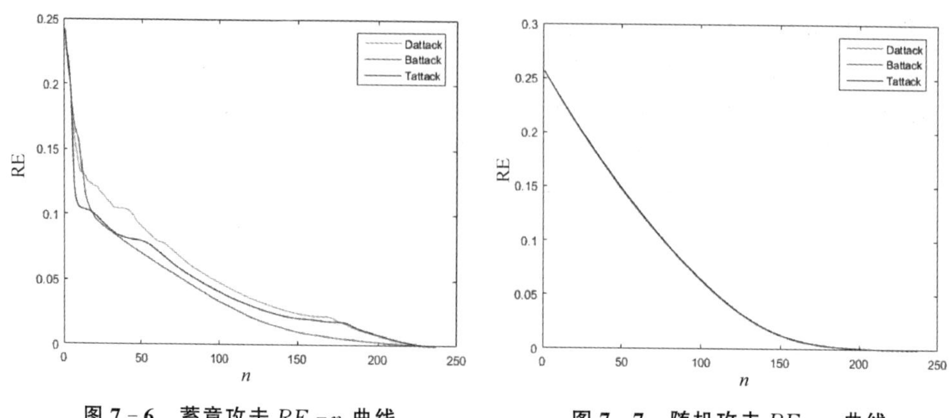

图 7-6　蓄意攻击 $RE-n$ 曲线　　　　**图 7-7　随机攻击 $RE-n$ 曲线**

(4)模块化度量 Q 。蓄意攻击和随机攻击下的网络模块化度量 Q 值随攻击节点次数 n 的变化曲线如图 7-8 和图 7-9 所示。从图 7-8 可以看出，三种攻击下，$Q-n$ 曲线的变化趋势有着明显的不同。在整个攻击过程中，度攻击在 $n\approx 45$ 时出现第一个极小值点，在 $n\approx 120$ 时出现第一个极大值点，在 $n\approx 170$ 时出现第二个极小值点，在 $n\approx 230$ 时出现第二个极大值点，随后降为 0；头节点攻击 $Q-n$ 曲线的变化较为复杂，在 $n\approx 50$ 之前出现三次极值变化，在 $n\approx 120$ 时达到最大值，在 $n\approx 170$ 时降为 0；介数攻击 $Q-n$ 曲线的变化相对简单，在 $n\approx 150$ 时达到最大值，Q 值超过了 0.7。通过对上述蓄意攻击下 $Q-n$ 曲线的变化情况和极值点的分析，可以发现：

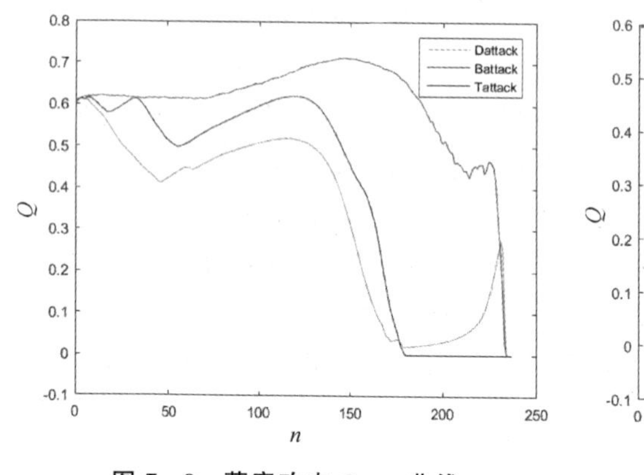

图 7-8　蓄意攻击 $Q-n$ 曲线

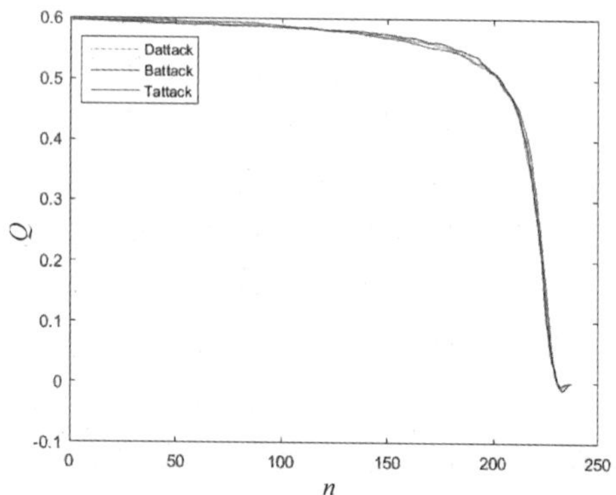

图 7-9　随机攻击 $Q-n$ 曲线

1)度攻击 Q 值在 $n\approx 170$ 之前比头节点攻击低，这是因为度攻击容易对一个社团内的节点进行连续攻击，攻击过程大致如下：首先，攻击 C4 社团中的编号为 1、2 和 5 的节点，这几个节点分别于 C1、C2 和 C6 社团相连，接下来会主要攻击社团内平均度最大的C2社团节点，这样有选择地攻击某个社团会导致此社团内节点相继失效，社团结构遭到严重破坏，此社团内剩余节点的社团划分随之改变，因此，在度攻击时对网络的社团划分影响最大。此后在$n \approx 120$时度攻击达到极大值，此时多个节点失效后节点的社团划分较为明确。当$n \approx 170$时，C1社团中剩余节点遭受攻击失效后，网络中多数情况下仅剩下C6社团的一个子网络，因此，模块度逐渐趋向为0。在$n > 170$后，度攻击$Q-n$曲线出现跳变上升到降落的过程，这是由于根据本文网络节点之间的连接规则，C5社团中有4个节点在社团内的度为3，是所有节点中度最小的，若这4个节点没有与其他社团节点进行连接，则度攻击到$n > 170$之后网络中始终存在着C6社团节点和C5社团节点，即存在两个社团，因此，$Q-n$曲线会出现跳变上升再到下降的过程。

2)在蓄意攻击的初始阶段，头节点攻击不针对某个社团内部节点，不会造成社团内大多数节点社团划分的改变，因此，$Q-n$曲线的下降幅度要低于度攻击。当$n \approx 120$时，网络中同样只剩下C1社团和C6社团，且两个社团间节点数目相当，因此，Q能达到极大值。由于头节点攻击在头节点都失效之后按照节点编号顺序进行攻击，C5社团的4个节点编号顺序在C6社团节点之前，因此，在$n > 170$后网络中只剩下C6社团节点，$Q-n$曲线直接趋向为0，不会出现像度攻击那样的跳变现象。

3)在$n \approx 150$时，介数攻击Q值的最大值比初始网络的Q值还要高一些，原因在于攻击介数高的节点更容易将网络分割成若干个子网络，这样更有利于社团的划分。

从图7-9可以看出，随机攻击时，在$n \approx 200$之前对网络中各个社团节点划分的影响很小，Q值降幅在0～0.1范围；当$n > 200$时，Q值迅速下降并趋向为0。总的来看，与蓄意攻击相比，随机攻击社团结构快速瓦解所需要的攻击次数相对要多一些，可以推断出网络的社团结构特征面对随机攻击时更具有鲁棒性。

7.1.2　基于节点负载的卫星网络鲁棒性评估分析

1.基于节点负载的卫星网络鲁棒性评估模型

在经典的负载-容量(ML)模型[6]中，节点i的容量$C(i)$与初始负载$l(i)$存在线性关系，即$C(i)=(1+\alpha)l(i)$，α表示为容量调节参数。初始负载$l(i)$一般由度或介数来表示，即$l(i)=\beta[k(i)]^{\theta}$或$l(i)=\beta[B(i)]^{\theta}$，式中$k(i)$为节

点 i 的度，$B(i)$ 为节点 i 的介数，θ 为初始负载指数调节参数。当节点 i 的实际负载小于其容量 $C(i)$ 时，节点正常运行；反之，节点失效。

根据前文可知，由于社团内部节点连接规则被限制，整个网络大多数节点的度分布都比较均匀，只有少部分度具有较高的值，因此，只选用度作为节点初始负载会使大多数节点负载的区分度不高，失效后分配给其他相邻节点负载的波动性相对较小，引起级联失效作用的概率较低，这样不利于对网络的节点负载鲁棒性开展研究。全局刻画节点重要性的另一个重要指标是介数，介数从节点承载的信息流角度刻画了其在整个网络中的重要性，是针对整个网络中心性的衡量标准之一。但本章经过仿真后发现网络中有个别节点的介数为 0，这是因为这些节点都是处于整个网络的边缘，其他节点之间的最短路径都不经过这几个节点。综合上述考虑，选择用度和介数共同定义节点的初始负载。

(1)节点初始负载。节点的初始负载定义如下：

$$l(i)=a[k(i)]+b[B(i)]^{\theta} \tag{7-3}$$

式中，θ 为节点介数的指数调节参数，节点的负载虽然与节点介数相关，但介数并非与节点的负载相等，通过引入指数调节参数 θ 能更加精确地刻画节点介数与节点初始负载的非线性关系。a 和 b 分别为为节点度、介数的倍数参数，为不失一般性，本文设置 $a=0.5$，$b=0.5$。

书中构建的网络结构是由不同社团组成的，头节点作为各个社团之间交互的枢纽，任何信息流在社团之间流动交互时，都要经过头节点。因此，在社团内节点的负载保持不变的情况下，可以通过对头节点附加二次负载值来研究因头节点初始负载的变化而引起的网络鲁棒性改变。

$$W(i)=l(i)+p\sum_{u\in\Gamma_m}W(u) \tag{7-4}$$

式中，$W(u)$ 为与节点 i 连接的其他社团头节点的初始负载，Γ_m 为节点 i 与其他社团头节点连接的集合。$\sum_{u\in\Gamma_m}W(u)$ 表示与节点 i 连接的其他社团头节点初始负载之和。p 为附加的二次负载调节参数，且 $0\leqslant p\leqslant 1$。

定义 3 对复杂网络中的节点而言，自身就具有正常运行时能够承受的负载，假定节点在承受负载范围内运行时不会失效，本章将这个肯定不会失效的负载上限定义为容忍负载 R。

$$R(i)=(1+\lambda)W(i) \tag{7-5}$$

式中，λ 为节点容忍负载系数，$\lambda\geqslant 0$。

定义 4 在许多实际网络中，节点在超出容忍负载运行时，一般都不会立即失效，反而能在超出容忍负载状态下维持一段时间，此时人们会采取多种措施确保整个网络能够正常运转。若采取措施不及时，则节点一直超出容忍负载高位运行，有可能导致节点失效。书中把节点容忍负载到失效的阈值称为临界负载 i（相当于ML模型中的容量）。

$$C(i)=(1+k)R(i) \tag{7-6}$$

式中，k 表示临界负载系数，$k \geqslant 0$。

（2）失效节点负载重分配策略及流程。

1）失效节点负载重分配策略。失效节点负荷重分配策略可以分为两种[7]：一种是基于全局搜索的分配策略，这种分配策略是在每一次失效节点负载分配时，都需要遍历整个网络中所有正常工作的节点，对节点数量较多的网络来说，这种策略的计算复杂度高，需要大量时间进行遍历；另一种是基于局部搜索的策略，这种分配策略是将失效节点的负荷按照一定的规则分配给与失效节点相连的节点，这种分配策略的计算复杂度较低。由于本章构建的网络是多个业务社团网所构成的，社团内节点的连接数要远大于社团间节点的连接数，同时社团内节点的连接不会受到时变性影响，在仿真时间内保持全时连接。综合考虑，采用负荷局部重分配策略，即一个社团内节点失效时，失效负载优先选择在同一社团内与该节点相连的其他节点进行分配。

但是当一个社团网内部失效节点数量超过一定比例时，采取负载局部分配策略时很容易由于级联失效作用导致整个社团节点级联失效，此时可以将失效节点的负载分配给其他社团节点，降低本社团其他节点失效的概率。

定义5　一个社团内失效节点的数量超过一定比例时，失效节点的负载开始向其他社团的节点进行分配，这个比例称作转移比 $C(i)$，设置该参数的目的是研究某一社团内节点失效时引起整个网络级联失效的规模和时间。

2）失效节点负载重分配流程。图7-10中，黑色圆点为失效节点 N_1^d，虚线为 N_1^d 与本社团内其他未失效节点的连线，黑色实线为未失效节点之间的连线。褐色实线为 N_1^d 将自身负载按照分配规则分配给本社团内与其有连接关系的其他未失效节点。红色实线为 N_2^d 和 N_3^d 与其他社团节点的连线。

如图7-11所示，当社团内失效节点数超过转移比（图中 z 为50%，黑色圆点为失效节点）时，上次负载分配后失效节点 N_2^d 将自身负载分配给本社团内与之相连的节点 N_6^d 和 N_4^d（失效节点 N_5^d、N_3^d 和 N_1^d 不参与分配），失效节点 N_3^d 同样将负载分配给本社团内相连的节点 N_6^d 和 N_4^d，失效节点 N_5^d 也将自身负载分配给 N_6^d 和 N_4^d。与此同时，N_2^d 将负载分配给其他社团节点 N_1^h、N_1^t 和 N_2^t（N_1^t 和 N_2^t 为同一社团），同理，N_3^d 也将负载分配给与其相连的其他社团节点 N_1^y 和 N_1^g。

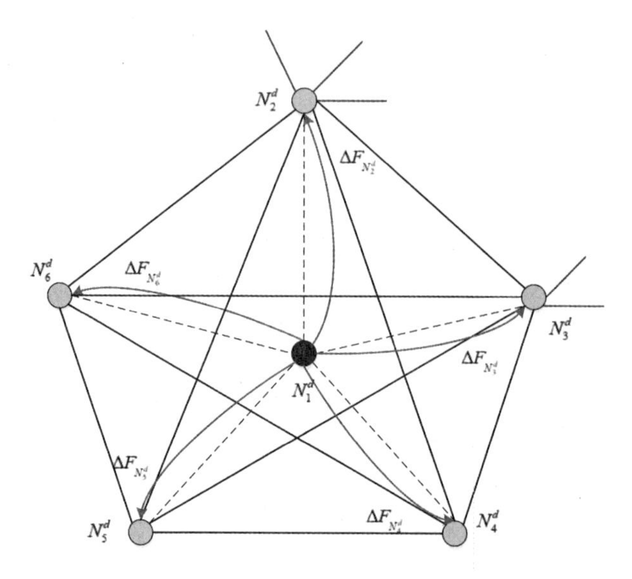

图 7-10 节点失效后社团内部负载重分配示意图(以 C4 社团为例)

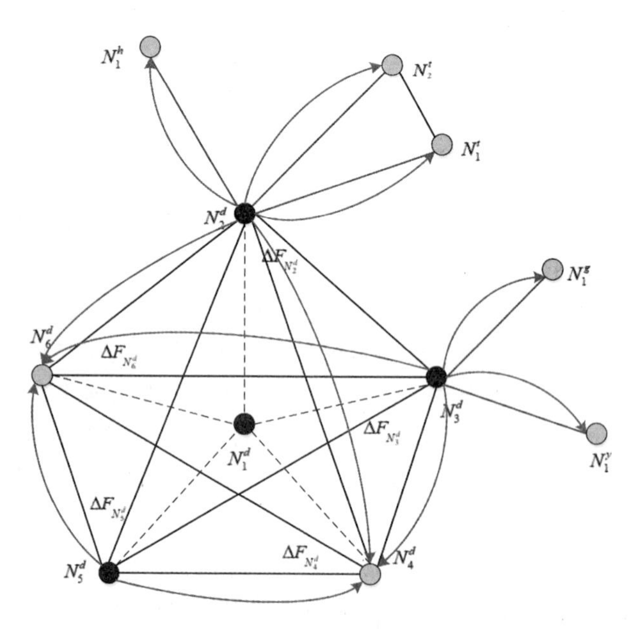

图 7-11 节点失效后社团间负载重分配示意图(以 C4 社团为例)

通过上述具体分配过程，总结出任意节点失效后负载重分配流程如下：

1)在本社团内寻找初始失效节点 N_i^d 的相连节点集合，记为 $\Gamma_{N_i^d}$ 。若本社团失效节点超过转移比时，则在整个网络中寻找失效节点 N_i^d 的相连节点集合 $\Gamma_{N_i^d}$ 。

2)计算 N_i 相连节点 N_j^d ($N_j^d \in \Gamma_{N_i^d}$)的负载 $W(N_j^d)$ 。若 N_i^d 相连节点集合 $\Gamma_{N_i^d}$ 中有节点的负载大于临界负载 C ，即该相连节点失效，故在 N_i^d 相连节点集合 $\Gamma_{N_i^d}$ 中将此失效节点删除。

3)将失效节点 N_i^d 的负载 $W(N_i^d)$ 按照比例分配给本社团或者其他社团相连节点 N_j^d ，分配比例如下：

$$\Delta F_{N_i^d} = W(N_i^d) \cdot \frac{W(N_j^d)}{\sum\limits_{N_i^d \in \Gamma_{N_i^d}, j \neq i} W(N_j^d)} \tag{7-7}$$

4)分配完成后，N_i^d 相连节点 N_j^d 的负载如下：

$$W'(N_j^d) = W(N_j^d) + \Delta F_{N_i^d} \tag{7-8}$$

然后对集合 $\Gamma_{N_i^d}$ 内所有节点新的负载进行判断，若有节点负载大于临界负载，则该节点失效，从集合中删除。

5)对新的失效节点重复上述 1)～5)中的分配过程，直到整个网络内再无失效节点为止。

(3)节点失效判定标准。根据初始负载、容忍负载和临界负载的定义，以及负载重分配策略，可以推导出任意一个节点在三个阶段内运行时失效的概率分布 $p_t(i)$ 如下：

$$p_t(i) = \begin{cases} 0, & W'(i) < R(i) \\ \dfrac{W'(i) - R(i)}{C(i) - R(i)}, & R(i) \leqslant W'(i) \leqslant C(i) \\ 1, & C(i) < W'(i) \end{cases} \tag{7-9}$$

当节点 i 在容忍负载以下运行时，节点不会失效；当节点超过容忍负载运行时，负载越靠近临界负载，失效的概率越高；当节点负载超过临界负载时，节点立即失效。

当某一个节点失效时，级联失效作用导致网络中一部分其他节点超出容忍负载运行或直接失效。失效节点越少，网络能正常运行的概率越高，网络的鲁棒性越好，失效节点的数量反映了整个网络的鲁棒性。

定义 6　失效节点数量与节点总数的比值称为失效比 E。

$$E = \frac{e}{N} \tag{7-10}$$

式中，e 表示失效节点的数量，N 为节点总数量。本文用失效比作为网络鲁棒性的评估标准。

2.基于节点负载的卫星网络鲁棒性评估算法流程

节点负载网络鲁棒性评估算法流程图如图 7－12 所示，文中在分析节点负载鲁棒性时，首先，以整个网络邻接矩阵为输入。其次，攻击策略采用蓄意攻击和随机攻击，在蓄意攻击策略中，考虑最坏情况，即选取当前负载最大的节点进行攻击(不包括超容忍负载节点)。在随机攻击策略中，随机选取节点进行攻击(不包括超容忍负载节点)。最后，将失效节点数组作为结果输出。

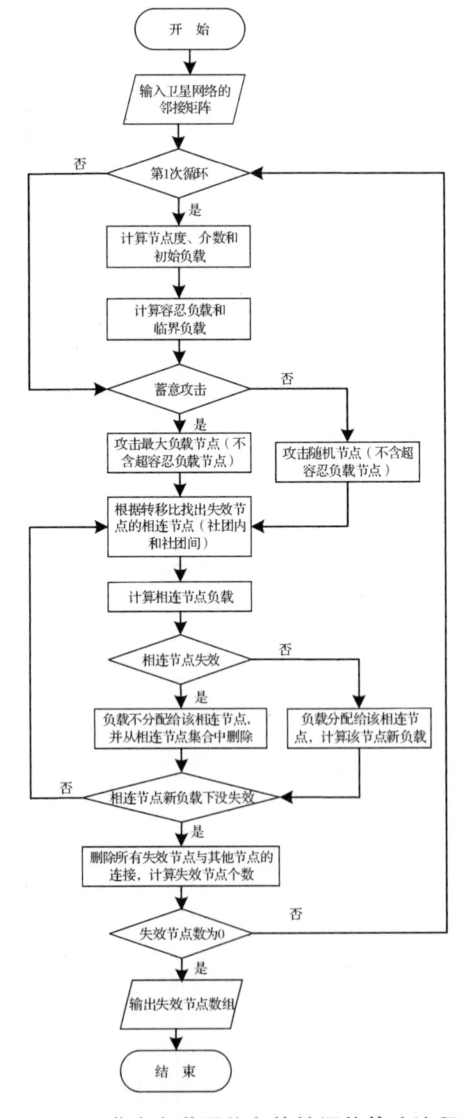

图 7－12　节点负载网络鲁棒性评估算法流程图

3.基于节点负载的卫星网络鲁棒性仿真评估

基于节点负载的卫星网络鲁棒性仿真评估主要关注初始负载参数(介数的指数调节参数 θ 和二次负载调节参数 p)、转移比 z ,以及容忍负载系数 λ 和临界负载系数 k 的变化对网络鲁棒性的影响。为确保仿真的准确性和可重复性，先生成 100 个网络，每个网络进行 100 次仿真，最后整体平均后得到下列仿真结果。

(1)初始负载参数对网络鲁棒性的影响。

1)介数的指数调节参数 θ 。本书先探究介数的指数调节参数 θ 对网络鲁棒性的影响，采用控制变量法，设 $p=0.6$，$z=0.5$。考虑在实际网络的构建中技术和性能参数的限制，节点的容忍负载和临界负载一般不可能太大，设 $\lambda=0.1$，k 的取值范围设置为 0～2，仿真步长设为 0.1。分别选取 $\theta=0.1,0.3,0.5,0.7$ 四组数据进行仿真实验，研究失效比 E 随临界负载参数 k 的变化情况。

蓄意攻击和随机攻击下的 θ 随 k 的变化情况如图 7－13 和图 7－14 所示。

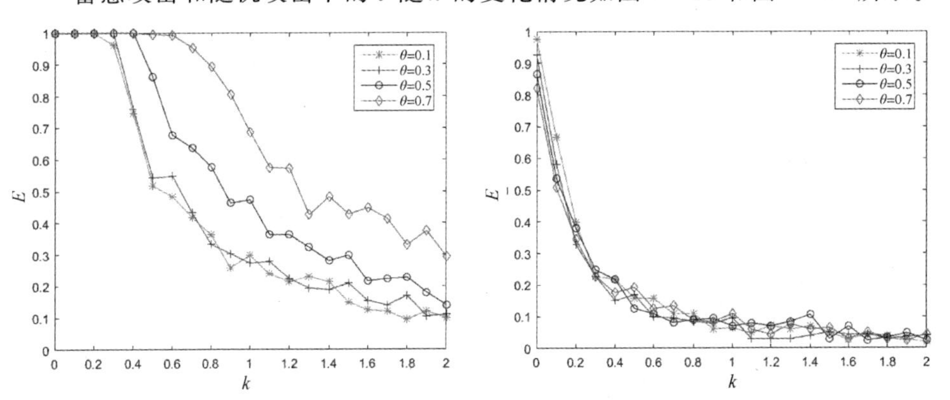

图 7－13　蓄意攻击不同 θ 值时的 $E \sim k$ 曲线　图 7－14　随机攻击不同 θ 值时的 $E \sim k$ 曲线

从图 7－13 和图 7－14 中可以看出，E 值随 k 值的增加而减小。蓄意攻击时，在同一 k 值下，θ 值越大，E 值也会越大，且随着 θ 值的增大，E 值之间的差距也逐渐变大。对比分析不同 θ 值下 $E-k$ 曲线的变化情况，本文发现：

1)蓄意攻击时，同一 k 值下 θ 值越小，网络越具有鲁棒性。这是由于 θ 值越小，介数越小，导致整个网络所有节点初始负载越小，会使节点的初始负载相互之间的差值越接近，即初始负载分布越均匀，节点在失效后向其邻居节点分配的负载也就越均匀，这样不容易引起级联失效作用，因此，面对蓄意攻击时更具有鲁棒性，这与文献[8]结论相似。

2)对于不同的 θ 值，都有相应的临界阈值 k_1 和 k_2。当 $k<k_1$ 时 $E\approx1$，级

联失效作用导致所有节点都失效。图 7－13 中，当 $\theta=0.1$ 时，$k_1\approx 0.3$；当 $\theta=0.3$ 时，$k_1\approx 0.4$；当 $\theta=0.5$ 时，$k_1\approx 0.5$；当 $\theta=0.7$ 时，$k_1\approx 0.7$。当 $k>k_2$ 时，$E\approx 0$，一个失效节点无法引发级联失效作用，这与文献[9]的结论相似。从图 7－13中可以看出，所有 θ 值的 $E-k$ 曲线在 $k=2$ 处均已渐进平稳，故临界阈值 k_2 必存在于 $k>2$ 的某处。

图 7－14 中，随机攻击不同 θ 值时的 $E-k$ 曲线总体要比蓄意攻击时下降缓慢一些。在 $k=0$ 时，网络中因级联失效作用引起的失效比 $E<1$，说明即使不设置临界负载指标，网络对蓄意攻击也有一定抵抗力。另外，在 k 值相同的情况下，不同 θ 值对应的 E 值几乎都相同，这是因为虽然 θ 值变化会引起节点初始负载的变化，但随机攻击会将初始负载带来的影响弱化，每一次随机攻击选择到负载最大的节点的概率不到 0.5%，因此，多次平均后 $E-k$ 曲线变化趋于相同。从蓄意攻击和随机攻击的横向对比来看，在同一 k 值下，随机攻击比蓄意攻击的 E 值要小很多，说明网络在随机攻击时比在蓄意攻击时更具有鲁棒性。

2）二次负载调节参数 p。设置参数 $\theta=0.5$，$\lambda=0.1$，$z=0.5$，仿真步长设为 0.1，分别选取 $p=0$，0.2，0.4，0.6 四组数据进行仿真实验，得出 E 值随 k 值的变化情况如图 7－15 和图 7－16 所示。

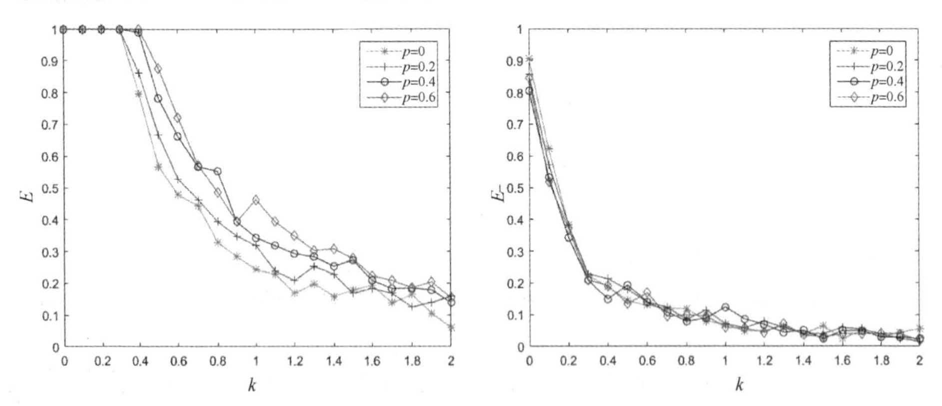

图 7－15　蓄意攻击不同 p 值时的 $E-k$ 曲线　**图 7－16　随机攻击不同 p 值时的 $E-k$ 曲线**

从图 7－15 可以看出，蓄意攻击时，E 值随 k 值的增加而减小。p 值越低，在相同 k 值时 E 值越低，但不同 p 值对应的 E 值相差不大。与此同时，对于不同的 p 值，同样也有相应的临界阈值 k_1 和 k_2。通过对蓄意攻击时不同 p 值时的 $E-k$ 曲线进行分析，可以发现：没有附加二次负载的网络（$p=0$）要比附加了二次负载的网络（$p>0$）更加鲁棒。这是因为当 $p>0$ 时网络中头节点的初始负载增加了许多，当这些头节点遭受攻击失效后，过大的负载值分配给相连的其他普通节点或头节点，导致未附加二次负载的普通节点或其他头节点的负载大大增加，很容易造成这些节点负载超过临界负载而失效，这些失效节点再次将负载分配给其他邻居节点，这样就会引起更加严重的级联失效作用。

从图 7－16 可以看出，在随机攻击时，同样有 E 值随 k 值的增加而减小。横向对比来看，相同 k 值时，随机攻击时的 E 值要比蓄意攻击时的 E 值要小，再次验证了网络面对随机攻击时鲁棒、面对蓄意攻击时脆弱的特征。同时还可以看出，设置不同 p 值时，网络 $E-k$ 曲线仿真过程中几乎完全重合，仅在 $k=0\sim0.2$，p 值越大，E 值越低，网络越鲁棒，但相差的幅度非常有限。

综上可以得出，为头节点附加二次负载的网络，面对蓄意攻击时的鲁棒性要低于未附加二次负载值的网络，这也从侧面印证了头节点在网络中所处的位置很关键。若要整体提高网络的鲁棒性，同时考虑技术条件和经济效益等因素，根据前文初始负载越均匀、网络鲁棒性越好的结论，则可以考虑对 C4 社团中的节点（不含头节点）附加二次负载，使该社团内节点负载均匀化，这样有助于提高网络的鲁棒性。

(2)容忍负载参数 λ 和临界负载参数 k 对网络鲁棒性的影响。设置 $\theta=0.5$，$p=0.6$，$z=0.5$，分别选取容忍负载参数 $\lambda=0,0.1,0.2,0.3$ 四组数据进行仿真试验，研究 E 值随 k 值的变化情况，如图 7－17 和图 7－18 所示。

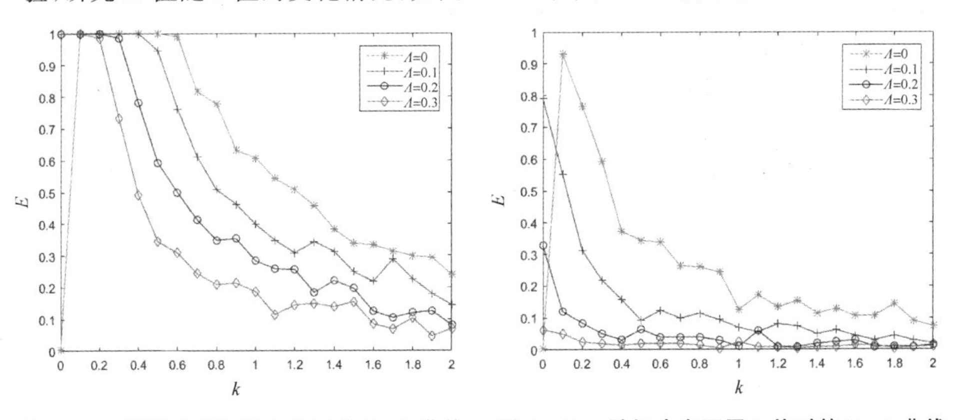

图 7－17　蓄意攻击不同 λ 值时的 $E-k$ 曲线　**图 7－18　随机攻击不同 λ 值时的 $E-k$ 曲线**

可以看出，蓄意攻击和随机攻击时随着 k 值的增加 E 值随之减小；相同 k 值下，λ 值越大，对应的 E 值越小。具体分析 $E-k$ 曲线的变化情况，有以下发现：

1)蓄意攻击和随意攻击在 $\lambda=0$ 和 $k=0$ 时，E 值为 0。这是因为当容忍负载和临界负载都等于 0 时，节点失效判定标准就不存在了，无法判断是否失效，因此，$E=0$。

2)在同一个 k 值下，λ 值越大，网络越鲁棒；λ 值越小，网络越脆弱。这是因为容忍负载升高，节点超容忍负载运行的概率就会相应降低，即节点肯定不会失效的概率升高。同时当节点 i 超过容忍负载运行时，根据式(7-9)，可以推导出此时失效的概率 p_t 如下

$$p_t(i)=\frac{W'(i)-R(i)}{C(i)-R(i)}=\frac{\dfrac{W'(i)}{(1+\lambda)W(i)}-1}{k},R(i)\leqslant W'(i)\leqslant C(i) \tag{7-11}$$

式中，$W'(i)$ 表示节点 i 实际负载，$W(i)$ 表示节点初始负载。从式(7-11)可以看出，若初始负载 $W(i)$ 和 $W'(i)$ 固定，则节点失效概率 p_t 与 λ 和 k 呈负相关，即 λ 和 k 值越大，节点失效概率越小，E 值也就越小，这与图 7-17 和图 7-18 的仿真结果相吻合。

从图 7-18 可以看出，随机攻击不同 λ 值时 $E-k$ 曲线的区分度要比其他参数的曲线(图 7-14 和图 7-16)高很多，这说明了同等大小间隔 λ 值判断节点失效的敏感度要比其他初始负载参数高很多，同时 λ 值的变化也会引起处在容忍负载和临界负载之间的节点失效的概率，影响超容忍负载运行的节点数同样比其他参数高很多。

(3)转移比 z 对网络鲁棒性的影响。设置 $\theta=0.5$，$p=0.6$，$\lambda=0.1$，分别选取转移比 $z=0,0.25,0.5,0.75$ 四组数据进行仿真试验，研究设置不同转移比 z 时，E 值随 k 值的变化情况如图 7-19 和图 7-20 所示。

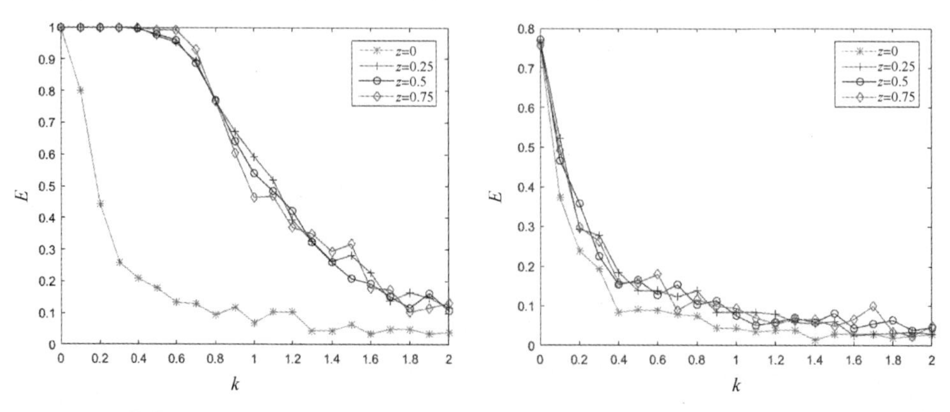

图 7-19　蓄意攻击不同 z 值时的 $E-k$ 曲线　　图 7-20　随机攻击不同 z 值时的 $E-k$ 曲线

可以看出,蓄意攻击和随机攻击时随着 k 的增加,$E-k$ 曲线呈现出下降趋势。图 7-19 中,当 $z>0$ 时,存在临界阈值 $k_1 \approx 0.4$,当 $k>0.4$ 时网络中才有未失效的节点,而 $z=0$ 时没有临界阈值。同时,从整个 $E-k$ 曲线来看,$z=0$ 时与 $z>0$ 时的 E 值相差很大,且在 $k \approx 0.6$ 时达到最大差值。此后随着 k 值增加,两者的差值才逐渐缩小,最终将会在 $k>2$ 的某处重合,此时 E 值也会降至 0。分析上述 $E-k$ 曲线变化的原因,有以下发现:

1)蓄意攻击时未设置转移比 z($z=0$)的网络要比设置了 z($z>0$)的网络鲁棒性好很多。这是因为节点失效后,将失效节点引起的级联失效作用控制在一个社团内,当失效节点超过一定比例后,再允许这些失效节点的负载向社团间转移,此时失效节点引起的级联失效作用会“引爆”整个网络,呈现出雪崩态势,最终会导致整个网络节点全部级联失效。

2)图 7-20 中,随机攻击同样是 $z=0$ 时网络更鲁棒。结合图 7-19 的结论,说明无论是蓄意攻击还是随机攻击,无论是社团内部级联失效初期($z=0.25$)、中期($z=0.5$)还是末期($z=0.75$),限制失效节点在一个社团内传播的做法严重影响了整个网络的安全性和稳定性,会使网络变得更加脆弱。对此,本文有两点建议:一是失效节点负载分配不受限制,允许其在整个网络中扩散,这样做虽然会使网络中部分节点级联失效,但肯定会降低整个网络级联失效的程度;二是头节点彻底断开了整个网络与该社团的连接,虽然会失去一个社团的节点,但会大大降低其他社团节点失效的概率,以及整个网络的安全风险。

(4)不同社团节点对网络鲁棒性的影响。本书构建的网络由不同功能类型的社团节点组成,破坏者可能针对这些节点展开攻击,因此,有必要研究不同社团节点对整个网络鲁棒性的影响。由于各个社团中节点数量不止一个,因此,为了使仿真结果兼顾针对性和普遍性,蓄意攻击时,本文选取每个社团中初始负载最高的节点进行攻击;随机攻击时,在每个社团中随机挑选一个节点进行攻击。设置参数为 $\theta=0.5$,$p=0.6$,$\lambda=0.1$,$z=0.5$,通过分析各个社团节点失效比 E 与临界负载参数 k 的关系,来验证不同社团节点对网络鲁棒性的影响,如图 7-21 和图 7-22 所示。

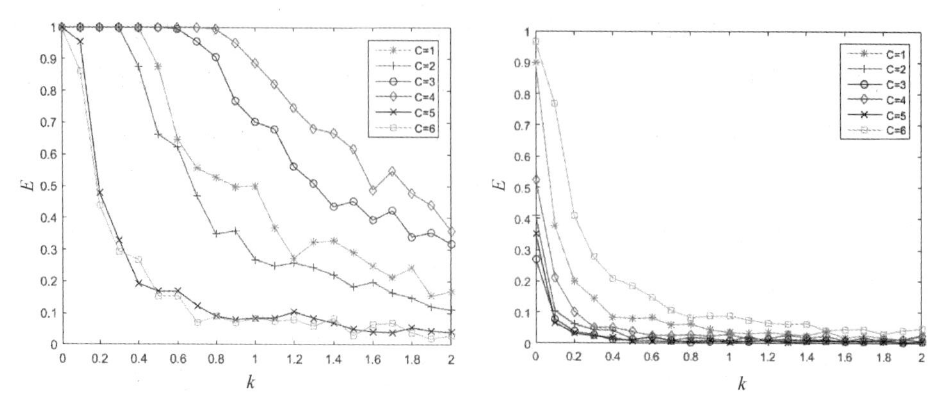

图 7-21　蓄意攻击不同社团的 $E-k$ 曲线　　**图 7-22　随机攻击不同社团的 $E-k$ 曲线**

从图 7-21 可以看出，蓄意攻击时以不同社团初始负载最高的节点为失效源节点，对应的 $E-k$ 曲线差别很大。在相同 k 值时，C5 社团和 C6 社团的 E 值最低，C2 社团和 C1 社团的 E 值居中，C3 社团和 C4 社团的 E 值最高。通过这些不同社团的 $E-k$ 曲线，结合本文构建的网络节点分布情况和整体结构特征，得出以下结论：

1)蓄意攻击时，C3 社团和 C4 社团的鲁棒性最差。这两个社团中初始负载最高的节点同样也是整个网络中初始负载最高的节点。初始负载节点最高，加上又都是头节点，一旦失效，发生级联失效的概率比其他节点就高很多，因此，鲁棒性最差。

②C5 社团和 C6 社团的鲁棒性最好。这是由于 C5、C4 和 C3 社团节点之间连接不受时变性影响，失效节点的负载能在仿真时间内稳定向其他社团转移，避免了失效节点在本社团内部堆积而引起更加严重的级联失效作用；C6 社团初始负载最高的节点与其他社团相比，负载的平均值是最低的，因此，该节点失效后引起级联失效的概率也是最低的，故鲁棒性最好。

从图 7-22 中可以看出，随机攻击 $E-k$ 曲线的变化情况与蓄意攻击时有很大的差别。在蓄意攻击中鲁棒性最好的 C6 社团在随机攻击中鲁棒性最差。这是由于该社团内节点平均度(节点间耦合程度)是所有社团中最低的，而社团内节点平均度越高，网络的鲁棒性越好[9]。值得注意的是，虽然 C4 社团内节点耦合程度较高，但是该社团的不同节点的初始负载相差过大，造成社团内节点负载分布极其不均匀，两方面综合后其鲁棒性在所有社团中排名第四；C3 社团的鲁棒性最好，这是因为其内部节点全耦合连接，平均度在所有社团中排名较高，同时社团内没有初始负载过大的节点，负载分布相对均匀。

(5)级联失效作用对网络鲁棒性的影响。从上述多次仿真实验的结果可以看出，蓄意攻击和随机攻击网络中的某个节点，级联失效作用都会导致网络中大量节点失效，网络整体结构遭到严重破坏。为探究级联失效作用对网络鲁棒性的影响，对C4社团编号为1的节点失效后级联失效过程进行模拟仿真，设置参数为$\theta=0.5$，$p=0.5$，$z=0.5$，$\lambda=0.5$，$k=0.5$，如图7-23所示。

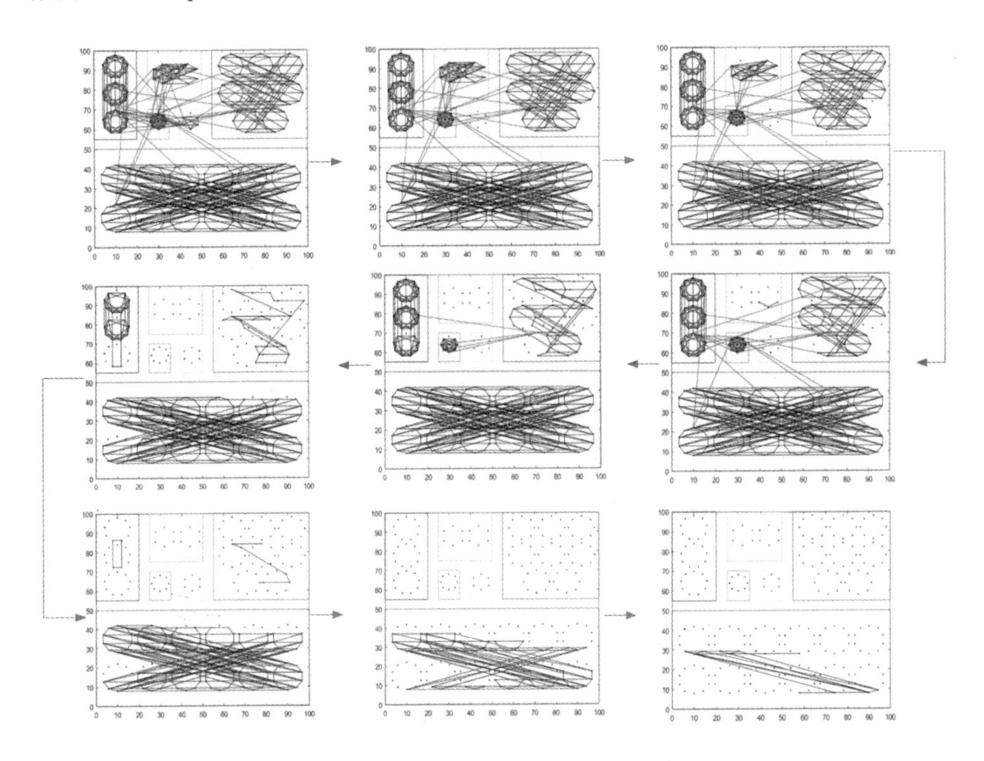

图7-23　蓄意攻击C4社团编号为1的节点级联失效过程图

从图7-23中可以看出，级联失效过程大致可以分为三部分，即失效节点所在社团内级联失效、社团间级联失效、剩余社团内级联失效。具体过程如下：

1)图7-23中第一步到第二步显示了失效源节点引起社团内其他节点级联失效，该社团的头节点与其他社团间的连接全部断开，断开前向其他社团头节点分配失效负载。

2)第二步到第三步，社团间级联失效过程开始，可以看出C6社团(右上角)和C5社团(上中位置)已有部分节点失效。

3)第四步到第五步，社团间级联失效的速率达到顶峰，此后社团间的所有连接全部断开，剩余社团均开始有节点失效。

4)第六步到第九步,剩余社团内部节点级联失效。C1 社团节点数量最多,级联失效过程需要一定的迭代时间,成为最后一个节点全部失效的社团网。

从上述级联失效迭代全过程分析,可以得出:级联失效是根据节点之间的连接关系进行的,初始阶段整个网络社团间级联失效过程要比社团内部滞后一些;社团中头节点越多,级联失效在社团间迭代所需要的次数越少;社团内节点数越多,级联失效需要迭代的次数越多。

(6)多节点攻击下的网络鲁棒性仿真分析。前文研究了单一节点失效时网络的鲁棒性,发现在考虑节点负载的情况下,单一失效节点能导致整个网络瘫痪。但实际情况是,破坏者可能针对多个节点同时进行攻击,节点的级联失效可能是多个失效节点同时引起的,因此,研究网络在多节点攻击下的鲁棒性具有重要的现实意义。

同样采取蓄意攻击和随机攻击策略对网络进行多节点攻击,其中蓄意攻击选取若干个初始负载最高的节点,随机攻击则随机选取若干个节点。设置参数为 $\theta=0.5$,$p=0.6$,$z=0.5$。为增强多节点攻击时 E 值之间的对比性,设置 $\lambda=0.5$,k 的取值范围设置为 0～5,仿真步长设为 0.2。为加强说明和对比性,攻击节点个数设置为 $G=1,3,5,7$,如图 7-24 和图 7-25 所示。

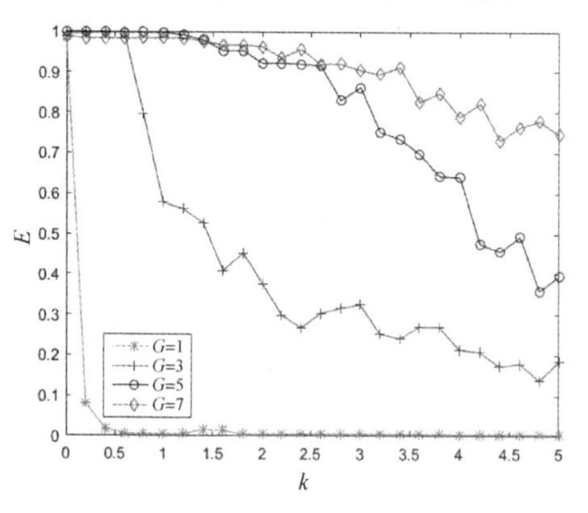

图 7-24　蓄意攻击不同社团的 $E-k$ 曲线(多节点)

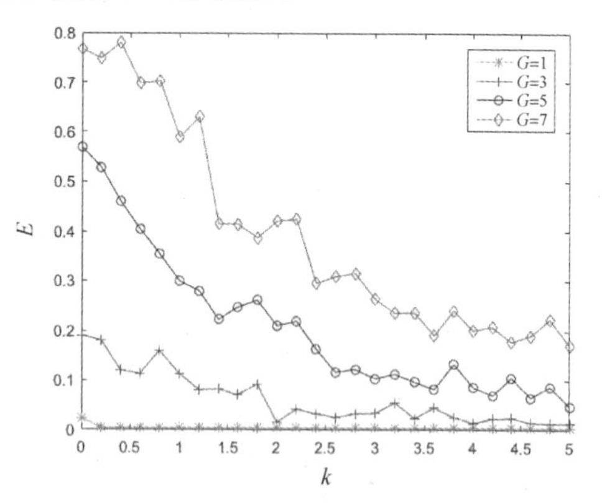

图 7-25　随机攻击不同社团的 $E-k$ 曲线(多节点)

由图 7-24 和图 7-25 可知,蓄意攻击和随机攻击时,E 值随 k 值的增大而减小。在图 7-24 中,不同 G 值对应的 $E-k$ 曲线差别很大。当 $G=1$ 且 $k\approx0.5$ 时,E 值降为 0,网络中再无失效节点产生;当 $G=7$ 时,k 值需要大于 1.4 才能超出临界阈值的范围,不至于使所有节点都级联失效。图 7-25 中,同样 k 值对应的 E 值之间的差距也很明显。这说明了网络鲁棒性对攻击节点的个数非常敏感,即同一时间攻击多个节点,攻击节点数越多,级联失效作用越强烈,对网络的破坏程度越高，网络鲁棒性越差。

以上蓄意攻击是针对整个网络中的初始负载最高的几个节点进行攻击。若攻击源节点都集中在某一社团内，则对网络鲁棒性的影响与图 7-24 和图 7-25 的仿真结果相比又有哪些不同？根据图 7-21 和图 7-22 的仿真结果，本章选择单个节点失效时社团鲁棒性相对居中的 C1 社团作为研究对象，参数设置与图 7-24 和图 7-25 相同。

蓄意攻击和随机攻击时 C1 社团 E 值随 k 值的变化情况如图 7-26 和图 7-27所示。

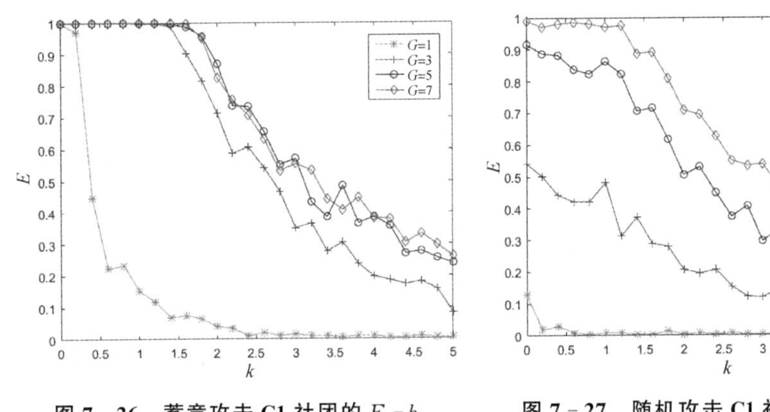

图 7-26　蓄意攻击 C1 社团的 $E-k$ 曲线(多节点)

图 7-27　随机攻击 C1 社团的 $E-k$ 曲线(多节点)

从图 7-26 和图 7-27 可以看出，同时攻击节点个数 G 越大，相同 k 值下失效比 E 值越大，说明网络的鲁棒性与同时攻击节点的个数成负相关，这和图 7-24 及图 7-25 中的结论一致。图 7-26 中，$G=1$ 时与 $G>1$ 时 $E-k$ 曲线的变化情况相差很大。当 $G=1$ 时，在 $k\approx 2.5$ 处达到无失效节点产生的临界阈值，而 $G>1$ 的临界阈值肯定都在 $k>5$ 的某处。当 $G=3$ 时 $E-k$ 曲线与 $G=5$ 和 $G=7$ 时相近，而 $G=5$ 和 $G=7$ 时 $E-k$ 曲线基本重合，这是因为随着失效节点数的增加，社团内级联失效作用变强，但与此同时级联失效作用的强度和迭代所需时间趋于饱和，这也说明了社团内爆发的级联失效作用对整个网络的影响有一个上限 G 值。与图 7-24 的结果进行对比发现，图 7-24 中中 $G=5$ 和 $G=7$ 时 $E-k$ 曲线的差异性很大，可以推断出在整个网络中挑选多个攻击节点，级联失效作用的上限 G 值要比在一个社团内高很多。

图 7-27 中，随机攻击时，不同 G 值的 $E-k$ 曲线相互之间差别较大。结合图 7-26 中得出的结论，说明随机攻击时社团内级联失效作用对整个网络影响的上限 G 值要比蓄意攻击时高。与图 7-25 对比发现，相同 G 值和相同 k 值

时，图 7 - 27 中 E 值普遍要比图 7 - 25 中高一些，这说明随机攻击多节点时，C1 社团的鲁棒性要比整个网络的鲁棒性差一些，这是因为与社团的选择有关，若选择节点平均初始负载较低的社团（比如 C6 社团），其鲁棒性就会比整个网络的鲁棒性要好一些。

本节主要研究了蓄意攻击和随机攻击策略下卫星网路拓扑结构鲁棒性和基于节点负载的鲁棒性两个方面的内容。针对拓扑结构鲁棒性评估问题，首先，设计了拓扑结构鲁棒性评估算法；其次，根据网络节点分布情况和整体结构特征，设置了度攻击、头节点攻击和介数攻击三种具体攻击方式；最后，通过对极大连通子图比例、平均路径长度、网络连通效率，以及模块度量值等评估指标的变化分析网络拓扑结构的鲁棒性。通过仿真得出的结论如下：

1）网络拓扑结构对随机攻击鲁棒，对蓄意攻击脆弱。

2）头节点在整个网络中处于最关键位置，是维系网络整体结构完整性最重要的节点。

3）介数是除几个最关键头节点之外，对整个网络鲁棒性最为敏感的参数。攻击介数越高，网络结构越脆弱，攻击介数越低，网络结构越鲁棒。

4）节点度作为另一个描述网络结构的参数，同等攻击强度下，度攻击的鲁棒性要好于头节点攻击和介数攻击。

针对基于节点负载的鲁棒性评估问题，首先，提出一种初始负载、容忍负载和临界负载三个阶段节点失效模型。其次，以度和介数共同定义节点初始负载，根据社团结构特征，提出对头节点附加二次负载，同时采用局部相邻节点分配策略处理失效节点负载，并提出用转移比约束失效节点负载在社团内和社团间的分配过程。最后，采取蓄意攻击和随机攻击策略对网络进行攻击，通过失效比、临界负载参数等评估指标的变化分析网络拓扑结构的鲁棒性。通过仿真得出的结论如下：

1）在同一参数下，随机攻击时网络鲁棒，蓄意攻击时网络脆弱。

2）蓄意攻击时，初始节点负载越高，网络越脆弱。

3）给头节点附加二次负载，蓄意攻击时头节点会成为“爆发点”，引起严重的级联失效作用。

4）将失效节点负载重分配策略控制在某一个社团内，会形成雪崩效应，引发整个网络级联失效。

5）设置容忍负载和临界负载两个阶段节点的负载上限能有效提升网络的鲁棒性。

6）社团内节点连接越均匀，节点耦合程度越高，网络越鲁棒。

7）同时攻击节点数越多，级联失效作用越强，网络鲁棒性越差，但蓄意攻击级联失效作用对整个网络的影响有一个攻击节点数的上限值，且单个社团内的上限值比整个网络的上限值低很多。

7.2　基于社团结构的卫星网络病毒传播评估分析

在卫星网络固有开放的通信环境中，网络节点之间的连接采用星间链路，具有天然的暴露性。破坏者会运用各种信息攻击手段对网络节点进行压制、干扰和破坏，具体手段包括向网络节点中注入病毒或木马等导致节点的信息被截获、干扰、篡改、删除等。因此，有必要对病毒在卫星网络中传播过程展开深入研究，只有深入了解病毒的传播机理，才能对病毒的传播与危害状况做出准确的预测，采取有效措施防止或降低危害。

建立适当的数学模型是研究病毒的传播机理和预测病毒发展变化趋势的重要方法之一。首先，根据病毒在传播过程中由于自身特性而引起节点状态的变化，同时考虑人为应对措施，以及网络节点自身的防御策略等情况，提出基于SIR 改进模型的无潜伏期和有潜伏期两种卫星网络病毒传播模型；其次，根据传播模型以及状态转换过程，得出相应的动力学微分方程组，并推导出两种模型的动力学平衡点；最后，通过在卫星网络中对病毒传播过程进行模拟仿真，得出相关结论。

7.2.1　无潜伏期病毒传播模型

1.无潜伏期病毒传播过程描述

在传统的 SIR 模型中，感染节点为传播的源头，通过一定概率 α 将病毒传播给易感节点，同时感染节点本身以一定概率 β 变为免疫节点。由此，SIR 模型的传播机制可以描述如下：

$$\left.\begin{aligned} & S(i)+I(j)\xrightarrow{\alpha}I(i)+I(j) \\ & I(i)\xrightarrow{\beta}R(i) \end{aligned}\right\} \tag{7-12}$$

假设时刻 t 系统处于易感状态、感染状态和免疫状态的节点的密度分别为 $s(t)$ 、$i(t)$ 和 $r(t)$ 。当易感节点和感染节点充分混合时，SIR 模型的动力学行为可以描述为如下的微分方程组：

$$\left.\begin{aligned}\frac{\mathrm{d}s(t)}{\mathrm{d}t}&=-\alpha i(t)s(t)\\\frac{\mathrm{d}i(t)}{\mathrm{d}t}&=\alpha i(t)s(t)-\beta i(t)\\\frac{\mathrm{d}r(t)}{\mathrm{d}t}&=\beta i(t)\end{aligned}\right\}\tag{7-13}$$

随着时间的推移,上述模型中的感染节点逐渐增加。但是,经过充分长的时间后,因为易感节点的不足使得感染节点开始减少,直至感染节点变为0,传播过程结束。

从上述传统的SIR模型中可以看出,病毒自身特性使得节点感染病毒,同时向更多的易感节点传播,而节点自身抵抗病毒的能力或人为干预措施使感染节点向免疫节点转变。因此,文中在构建传播模型之前先定义研究的病毒特性如下:能自动识别目标节点,通过网络节点间的星间链路从已被感染的节点扩散到未被感染的节点,突出病毒传播性、爆发性,不考虑病毒物理破坏性(节点在一定概率内可被修复)。同时考虑节点自身免疫策略和人为应对措施等情况将网络节点的状态设置为四种,即易感状态节点(Complete and Risky,CR)、感染状态节点(Infected Node,IN)、修复状态节点(Repair Status,RS)和免疫状态节点(Complete Unaffected,CU)。

1)CR态—IN态。假设单位时间 $\lambda \geqslant 0$ 内一个易感节点与一个被病毒感染的节点接触(连通)的次数称为接触率,它依赖于网络中节点的总数 。设每一次网络中节点接触而被感染的概率为 $C(i)=(1+k)R(i)$,则有效传播率就是 k 。关治洪[10]等学者的研究结果表明,接触率 U_N 与网络节点平均度 k 成正比,因此,有 $U_N=\alpha_2 k$ 。同时在任意时刻 t ,网络中处于IN态的数量为 $IN(t)$,则此时网络中新增加的感染节点数为:

$$\alpha_1 U_N \cdot \frac{CR(t)\cdot IN(t)}{N(t)}=\alpha_1\alpha_2 k\,\frac{CR(t)\cdot IN(t)}{N(t)}=\alpha_1\alpha_2 k\cdot CR(t)\cdot IN(t)/N \tag{7-14}$$

2)IN态—CU态。被病毒攻击后的部分感染节点自身的防御策略生效,清除病毒且拥有了对该病毒的免疫能力,因此,直接转换为CU态,参数 θ 为IN态转换为CU态的概率。

3)IN态—RS态。被病毒攻击后的部分感染节点自身的防御策略失效,无法清除该病毒,需要对被感染的节点进行重启、更新防火墙等人为修复措施,参数 β 为IN态转换为RS态的概率。

4)RS态—CU态。被感染的节点经过人为修复措施后,部分节点会恢复其完整功能且对该病毒有了免疫能力,参数 γ 为RS态转换为CU态的概率。

5)CU 态—CR 态。由于病毒变异或其他原因导致已经免疫的节点在防御病毒过程中,免疫效率逐渐降低,最终导致免疫失效,节点再次成为 CR 态,参数 δ 为 CU 态免疫作用失效而转换成 CR 态的概率。

2.无潜伏期病毒传播模型

假设在病毒传播过程中,网络内节点总数 N 保持不变,即没有添加或删除的节点。则根据上述节点状态属性和节点之间状态转换的描述,绘制出无潜伏期病毒传播节点状态转换过程如图 7-28 所示。

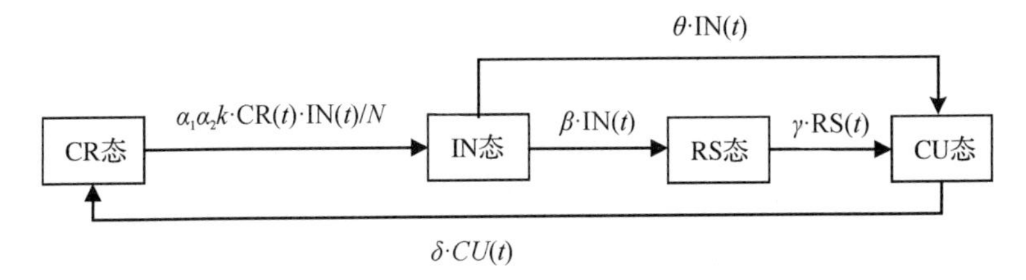

图 7-28　无潜伏期病毒传播节点状态转换过程

令时刻 t 网络中处于易感状态、感染状态、修复状态和免疫状态的节点个数分别为 $CR(t)$、$IN(t)$、$RS(t)$、$CU(t)$,根据传播的动力学过程建立传播动力学微分方程组(传播模型)如下:

$$\left.\begin{aligned}
&\frac{\mathrm{d}CR(t)}{\mathrm{d}t}=-\alpha_1\alpha_2 k\cdot CR(t)\cdot IN(t)/N+\delta\cdot CU(t)\\
&\frac{\mathrm{d}IN(t)}{\mathrm{d}t}=\alpha_1\alpha_2 k\cdot CR(t)\cdot IN(t)/N-\beta\cdot IN(t)-\theta\cdot IN(t)\\
&\frac{\mathrm{d}RS(t)}{\mathrm{d}t}=\beta\cdot IN(t)-\gamma\cdot RS(t)\\
&\frac{\mathrm{d}CU(t)}{\mathrm{d}t}=\theta\cdot IN(t)+\gamma\cdot RS(t)-\delta\cdot CU(t)\\
&CU(t)+IN(t)+RS(t)+CU(t)=N
\end{aligned}\right\}\tag{7-15}$$

3.传播模型稳定性分析

令 $CU(t)=N-CR(t)-IN(t)-RS(t)$,则有

$$\left.\begin{aligned}
&\frac{\mathrm{d}CR(t)}{\mathrm{d}t}=-\alpha_1\alpha_2 k\cdot CR(t)\cdot IN(t)/N+\delta\cdot(N-CR(t)-IN(t)-RS(t))\\
&\frac{\mathrm{d}IN(t)}{\mathrm{d}t}=\alpha_1\alpha_2 k\cdot CR(t)\cdot IN(t)/N-\beta\cdot IN(t)-\theta\cdot IN(t)\\
&\frac{\mathrm{d}RS(t)}{\mathrm{d}t}=\beta\cdot IN(t)-\gamma\cdot RS(t)
\end{aligned}\right\}\tag{7-16}$$

令 $\mathrm{d}CR(t)/\mathrm{d}t=0,\mathrm{d}IN(t)/\mathrm{d}t=0,\mathrm{d}RS(t)/\mathrm{d}t=0$，其中 $\{CR(t),IN(t),RS(t)\}\in D_1=\{(CR(t),IN(t),RS(t)\mid 0\leqslant CR(t)\leqslant N,0\leqslant IN(t)\leqslant N,0\leqslant RS(t)\leqslant N$，且 $CR(t)+IN(t)+RS(t)\leqslant N\}$。代入到方程组(7-16)中，得出两组解：

$$\left.\begin{aligned}&M_1(CR_1,IN_1,RS_1)=(N,0,0)\\&M_2(CR_2,IN_2,RS_2)=\left(\frac{N(\beta+\theta)}{\alpha_1\alpha_2 k},\frac{N(\alpha_1\alpha_2 k-\beta-\theta)\gamma\delta}{\alpha_1\alpha_2 k(\gamma\delta+\beta\delta+\gamma\beta+\gamma\theta)},\right.\\&\qquad\left.\frac{N(\alpha_1\alpha_2 k-\beta-\theta)\beta\delta}{\alpha_1\alpha_2 k(\gamma\delta+\beta\delta+\gamma\beta+\gamma\theta)}\right)\end{aligned}\right\}\tag{7-17}$$

则推导出基本再生数[11]如下：

$$R_0=CR_1/CR_2=\frac{\alpha_1\alpha_2 k}{\beta+\theta}\tag{7-18}$$

由 Routh - Hurwitz 稳定性判据[12-13]得出，当 $0<R_0<1$ 时，方程组(7-16)在限定范围域 D_1 内有唯一的无病毒平衡点 M_1；当 $R_0\geqslant 1$ 时，方程组(7-16)在限定范围域 D_1 内既存在无病毒平衡点 M_1，也存在有病毒平衡点 M_2。

定理 1 当 $0<R_0<1$，方程组(7-16)在限定范围域 D_1 内有唯一的无病毒平衡点 M_1，而且是全局渐进稳定；当 $R_0\geqslant 1$ 时，无病毒平衡点 M_1，不稳定。

证明 将 M_1 的值代入方程组(7-16)中，得

$$\left.\begin{aligned}&P_{(M_1)}=-\alpha_1\alpha_2 k\cdot CR(t)\cdot IN(t)/N+\delta\cdot[N-CR(t)-IN(t)-RS(t)]\\&Q_{(M_1)}=\alpha_1\alpha_2 k\cdot CR(t)\cdot IN(t)/N-\beta\cdot IN(t)-\theta\cdot IN(t)\\&W_{(M_1)}=\beta\cdot IN(t)-\gamma\cdot RS(t)\end{aligned}\right\}\tag{7-19}$$

上述方程组的雅可比矩阵 $\boldsymbol{G}$ 如下：

$$\boldsymbol{G}=\begin{bmatrix}\frac{\partial P_{(M_1)}}{\partial CR}&\frac{\partial P_{(M_1)}}{\partial IN}&\frac{\partial P_{(M_1)}}{\partial RS}\\\frac{\partial Q_{(M_1)}}{\partial CR}&\frac{\partial Q_{(M_1)}}{\partial IN}&\frac{\partial Q_{(M_1)}}{\partial RS}\\\frac{\partial W_{(M_1)}}{\partial CR}&\frac{\partial W_{(M_1)}}{\partial IN}&\frac{\partial W_{(M_1)}}{\partial RS}\end{bmatrix}=\begin{bmatrix}-\alpha_1\alpha_2 k\cdot IN(t)/N-\delta-\alpha_1\alpha_2 k\cdot CR(t)/N-\delta-\delta\\\alpha_1\alpha_2 k\cdot IN(t)/N\alpha_1\alpha_2 k\cdot CR(t)/N-\beta-\theta 0\\0\beta-\gamma\end{bmatrix}\tag{7-20}$$

则方程组(7-16)在 M_1 处的雅可比行列式 $\boldsymbol{G}_{M_1}$ 如下：

$$p_t(i)\boldsymbol{G}_{M_1}=\begin{vmatrix}-\delta-\alpha_1\alpha_2 k-\delta-\delta\\0\alpha_1\alpha_2 k-\beta-\theta 0\\0\beta-\gamma\end{vmatrix}\tag{7-21}$$

式(7-21)的特征多项式如下：

$$|\lambda E-\boldsymbol{G}_{M_1}|=\begin{vmatrix}\lambda+\delta\alpha_1\alpha_2k+\delta\delta\\0\lambda-\alpha_1\alpha_2k+\beta+\theta 0\\0-\beta\lambda+\gamma\end{vmatrix}\tag{7-22}$$

对特征多项式求解，可得到特征根为$\lambda_1=-\delta,\lambda_2=\alpha_1\alpha_2k-\beta-\theta,\lambda_3=-\gamma$，显然$\lambda_1<0,\lambda_3<0$，当$0<R_0<1$时，将$R_0=\alpha_1\alpha_2k/(\beta+\theta)$代入到$\lambda_2=\alpha_1\alpha_2k-\beta-\theta$中，可知$\lambda_2<0$，三个特征根都是负根。当$R_0\geqslant 1$时，$\lambda_2\geqslant 0$，三个特征根异号。根据 Routh - Hurwitz 稳定性判据，当$0<R_0<1$时，无病毒平衡点M_1，是全局渐进稳定；当$R_0\geqslant 1$时，无病毒平衡点M_1，不稳定。证毕。

定理 1 的结果说明，当攻击网络，病毒的传播能力较弱，没有超出整个网络所有节点的防御能力上限时，虽然病毒在整个网络中会感染一些节点，但随着时间推移，最终在网络内只剩下 CR 态，其他状态类型的节点都将在网络中消失。

定理 2　当$R_0\geqslant 1$时，方程组(7 - 16)在限定范围域D_1内不仅存在无病毒平衡点M_1，而且存在有病毒平衡点M_2，且M_2是渐进稳定的。

证明　同定理 1 的证明过程，此处省略部分推导过程。平衡点M_2的雅可比行列式表示为：

$$\boldsymbol{G}_{M_2}=\begin{vmatrix}-\dfrac{(\alpha_1\alpha_2k-\beta-\theta)\gamma\delta}{\gamma\delta+\beta\delta+\gamma\beta+\gamma\theta}-\delta-\beta-\theta-\delta-\delta\\\dfrac{(\alpha_1\alpha_2k-\beta-\theta)\gamma\delta}{\gamma\delta+\beta\delta+\gamma\beta+\gamma\theta}00\\0\beta-\gamma\end{vmatrix}\tag{7-23}$$

则特征多项式如下：

$$|\lambda E-\boldsymbol{G}_{M_2}|=\begin{vmatrix}\lambda+\dfrac{(\alpha_1\alpha_2k-\beta-\theta)\gamma\delta}{\gamma\delta+\beta\delta+\gamma\beta+\gamma\theta}+\delta\beta+\theta+\delta\delta\\-\dfrac{(\alpha_1\alpha_2k-\beta-\theta)\gamma\delta}{\gamma\delta+\beta\delta+\gamma\beta+\gamma\theta}\lambda 0\\0-\beta\lambda+\gamma\end{vmatrix}\tag{7-24}$$

对应的特征方程为$\lambda^3+m_1\lambda^2+m_2\lambda+m_3=0$。求出特征根如下：

$$\left.\begin{aligned}m_1&=\frac{(\alpha_1\alpha_2k-\beta-\theta)\gamma\delta}{\gamma\delta+\beta\delta+\gamma\beta+\gamma\theta}+\delta+\gamma\\m_2&=\frac{(\alpha_1\alpha_2k-\beta-\theta)\gamma\delta}{\gamma\delta+\beta\delta+\gamma\beta+\gamma\theta}(\beta+\theta+\delta+\gamma)+\gamma\delta\\m_3&=(\alpha_1\alpha_2k-\beta-\theta)\gamma\delta\end{aligned}\right\}\tag{7-25}$$

因为$R_0=\alpha_1\alpha_2k/(\beta+\theta)$，且$R_0>1$，即$\alpha_1\alpha_2k>(\beta+\theta)$，所以可以得出$m_1,m_2,m_3$均大于 0，且经过计算得$\Delta=\begin{vmatrix}m_1&1\\m_3&m_2\end{vmatrix}=m_1m_2-m_3>0$。同样根据

Routh－Hurwitz 稳定性判据，当 $R_0 \geqslant 1$ 时，感染平衡点 M_2 是渐进稳定的。证毕。

定理 2 的结果说明，当病毒的传播能力很强，超出整个网络所有节点的防御能力上限时，所有状态类型的节点将会以一定比例稳定地存在于网络中。

4.稳定性仿真分析

设置仿真网络节点总数为 $N=237$，初始时刻各个状态节点数量分别为 $CR=217$，$IN=20$，$RS=0$，$CU=0$。图 4－1 中状态转换参数分别为 $\alpha_1=0.1$，$\alpha_2=1$，网络平均度 $k=6.5$，$\beta=0.4$，$\theta=0.3$，$\gamma=0.5$，$\delta=0.8$，仿真时间步长设为 0.01。此时计算出基本再生数 $R_0=\alpha_1\alpha_2k/(\beta+\theta)=0.93$，同样可以计算出无病毒平衡点 $M_1=(237,0,0,0)$ 。经过 1 000 次稳定性仿真，结果如图 7－29 和图 7－30 所示。

从图 7－29 和图 7－30 可以看出，CR 态数量先减小后增加，最后达到平稳状态，IN 态数量迅速减小最终趋向为 0，RS 态和 CU 态数量在较短时间内迅速增大到峰值，随后减小最终趋向为 0。具体来说，当 $t=2.76$ 时，$CR=203.57$，达到最小值。当 $t=3.54$ 时，$RS=10$，达到最大值。当 $t=4.12$ 时，$CU=10.51$，达到最大值。而 IN 态无极值，这是因为 CR 态向 IN 态转换的概率 $\alpha_1\alpha_2k/N\approx 0.003$ ，远小于 IN 态向其他状态转换的概率，IN 态转换在整个仿真时间内“入不敷出”，因此，IN 态数量一直减小并趋向为 0。假设仿真时间足够长，IN 态、RS 态、CU 态都将在网络中消失，网络中只剩下 CR 态，此时 $M_1=(237,0,0,0)$ ，达到平衡状态。同时还可以看出，各个节点的极值所用时间先后顺序为 CR—RS—CU，符合节点状态转换的方向和逻辑顺序。

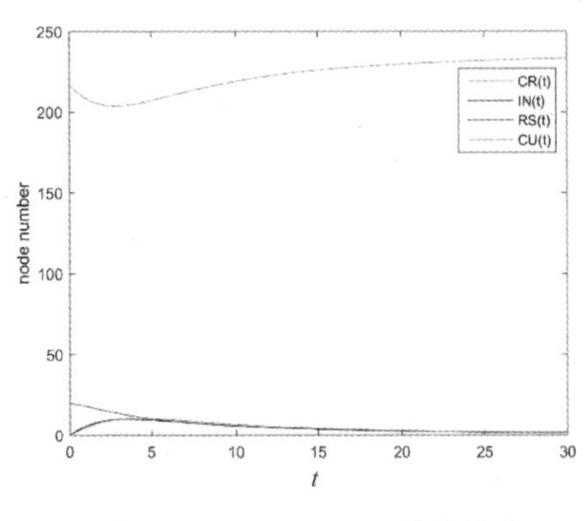

图 7－29　$R_0=0.93$ 各状态节点变化情况

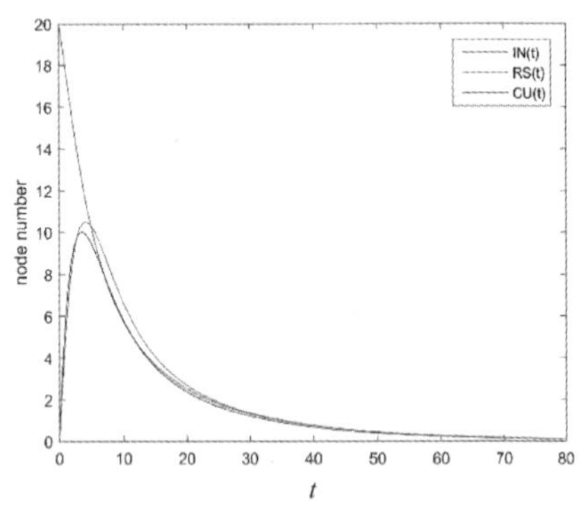

图 7－30　$R_0=0.93$ 各状态节点变化情况（局部放大）

另设置接触率 $\alpha_1=0.2$,其余参数设置保持不变。此时可以计算出基本再生数 $R_0=\alpha_1\alpha_2 k/(\beta+\theta)=1.86>1$,同样可以计算出有病毒平衡点 $M_2=(127.62,40.89,32.71,35.78)$ 。经过 1 000 次稳定性仿真,结果如图 7－31 所示。

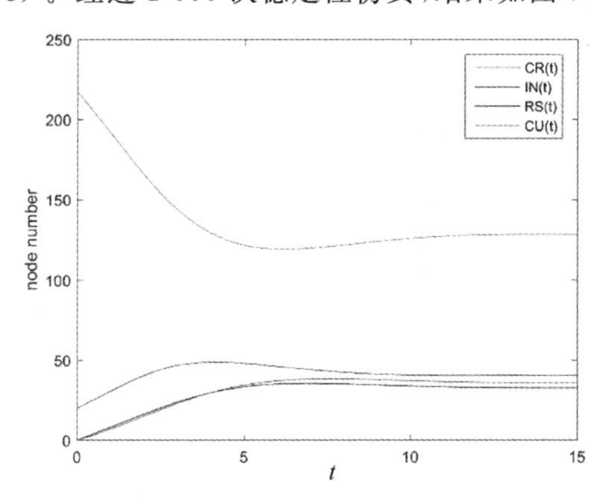

图 7－31　$R_0=1.86$ 各状态节点变化情况

由图 7－31 可知,在整个仿真过程中,CR 态数量变化最大,当 $t=6.21$ 时,$CR=119.04$,达到最小值。IN 态数量变化最小,当 $t=4.15$ 时,$IN=48.80$,达到最大值,随后缓慢降低。RS 态和 CU 态数量从零开始变化,其中当 $t=6.91$ 时,$RS=35.34$,达到最大值,随后缓慢降低;当 $t=7.57$ 时,$CU=38.11$,达到最大值,随后缓慢降低。随着仿真时间 t 向前推移,四种状态节点数量都逐渐趋于稳定,假设仿真时间足够长时,最终整个网络各状态稳定在 $M_2=(127.62,40.89,32.71,35.78)$ 处。此时网络中四种状态都将存在,即病毒将一直在网络中持续传播,达到动态平衡。

5.卫星网络病毒传播仿真评估

病毒传播本身的动力学性质和网络拓扑结构共同决定了病毒的传播行为和传播过程[14],而前文中定理的证明过程,是将整个网络看成小世界网络来进行的,即假设网络中每个节点的度 k_i 都近似等于网络的平均度 k 。在卫星网络中,与计算机网络、社会网络等这些节点数众多的无标度网络相比,前者的节点数量相对较少,节点之间相互连接组成网络的相互关系也较为简单。同时文中构建的卫星网络是一个由多个社团组成具有小世界效应的网络结构,每个社团中度分布比较均匀,只有少数头节点度相对较大。因此,假定网络中易感节点接触已感染节点的概率与整个网络节点的平均度 k 成正比。确定完接触率后,将传播模型应用到具体的网络结构中,暂不考虑各个节点自身的属性特征,默认每个节点在病毒传播过程中的行为性质相同，即病毒是在一个无特定方向和无权重的网络中进行传播的。通过设置不同传播源节点和设置不同状态转换参数，研究病毒在网络中传播的动力学过程、传播规律和稳定性，并对仿真结果进行分析评估。

(1)不同源节点对传播的影响。在研究病毒传播之前，需要先确定传播的源节点，而最能体现多社团网络结构特征的就是头节点，因此，首先，选取每个社团中编号为1的节点(头节点中权重最大的节点)作为传播源节点，研究这6个头节点对病毒传播的影响；其次，为了与头节点形成对比，在每个社团中随机选取一个其他节点(非头节点)作为传播源，研究每个社团网络中普通节点对传播过程的影响；最后，为了形成对病毒传播规模的直观认识，分别设置整个网络中度最大节点、度最小节点和随机节点，研究病毒传播的最大、最小和平均规模。

除传播源节点之外，还需要确定评估指标。在病毒传播过程中，主要关注两种状态和两个量。两种状态分别是IN态、CU态，两个量分别是IN态和CU态的稳态密度(病毒传播和免疫的规模)和某时刻传播的最大密度(病毒传播和免疫的峰值)。通过这两种状态和两个量来刻画和反映网络结构中不同源节点对病毒传播的影响。

在对不同传播源节点进行仿真时，传播模型中的状态转换参数必须保持不变。设置状态转换参数为$\alpha_1=0.1$，$\alpha_2=0.4$，$\beta=0.4$，$\theta=0.3$，$\gamma=0.5$，$\delta=0.8$，网络平均度k根据具体生成的网络确定。为消除偶然性，得出具有普遍意义的结果，本文先生成100个网络，然后再对每个网络进行1 000次仿真，最后的仿真结果取总体的平均值。

1)每个社团编号为1的节点为传播源时对传播过程的影响。每个社团编号为1的节点为传播源时IN态和CU态密度随仿真时间的变化情况如图7-32和图7-33所示。从图中看出：所有社团编号为1的节点的IN态密度随仿真时间t的增加都经历了先快速上升再平稳最后达到稳态的过程。在$\rho-IN-t$和$\rho-CU-t$曲线上升阶段，C4社团曲线的斜率要比其他社团高一些，但在仿真结束前与其他社团的曲线重合并达到稳态。C6社团的IN态和CU态的峰值密度、稳态密度等在仿真时间内比其他社团都要低。分析上述$\rho-IN\sim t$曲线变化原因，可以发现：

①在IN态和CU态密度达到稳态前，传播源节点的度越大，相同仿真时间内IN态和CU态的密度越高。作为每个社团中度最大的节点，头节点的权重越大，与其他社团节点连接数也就越多，病毒就有更多的路径进行传播，能在最初

传播阶段使更多的 CR 态转换成 IN 态，同样也就有更多的节点转换成 CU 态。因此，C4 社团编号为 1 的节点的 $\rho-IN-t$ 和 $\rho-CU-t$ 曲线的斜率要比其他社团高一些。

②传播源节点的度有一个上限，当其他源节点的度小于该上限时，IN 态和 CU 态的峰值密度和最后的稳态密度，都相应会有所降低。但当不同源节点的度都超过这个上限时，最终的所有源节点的稳态密度都会趋向于同一个值（图 7-32和图 7-33 中 C1～C5 社团对应的 IN 态和 CU 态的稳态密度在仿真结束时趋于 0.2 和 0.132）。

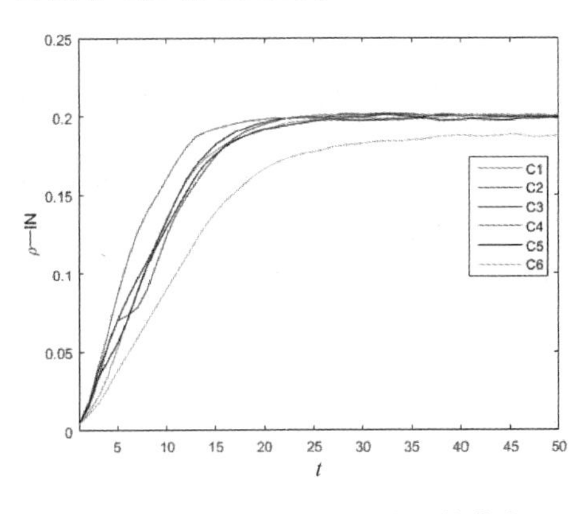

图 7-32　不同社团编号为 1 的节点 $\rho-IN-t$ 曲线图

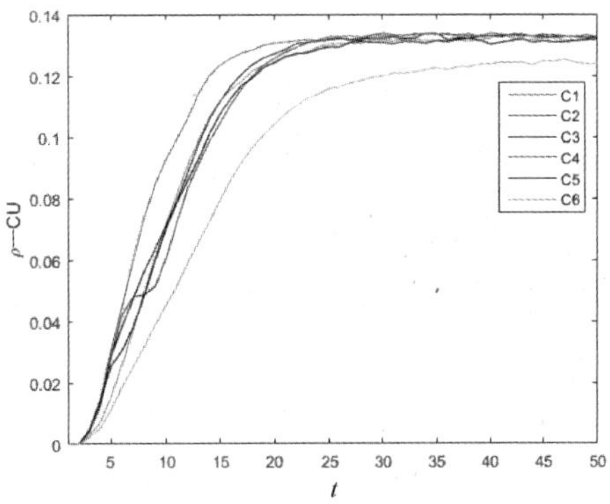

图 7-33　不同社团编号为 1 的节点 $\rho-CU-t$ 曲线图

2）每个社团随机节点为传播源时对传播过程的影响。由图 7-34 和图 7-35可知，C1～C5 社团中随机节点的 IN 态和 CU 态密度曲线变化趋势与图 7-32和图 7-33 中的结果基本相同，不同之处在于：C4 社团曲线的斜率在上升阶段与其他社团相比，区分度减小。C6 社团的 IN 态和 CU 态的峰值密度（0.153）和稳态密度（0.102）与图 7-32 和图 7-33 的结果（0.183 和 0.123）相比均有所降低。分析出现上述不同的原因，可以发现：

①不同社团随机传播源节点（不包括 C6 社团），对 IN 态和 CU 态密度变化的影响较小。这是因为这些社团内的节点平均度（见表 4-11）虽然有差别，但都大于或等于传播源节点度的上限值，所以这些社团的 IN 态和 CU 态密度变化曲线基本相同。

②C6 社团中节点的平均度是所有社团中最小的，且随机挑选的节点度比本社团的头节点度还要小，没有达到上限值。这说明社团内节点平均度没有超过上限值时，平均度越低，IN 态和 CU 态的密度就变得更低。

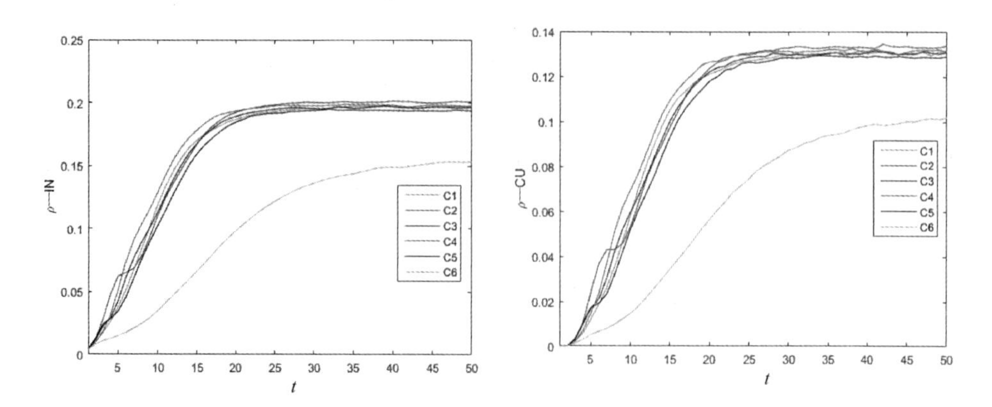

图 7-34　不同社团随机节点 $\rho-IN-t$ 曲线图图 7-35　不同社团随机节点 $\rho-CU-t$ 曲线图

3)传播规模分析。书中选取整个网络中度最大的节点、度最小的节点和随机节点分别作为传播源。用度最大的节点为传播源来模拟最强传播过程,同样以最小节点为传播源来模拟最弱传播过程,用随机节点来模拟平均强度传播过程。

以三种不同度为传播源节点的 IN 态和 CU 态密度随仿真时间的变化情况如图 7-36 和图 7-37 所示。从图中可以看出,以最大度为传播源节点,最终 IN 态和 CU 态峰值密度和稳态密度分别为 0.201 和 0.135 左右;以最小度为传播源节点,两种状态的峰值密度和稳态密度约分别为 0.157 和 0.105;然而以随机源节点为传播源,最终的峰值密度和稳态密度分别为 0.198 和 0.133,非常接近 0.201 和 0.135,即整个网络病毒的平均传播规模非常接近以最大度节点为传播源时的传播规模。

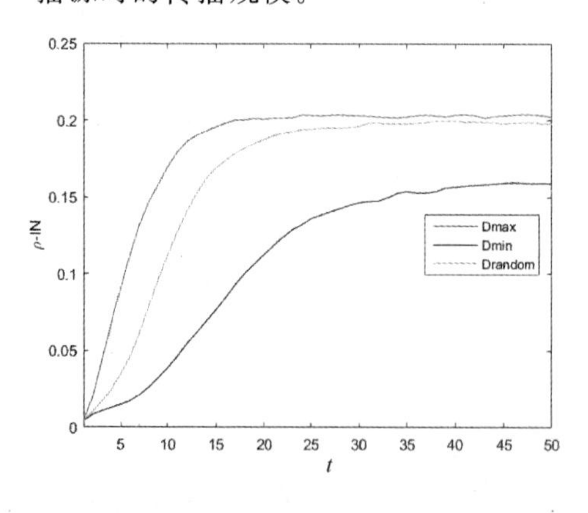

图 7-36　传播规模 $\rho-IN-t$ 曲线图

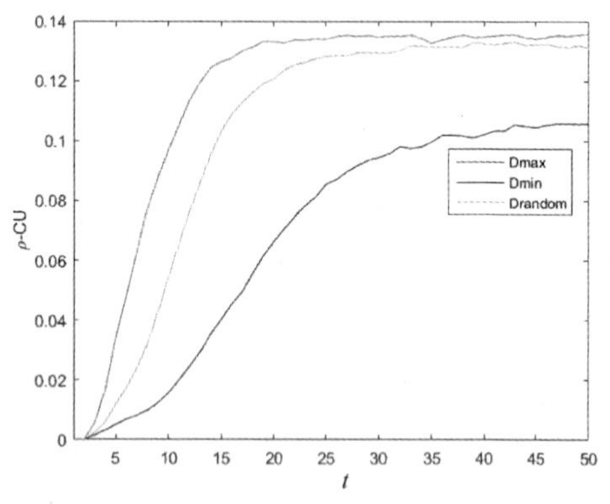

图 7-37　传播规模 $\rho-CU-t$ 曲线图

唯一的解释是，整个网络平均度 k 就是这个上限值，因为仿真结果是多次求平均值得出的，随机节点在多次仿真中度的期望值就是整个网络的平均度 k 。根据前面两个小节的仿真结果，C1～C5 社团中无论是每个社团度最大的节点还是这些社团中的随机节点，IN 态和 CU 态的峰值密度和稳态密度基本都相同，而这些社团内节点度值均达到或超过了 k ，因此得出和前两个小节相同的结论：当传播源节点的度达到或超过 k 时，IN 态和 CU 态的密度将稳定在一个恒定值，这个恒定值是在一定状态转换参数下 IN 态和 CU 态密度在网络中存在的最大值。

(2)多传播源节点对传播的影响。在网络实际运行过程中，破坏者的信息攻击很有可能同时针对多个节点，即在同一时间有多个传播源出现在网络中，会引起节点状态的剧烈变化，加快状态转换过程，给网络抵御病毒传播带来极大困难，因此，非常有必要研究多传播源在网络中的传播过程。文中挑选网络中度最大的前 20 个节点和随机 20 个节点作为初始传播源，研究在多传播源时 IN 态和 CU 态密度变化情况，状态转换参数设置和单传播源保持一致。

从图 7－38 和图 7－39 可以看出，以度最大的前 20 位节点为传播源时，IN 态和 CU 态所能达到的峰值密度分别为 0.269 和 0.18，比单传播源时(见图 7－36 和图 7－37)所能达到的峰值密度(0.201 和 0.135)要高很多。以随机 20 个节点为传播源，IN 态和 CU 态峰值密度和稳态密度基本相同，说明了峰值密度对随机挑选的多个传播源节点不敏感，对蓄意挑选的多个传播源节点比较敏感。

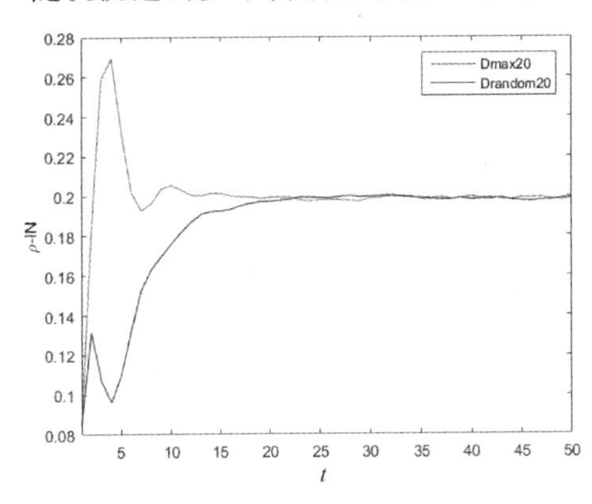

图 7－38　多传播源节点 $\rho-IN-t$ 曲线图

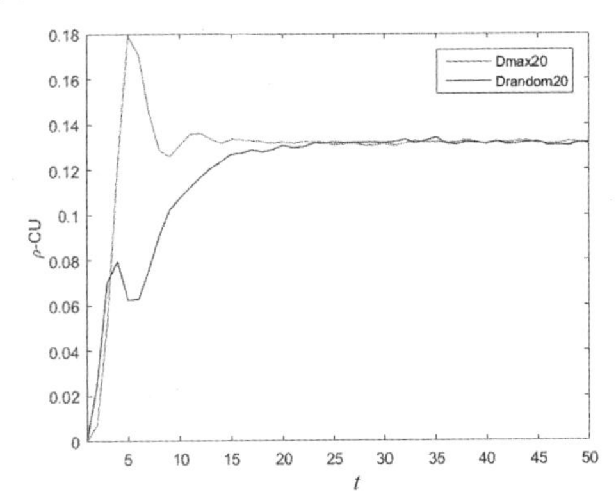

图 7－39　多传播源节点 $\rho-CU-t$ 曲线图

同时还可以明显看出，无论是以度排名前 20 位的节点为传播源还是随机 20 个节点为传播源，最终 IN 态和 CU 态的稳态密度都相等(0.2 和 0.132)，而且和图 7－36 和图 7－37 中以最大度为传播源时 IN 态和 CU 态的稳态密度值几乎相同(0.201 和 0.135)。这是因为度排名前 20 位传播源节点的平均度肯定大于 k，而随机 20 个节点的平均度期望等于 k，说明了最终传播的规模大小与起始传播源节点的个数不相关,与传播源节点的选择也不相关。同时还可以得出,在状态转换参数固定不变时,IN 态和 CU 态都只有一个各自相对应的稳态密度值,这与定理 2 所证明的内容相吻合。

(3)不同状态转换参数对传播的影响。在研究状态转换参数对传播过程的影响之前,需要先设置一个传播源。为提高不同状态转换参数仿真结果的对比度,且不失一般性,书中将传播源节点设置为 C3 社团编号为 1 的节点。

书中将进行多个对比实验,验证不同大小的状态转换参数对病毒传播的效果和网络稳定性的影响。因为状态转换过程较多,相应的状态转换参数也较多,如果采取控制变量法,对每一个参数进行分析,就需要进行很多次的对比实验。同时,状态转换过程是一个整体联动变化的过程,一个参数无法全面描述这种整体性的联动变化,需要多个参数同趋向变化,才能更加合理、高效地描述整个状态转换过程。因此,将状态转换过程中指向某种状态的参数之和定义为该状态输入参数(比如 CR 态到 IN 态,表示 CR 态指向 IN 态),将该状态所有指向其他状态的参数之和定义为输出参数,将输入参数与输出参数的比值作为描述该状态的新指标。

根据图 7-28 所示,IN 态的输入参数为 αk，其中 $\alpha = \alpha_1 \alpha_2 / N$，设置四组对比数据 $\alpha k = 0.02k, 0.04k, 0.08k, 0.16k$。输出参数为 $\beta + \theta$，同样设置 4 组数据进行对比分析 $\beta + \theta = 0.9, 0.7, 0.5, 0.3$,则新指标为 $in = \alpha k / (\beta + \theta) = 0.2k/9$, $0.4k/7, 0.8k/5, 1.6k/3$;CU 态的输入参数为 $\gamma + \theta$,$\gamma + \theta = 0.2, 0.4, 0.6, 0.8$。输出参数为 δ,$\delta = 0.8, 0.6, 0.4, 0.2$,则新指标为 $cu = (\gamma + \theta)/\delta = 0.25, 0.67, 1.5, 4$。

1)不同 E 值对传播过程的影响

从图 7-40 中可以看出,输入参数 αk 越大,输出参数 $\beta + \theta$ 越小,则 in 越大,对应的 IN 态密度就越大。不同 in 值时,在仿真时间内整个网络 IN 态密度都能达到一个稳态值,in 值越高,最终的稳态密度就越高。当 in 足够小时,病毒很难在网络中传播,IN 态密度趋向为 0,即网络中再无 IN 态存在,这与定理 1 和定理 2 的结论一致。当稳态密度大于 0 时,in 值越大,$\rho - IN - t$ 曲线达到峰值的时间就越短,且达到峰值后波动越剧烈。这是因为影响节点状态变化的动力学源头是 IN 态,其传播能力与输入参数呈正相关,输入参数越大,IN 态的传播能力越强,相同时间内 CR 态向 IN 态转换得就越多,再加上同等时间内 IN 态向 RS 态和 CU 态转换的变少,因此 in 值越大,达到峰值密度就越高且用时最短。$\rho-IN-t$ 曲线产生波动的原因如下：根据状态转换过程，一个节点由 CR 态到 CU 态需要一定的时间才能完成状态的转换，即 CR 态到 CU 态比 CR 态到 IN 态的时间要相对滞后一些。当大多数 CR 态转换为 IN 态时，由于达到峰值的时间很短，在到达峰值之前多数节点还未向 CU 态转换。当 IN 态密度达到峰值后，此时有 CU 态向 CR 态转换，CR 态向 IN 态转换的概率平衡被打破，CR 态得到补充，因此，IN 态密度开始波动下降。当 CR 态接受补充时，再次向 IN 态转换，IN 态密度再次波动上升。这样随着时间推移，网络中各状态密度在波动中逐渐稳定，并最终维持在一个稳定状态。

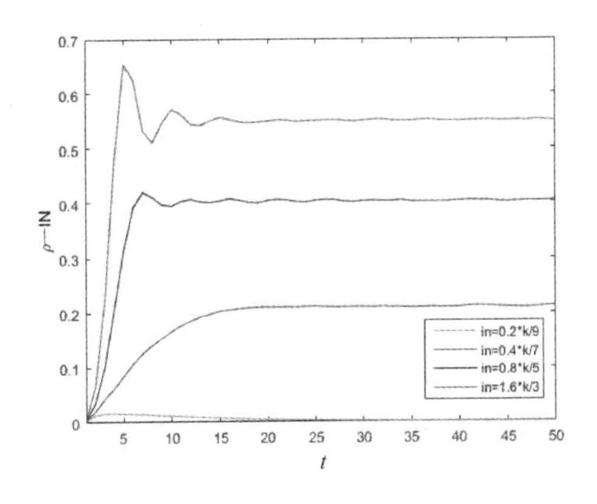

图 7-40　不同 in 值的 $\rho-IN-t$ 曲线图

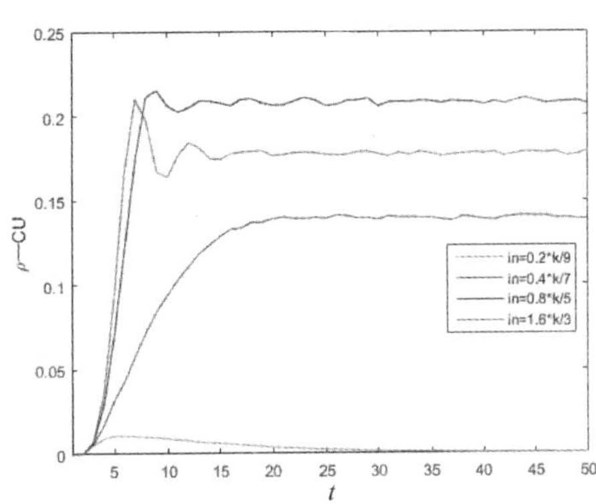

图 7-41　不同 in 值的 $\rho-CU-t$ 曲线图

图 7-41 中，CU 态密度随 in 值变化趋势与图 7-39 有所不同。首先，图 7-41中不同 in 值时的 CU 态密度达到峰值的时间都要比图 7-39 中长一些，这恰好说明了传播过程具有一定的滞后性，CU 态作为转换过程的最后一节，从第一个出现 CU 态到 CU 态密度达到峰值都是最晚的。同时还可以看出，最大 in 值对应的 CU 态密度值却不是最大，这是因为虽然 IN 态密度此时最高，但最高的 IN 态密度值对应的是最低的输出参数 $W(i)$，导致 CU 态的两个输入来向 RS-CU 和 IN-CU 的参数 $W(i)$ 变低，因此，CU 态密度无法达到最高。

2)不同 cu 值对传播过程的影响。从图 7-42 中可以看出，在相同时间 t 内，cu 值越高，网络中 CU 态峰值密度和稳态密度越高，到达峰值所用时间越短，而且 $\rho-CU-t$ 曲线在峰值附近波动越剧烈，其原因与图 7-40 中的结论相似。

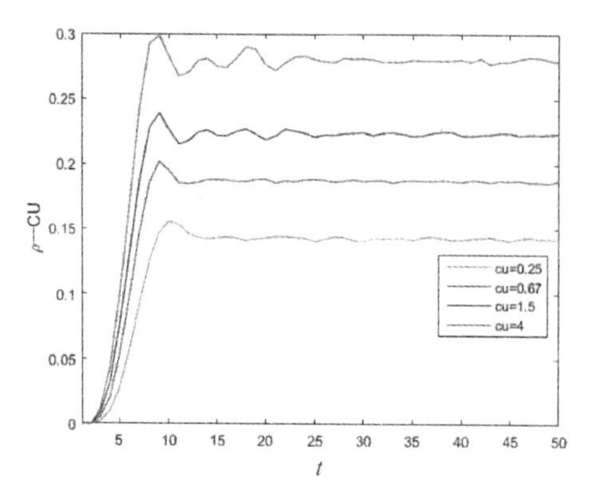

图 7-42　不同 cu 值的 $\rho-CU-t$ 曲线图

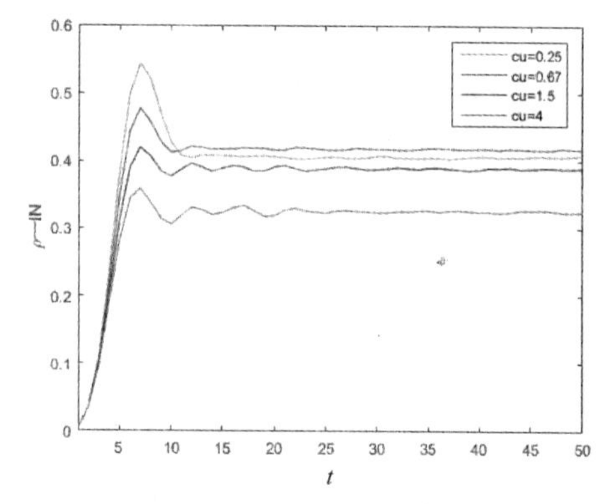

图 7-43　不同 cu 值的 $\rho-IN-t$ 曲线图

图 7-43 中不同 cu 值的 $\rho-IN-t$ 曲线的变化过程与图 7-42 中的结果正好相反，cu 值越高，网络中 IN 态峰值密度和稳态密度反而越低。这是因为 cu 值越低，CU 态的输入参数 $\gamma+\theta$ 就越低，而 CU 态的输入参数中有一半直接与 IN 态的输出参数 θ 有关，参数 θ 减小，IN 态密度相应就会增大，因此，cu 值与 IN 态密度呈负相关。但当 $cu=0.25$ 时，出现 IN 态的稳态密度不升反降的情况，这种情况同样在图 7-41 中出现。这是因为 cu 值过低，导致 CU 态向 CR 态转换太少，CR 态再转换为 IN 态就更少，同一时间 IN 态输入变少，输出增多，最终 IN 态稳态密度值就相对减小。

7.2.2　有潜伏期病毒传播模型

1.有潜伏期病毒传播过程描述

与前文无潜伏期的病毒传播过程不同，有潜伏期的病毒传播，首先，会引起病毒传播机理和流程的改变，需要建立与“潜伏”特性相一致的网络病毒传播模型。其次，加入了潜伏状态的传播过程，节点状态转换模式也将随之改变，会直接影响整个网络中病毒传播的效果，以及网络节点的稳定性。比如，潜伏期的节点可以向易感节点、感染节点之间转换，而且状态转换参数设置不同，也会影响到传播的效果。最后，加入潜伏状态会直接影响到网络节点的防御策略和应急措施，针对无潜伏期病毒防御的重启、更新防火墙等防御手段是否还能奏效等。因此，非常有必要对有潜伏期的病毒传播动力学过程进行深入研究分析。

本节研究具有潜伏期的病毒传播动力学过程，在前文无潜伏期病毒传播模型的基础上，根据病毒潜伏特性以及节点自身免疫策略和人为应对措施，将节点的状态设置为五种，即 CR 态、潜伏态（Latent State，LS）、IN 态、RS 态和 CU 态。

（1）CR 态—LS 态。在传播初始阶段，部分节点被病毒感染而进入潜伏期，与前文中病毒进入感染状态就能继续感染其他节点不同，进入潜伏期的节点不具备感染其他节点的能力。本章假设所有易感节点在接触病毒后，都是先进入潜伏状态，而后再转换为其他状态。与前文定义新增加的感染节点数方法相同，任意单位时间 t 内，新增加的潜伏态节点数量如下：

$$\alpha_1 U_N \cdot \frac{CR(t)\cdot LS(t)}{N(t)} = \alpha_1\alpha_2 k\,\frac{CR(t)\cdot LS(t)}{N(t)} = \alpha_1\alpha_2 k\cdot CR(t)\cdot LS(t)/N \tag{7-26}$$

（2）LS 态—CR 态。根据实际情况，病毒在潜伏状态下有一定的生命周期，若超过其生命周期还未被激活，则潜伏状态就会消失，此时破坏者为了掩饰其主要攻击目标不被发现，故意提前摧毁了部分潜伏状态下的病毒。因此，部分 LS 态就会重新转换成 CR 态，参数 σ 为 LS 态转换为 CR 态的概率。

（3）LS 态—IN 态。部分处于 LS 态的病毒被激活，激活后的 LS 态转换成 IN 态，参数 μ 为相应转换的概率。

（4）IN 态—RS 态、IN 态—CU 态、RS 态—CU 态和 CU 态—CR 态转换过程均与前文的定义相同。

2.有潜伏期病毒传播模型

同样假设在病毒传播过程中，网络内节点总数 k 保持不变，根据上述节点状态属性和节点之间状态转换的描述，绘制出有潜伏期病毒传播节点状态转换过程如图 7-44 所示：

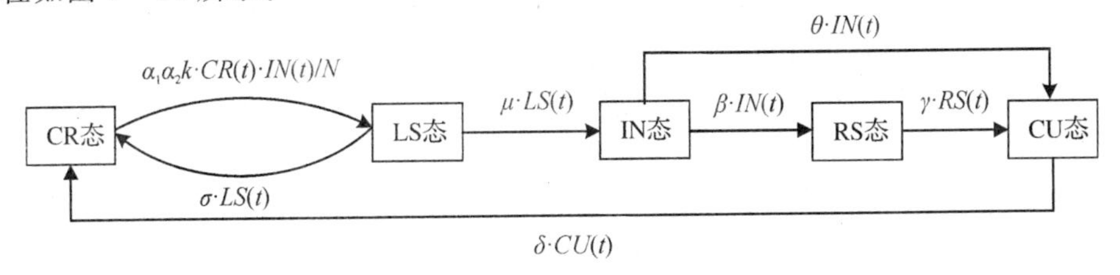

图 7-44　有潜伏期病毒传播节点状态转换过程

令时刻 t 网络中处于易感状态、潜伏状态、感染状态、修复状态和免疫状态的节点个数分别为 $CR(t)$、$LS(t)$、$IN(t)$、$RS(t)$、$CU(t)$，根据传播的动力学过程建立传播动力学微分方程组（传播模型）如下：

$$\left.\begin{aligned}
&\frac{dCR(t)}{dt}=-\alpha_1\alpha_2 k\cdot CR(t)\cdot IN(t)/N+\sigma LS(t)+\delta\cdot CU(t)\\
&\frac{dLS(t)}{dt}=\alpha_1\alpha_2 k\cdot CR(t)\cdot IN(t)/N-\sigma LS(t)-\mu\cdot LS(t)\\
&\frac{dIN(t)}{dt}=\mu\cdot LS(t)-\beta\cdot IN(t)-\theta\cdot IN(t)\\
&\frac{dRS(t)}{dt}=\beta\cdot IN(t)-\gamma\cdot RS(t)\\
&\frac{dCU(t)}{dt}=\theta\cdot IN(t)+\gamma\cdot RS(t)-\delta\cdot CU(t)\\
&CU(t)+LS(t)+IN(t)+RS(t)+CU(t)=N
\end{aligned}\right\}\tag{7-27}$$

3.传播模型稳定性分析

令 $CU(t)=N-CR(t)-LS(t)-IN(t)-RS(t)$，则方程组(7－27)可以表示如下：

$$\left.\begin{aligned}
&\frac{dCR(t)}{dt}=-\alpha_1\alpha_2 k\cdot CR(t)\cdot IN(t)/N+\sigma LS(t)+\delta\cdot(N-CR(t)-LS(t)-IN(t)-RS(t))\\
&\frac{dLS(t)}{dt}=\alpha_1\alpha_2 k\cdot CR(t)\cdot IN(t)/N-\sigma LS(t)-\mu\cdot LS(t)\\
&\frac{dIN(t)}{dt}=\mu\cdot LS(t)-\beta\cdot IN(t)-\theta\cdot IN(t)\\
&\frac{dRS(t)}{dt}=\beta\cdot IN(t)-\gamma\cdot RS(t)
\end{aligned}\right\}\tag{7-28}$$

令 $dCR(t)/dt=0, dLS(t)/dt=0, dIN(t)/dt=0, dRS(t)/dt=0$，其中 $((CR(t),LS(t),IN(t),RS(t))\in D_2=\{(CR(t),LS(t),IN(t),RS(t)\mid 0\leqslant CR(t)\leqslant N, 0\leqslant LS(t)\leqslant N, 0\leqslant IN(t)\leqslant N, 0\leqslant RS(t)\leqslant N$，且 $CR(t)+LS(t)+IN(t)+RS(t)\leqslant N\}$。代入到方程组(7－28)中，得出两组解：

$$\left.\begin{aligned}
&M_3(CR_3,LS_3,IN_3,RS_3)=(N,0,0,0)\\
&M_4(CR_4,LS_4,IN_4,RS_4)=\left(\frac{N(\sigma+\mu)(\beta+\theta)}{\alpha_1\alpha_2 k\mu},LS_4,\frac{\mu}{\beta+\theta}LS_4,\frac{\mu\beta}{(\beta+\theta)\gamma}LS_4\right)
\end{aligned}\right\}\tag{7-29}$$

其中 $LS_4=\dfrac{N[\alpha_1\alpha_2 k\mu-(\sigma+\mu)(\beta+\theta)](\beta+\theta)\gamma\delta}{\alpha_1\alpha_2 k\mu[\gamma(\mu+\delta)(\beta+\theta)+\mu\delta(\gamma+\beta)]}$，则基本再生数如下：

$$R_1=CR_3/CR_4=\frac{\alpha_1\alpha_2 k\mu}{(\mu+\sigma)(\beta+\theta)}\tag{7-30}$$

同理根据 Routh－Hurwitz 稳定性定理：当 $0<R_1<1$ 时，方程组(7－28)在限定范围域 D_2 内有唯一的无病毒平衡点 M_3；当 $R_1\geqslant 1$ 时，方程组(7－28)在

限定范围域 D_2 内存在无病毒平衡点 M_3，同时还存在有病毒平衡点 M_4。

定理 3　当 $0 < R_1 < 1$ 时，方程组(7-28)在限定范围域 D_2 内有唯一的无病毒平衡点 M_3，而且是渐进稳定的；当 $R_1 \geqslant 1$ 时，无病毒平衡点 M_3，不稳定。

证明　同定理 1 的证明过程，可以推导出无病毒平衡点 M_3 的雅可比行列式 $\boldsymbol{G}_{M_3}$ 如下：

$$\boldsymbol{G}_{M_3} = \left| \begin{array}{l} -\delta\sigma - \delta - \alpha_1\alpha_2 k - \delta - \delta \\ 0 - \sigma - \mu\alpha_1\alpha_2 k 0 \\ 0\mu - \beta - \theta 0 \\ 00\beta - \gamma \end{array} \right| \tag{7-31}$$

式(7-31)的特征多项式如下：

$$|\lambda E - \boldsymbol{G}_{M_3}| = \left| \begin{array}{l} \lambda + \delta - \sigma + \delta\alpha_1\alpha_2 k + \delta\delta \\ 0\lambda + \sigma + \mu - \alpha_1\alpha_2 k 0 \\ 0 - \mu\lambda + \beta + \theta 0 \\ 00 - \beta\lambda + \gamma \end{array} \right| \tag{7-32}$$

对特征多项式求解可得到特征根为 $\lambda_1 = -\delta$，$\lambda_2 = -\gamma$，这两个根均为负数，而等式 $(\lambda+\delta+\mu)(\lambda+\beta+\theta) - \alpha_1\alpha_2 k\mu = 0$ 的两个解 λ_3 和 λ_4 是特征多项式的另外两个特征根。根据 $R_1 = \alpha_1\alpha_2 k\mu/((\mu+\sigma)(\beta+\theta))$，可知要想 $0 < R_1 < 1$，则 λ_3 和 λ_4 必须都小于 0，所以特征多项式的四个特征根都是负数根。根据稳定性判断定理，可知当 $0 < R_1 < 1$ 时，无病毒平衡点 M_3，是渐进稳定的；当 $R_1 \geqslant 1$ 的，λ_3 和 G 中至少有一个大于 0。因此，系统不稳定。证毕。

定理 4　当 $R_1 \geqslant 1$ 时，方程组(7-28)在限定范围域 D_2 内存在无病毒平衡点 M_3，同时还存在有病毒平衡点 M_4，且平衡点 M_4 是渐进稳定的。

证明　平衡点 M_4 的雅可比行列式 $\boldsymbol{G}_{M_4}$ 如下：

$$\boldsymbol{G}_{M_4} = \left| \begin{array}{l} -\alpha_1\alpha_2 k \dfrac{\mu}{\beta+\theta} LS_4/N - \delta\sigma - \delta - \alpha_1\alpha_2 kCR_4/N - \delta - \delta \\ \alpha_1\alpha_2 k \dfrac{\mu}{\beta+\theta} LS_4/N - \sigma - \mu\alpha_1\alpha_2 kCR_4/N 0 \\ 0\mu - \beta - \theta 0 \\ 00\beta - \gamma \end{array} \right| \tag{7-33}$$

相对应的特征多项式如下：

$$|\lambda E - \boldsymbol{G}_{M_4}| = \left| \begin{array}{l} \lambda + \alpha_1\alpha_2 k \dfrac{\mu}{\beta+\theta} LS_4/N + \delta - \sigma + \delta\alpha_1\alpha_2 kCR_4/N + \delta\delta \\ -\alpha_1\alpha_2 k \dfrac{\mu}{\beta+\theta} LS_4/N\lambda + \sigma + \mu - \alpha_1\alpha_2 kCR_4/N 0 \\ 0 - \mu\lambda + \beta + \theta 0 \\ 00 - \beta\lambda + \gamma \end{array} \right| \tag{7-34}$$

对应的特征方程为 $\lambda^4+p_1\lambda^3+p_2\lambda^2+p_3\lambda+p_4=0$，经过整理，可得

$$\left.\begin{aligned}&p_1=\sigma+\mu+\beta+\theta+\delta+\gamma+W\\&p_2=(\sigma+\mu)(\beta+\theta)-\mu Q+(W+\delta+\gamma)(\sigma+\mu+\beta+\theta)+(W+\delta)\gamma+W(\delta-\sigma)\\&p_3=(W+\delta+\gamma)[(\sigma+\mu)(\beta+\theta)-\mu Q]+\gamma(W+\delta)(\sigma+\mu+\beta+\theta)+W(\delta-\sigma)(\gamma+\beta+\theta)+W\mu(Q+\delta)\\&p_4=\gamma(W+\delta)[(\sigma+\mu)(\beta+\theta)-\mu Q]+W\gamma(\delta-\sigma)(\beta+\theta)+W\gamma\mu(Q+\delta)+W\mu\beta\delta\end{aligned}\right\}\tag{7-35}$$

式中，$W=\alpha_1\alpha_2k\mu LS_4/(N(\beta+\theta))$，$Q=\alpha_1\alpha_2kCR_4/N$，$CR_4$ 和 LS_4 在方程组(7-29)中已列出，同时经过计算，得 $(\sigma+\mu)(\beta+\theta)-\mu Q=0$。

则当 $R_1=\alpha_1\alpha_2k\mu/((\mu+\sigma)(\beta+\theta))>1$ 时，根据 Routh - Hurwitz 稳定性判定条件：Routh 矩阵第一列元素值都大于 0，判定系统稳定。显然 $p_1,p_2>0$，并计算出 $(p_1p_2-p_3)/p_1>0$，$[(p_1p_2-p_3)p_3/p_1-p_4]p_1/(p_1p_2-p_3)>0$。因此，对应特征方程的特征根实部都是负数。故当 $R_1\geqslant1$ 时，方程组(7-29)有病毒平衡点 M_4 是渐进稳定的结论成立，证毕。

4.稳定性仿真分析

设置仿真网络节点总数为 $N=237$，初始时刻各个状态节点数量分别为 $CR=217$，$LS=20$，$IN=0$，$RS=0$，$CU=0$。图 4-17 中状态转换参数分别为：$\alpha_1=0.1$，$\alpha_2=1$，网络平均度 $k=6.5$，$\mu=0.6$，$\beta=0.4$，$\theta=0.3$，$\gamma=0.5$，$\delta=0.8$，仿真时间步长为 0.01。此时基本再生数 $R_1=\alpha_1\alpha_2k\mu/[(\mu+\sigma)(\beta+\theta)]=0.31<1$，可以计算出无病毒平衡点 $M_3=(237,0,0,0)$。经过 1 000 次稳定性仿真，结果如图 7-45 和图 7-46 所示。

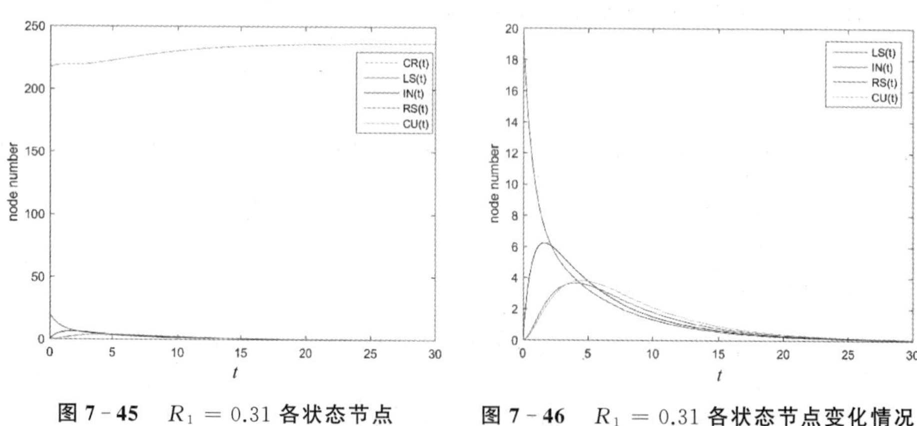

图 7-45 $R_1=0.31$ **各状态节点变化情况**

图 7-46 $R_1=0.31$ **各状态节点变化情况（局部放大）**

从图 7-45 和图 7-46 可以看出，加入潜伏态的节点后，各个节点的数量变化曲线与没加潜伏态的仿真结果相比稍有变化。其中，CR 态数量变化在仿真

时间内缓慢增长最后趋于平稳，而无潜伏期则是先降低再升高最后趋于平稳。LS 态数量变化与无潜伏期的 IN 态变化过程相似，同样是快速下降最后趋向为 0。IN 态增长最为迅速，当 $t=1.63$ 时，$IN=6.24$，达到最大值，随后逐渐趋向为 0。RS 态和 CU 态数量变化的幅度较小，当 $t=4$ 时，RS 态达到最大值 3.65。当 $t=4.5$ 时，CU 态达到最大值 3.82。

随着时间推移，当网络节点数量变化趋于稳定，此时 $M_3=(237,0,0,0,0)$，说明网络中只剩下 CR 态，其他状态都将在网络中消失，这和无潜伏期仿真结果类似。但有潜伏期时所有节点趋于稳定的时间（$t\approx 30$）要比无潜伏期所用时间（$t\approx 80$）少很多，这是因为在参数设置相同的情况下，潜伏态的活跃程度决定了网络内各个节点相互转换的速度和效率。图 4 - 17 描述的节点转换过程中，LS 态不仅向 IN 态转换，同样也向 CR 态转换，这导致了 CR 态数量在仿真初期并没有下降，反而缓慢上升。

另设置接触率 $\alpha_1=0.5$，其余参数保持不变。此时基本再生数 $R_1=1.55>1$，同时可以计算出有病毒平衡点 $M_4=(76.57,48.11,41.24,32.99,38.09)$。经过 1 000 次稳定性仿真，结果如图 7 - 47 所示。

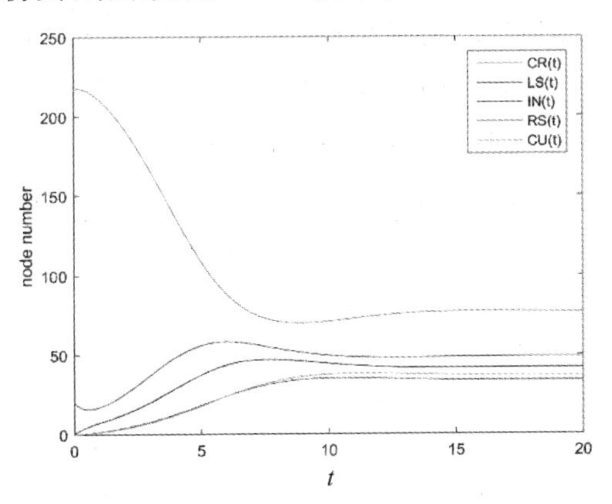

图 7 - 47　$R_1=1.55$ **各状态节点数变化情况**

从图 7 - 47 可以看出，LS 态数量起伏变化最大，仿真开始阶段先减小到最低值（$t=0.58$，$LS=15.70$）后增大，达到最大值（$t=6$，$LS=58.17$），随后减小并趋于平稳。这样多次变化的原因主要是开始阶段 CR 态向 LS 态转换速率较小，之后 CR 态接收到 CU 态转换的节点，同等时间内向 LS 态转换速率加大，导致曲线上升并达到峰值，最后 LS 态在整个网络节点状态的动态调整中逐渐平稳。CR 态变化过程则是先快速下降，达到最小值（$t=8.89$，$LS=69.89$）后再缓慢上升最终逐渐平稳。其余三种状态都是先升高达到最大值(IN 态最大值时 $t=7.72$，$IN=46.86$；RS 态最大值时 $t=10.57$，$RS=34.93$；CU 态最大值时 $t=11.26$，$CU=38.84$)，而后稍微有所下降后逐渐趋于平稳。同时可知当仿真时间足够长，最终整个网络各状态稳定在 $M_4=(76.57,48.11,41.24,32.99,38.09)$，此时所有状态都将持续地存在于网络中，达到动态平衡。

5.卫星网络病毒传播仿真评估

与无潜伏期的仿真方法一致，书中将通过调整传播源节点和状态转换参数来模拟病毒传播过程中可能引起节点状态改变的各种情况。在仿真过程中，重点关注 LS 态、IN 态和 CU 态的峰值密度和稳态密度等指标，通过这些指标来刻画病毒在网络中的传播特性和规律。为消除偶然性，以下仿真同样先生成 100 个网络，然后再对每个网络进行 1 000 次仿真，最后的结果取总体的平均值。

(1)不同源节点对传播的影响。设置状态转换参数为 $\alpha_1=0.2$，$\alpha_2=0.4$，$\sigma=0.3$，$\mu=0.6$，$\beta=0.4$，$\theta=0.3$，$\gamma=0.5$，$\delta=0.8$，平均度 k 根据具体生成的网络得出。

1)每个社团编号为 1 的节点为传播源时对传播过程的影响。从图 7－48、图 7－49 和图 7－50 中可以看出，三种状态的密度曲线均呈现出快速上升，达到最大值后开始下降，而后波动趋于平稳的变化过程。其中 C1～C5 社团三种状态的峰值密度和峰值时间虽然有一些细微差别，但稳态密度都各自趋向于同一个值(LS 态、IN 态、CU 态稳态密度分别为 0.175、0.215、0.108)。C6 社团的 LS 态、IN 态、CU 态稳态密度分别为 0.17、0.199、0.103，虽然都略低于 C1～C5 社团，但差距较小。

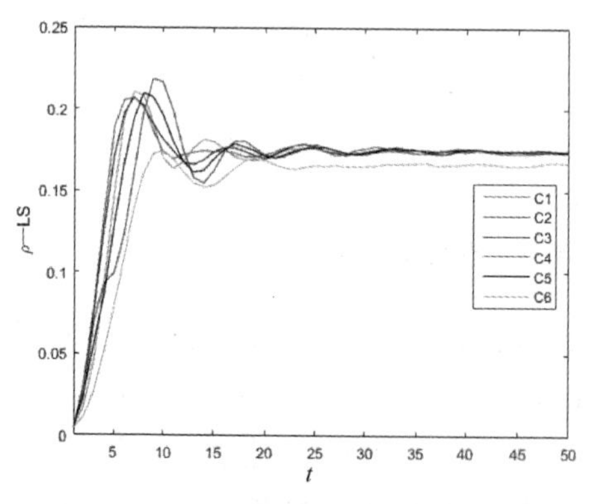

图 7－48　不同社团编号为 1 的节点 $\rho-LS-t$ 曲线图

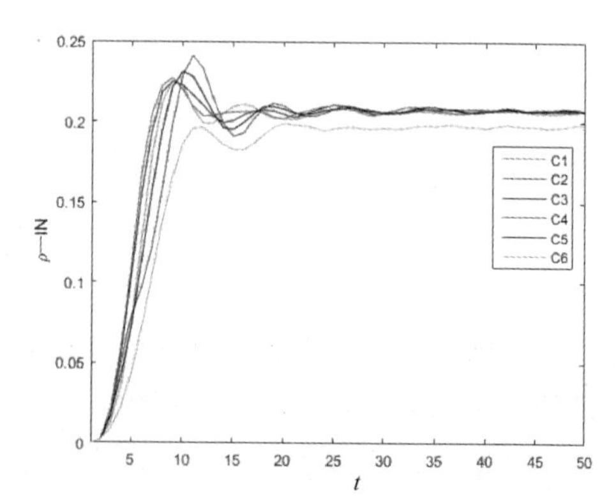

图 7－49　不同社团编号为 1 的节点 $\rho-IN-t$ 曲线图

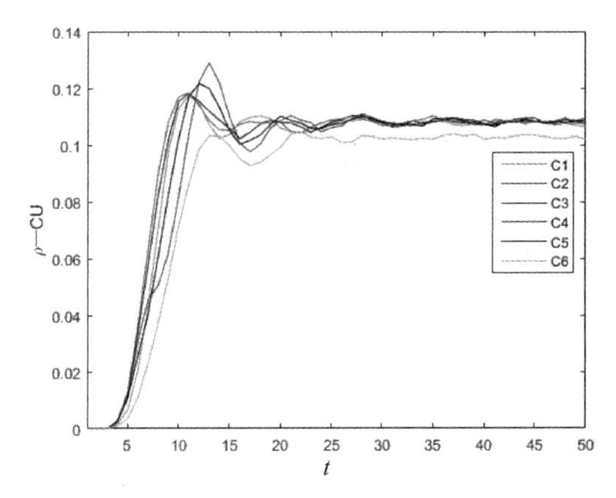

图7-50　不同社团编号为1的节点 ρ-CU-t 曲线图

分析上述三种状态密度变化的原因，有两点发现：LS态增加了向CR态转换的过程导致传播初始阶段CR态向LS态转换速度减少，使得度大的节点为传播源时初始阶段的传播效率降低，因此，C1～C5社团密度变化曲线的区分度不高。密度曲线在达到峰值后震荡波动的原因则是CU态向CR态转换，CR密度升高，LS态密度从峰值回落，而后CR态继续转换为LS态，如此循环直到波动平稳。C6社团密度始终低于其他社团的原因是其所在社团的平均度小于网络的平均度 k ，这和前文结论一致。

2)每个社团随机节点为传播源时对传播过程的影响。图7-51、图7-52和图7-53中C1～C5社团的密度变化情况与图7-48、图7-49和图7-50相比，三种状态的峰值密度虽然波动性稍大一些，但稳态密度都趋于相同；C6社团LS态、IN态、CU态的稳态密度分别为0.157、0.185、0.094，与前一小节相比(0.17、0.199、0.103)，均有所降低。这些不同状态密度变化的原因同样与 k 有关，C1～C5社团节点的平均度达到或超过了 k ，最终稳态密度基本保持不变。C6社团中随机节点的度比其编号为1的节点度值要小，而传播源节点在未达到或超过 k 时，度越小，各状态(不包括CR态)峰值密度和稳态密度会越低，因此，C6社团三种状态的稳态密度比前一小节的结果要低一些。

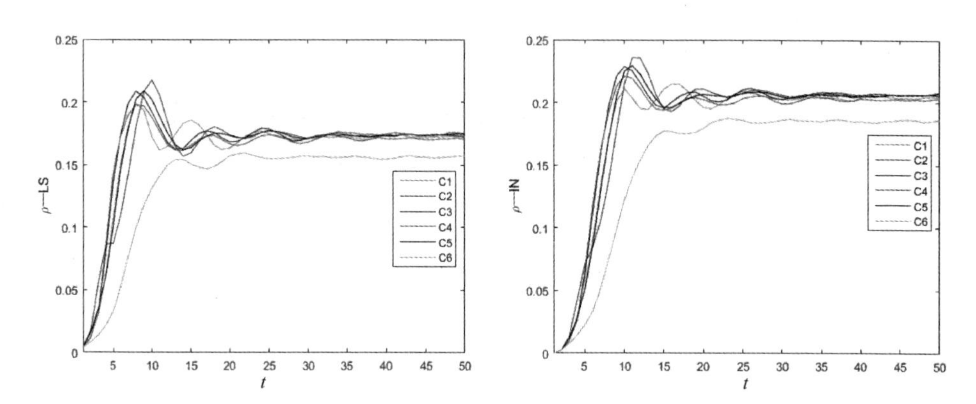

图 7-51　不同社团随机节点 $\rho-LS-t$ 曲线图　图 7-52　不同社团随机节点 $\rho-IN-t$ 曲线图

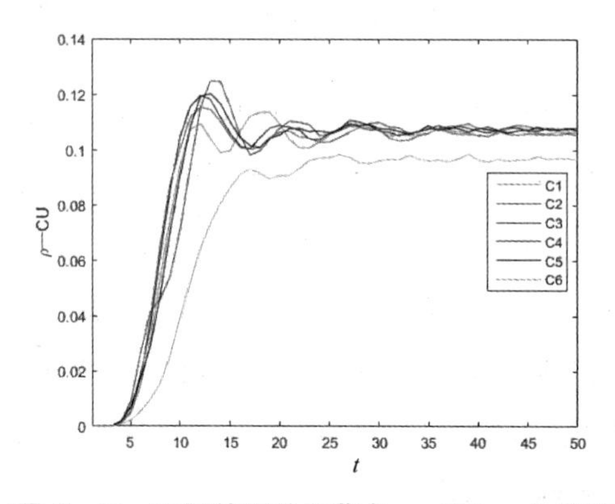

图 7-53　不同社团随机节点 $\rho-CU-t$ 曲线图

3)传播规模分析

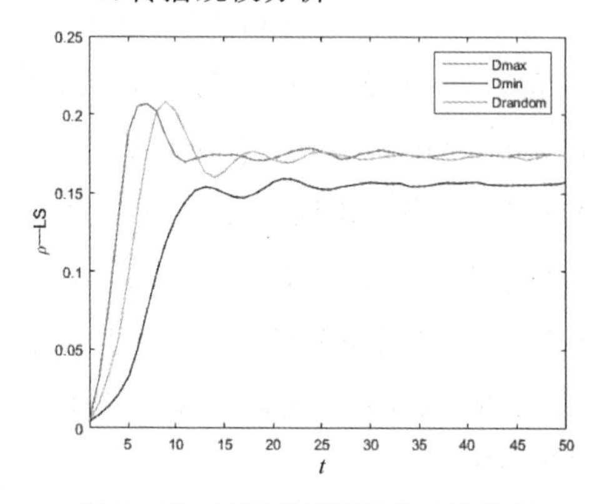

图 7-54　不同社团编号为 1 的节点 $\rho-LS-t$ 曲线图

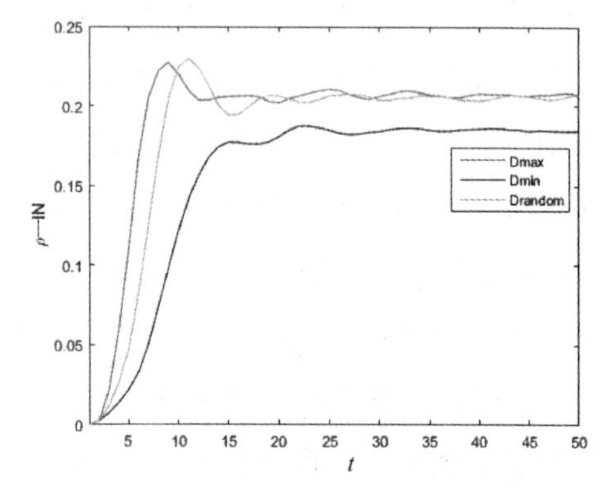

图 7-55　不同社团编号为 1 的节点 $\rho-IN-t$ 曲线图

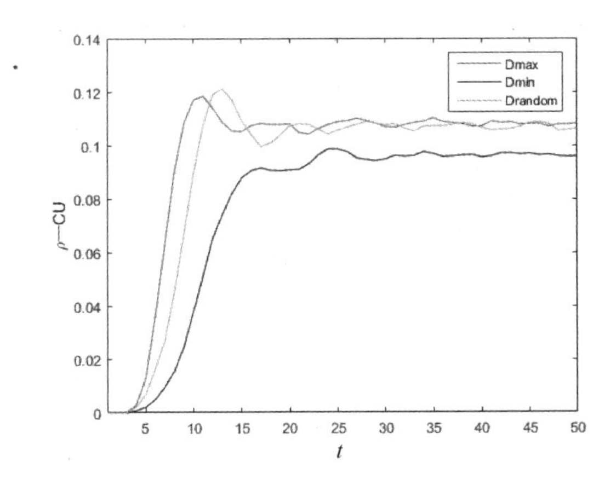

图 7-56　不同社团编号为 1 的节点 $\rho-CU-t$ 曲线图

从图 7-54、图 7-55 和图 7-56 中可以看出，以最大度节点为传播源节点，三种状态的密度都率先达到峰值，分别为 0.214、0.235、0.119；以随机节点为传播源，峰值时间较前者要晚一些，但对应的峰值大小与最大度节点的保持一致；而最小度节点为传播源节点，峰值密度不明显且所用时间最长。这说明了传播源节点度越大，达到峰值密度的时间就会相应缩短。

同时还可以看出，最大度节点和随机节点为传播源时，三种状态的稳态密度几乎都相等(0.174、0.215、0.107)，并且与前两个小节中的 C1～C5 社团的稳态密度相一致。这再次印证了传播源节点的度与整个网络平均度 k 的关系。

(2)多传播源节点对传播的影响。具有潜伏性质的病毒具有天然的隐蔽性，破坏者甚至可以在网络中多个节点同时“布置定时炸弹”，然后在同一时间激活。这种更为隐蔽的攻击手段使网络安全运转面临更加严峻的考验，因此，有必要研究潜伏期的多传播源节点在网络中的传播问题。与无潜伏期设置多传播源节点的方法相同，状态转换参数设置和前文保持一致。

从图 7-57、图 7-58 和图 7-59 中可以看出，以度最大的前 20 个节点为传播源节点，三种状态的峰值密度分别为 0.342、0.345、0.183，比前一小节中以最大度为传播源节点的峰值密度(0.214、0.235、0.119)都相应要高出不少；而随机选择的 20 个节点，三种状态的密度峰值与前一小节相比几乎无变化。这再次说明了峰值密度对随机传播源节点个数不敏感，对蓄意挑选的多个传播源节点比较敏感，而且蓄意挑选的节点数越多，峰值密度越高，即平均传播的规模也就越大。

同时还可以看出，蓄意挑选和随机选择的 20 个传播源节点，最终三种状态的稳态密度和前一小节以最大度为传播源节点的稳态密度均相同。这证明了节点的稳态密度只与传播源节点度的大小有关，与 M_1 有关，与其他因素都无关。

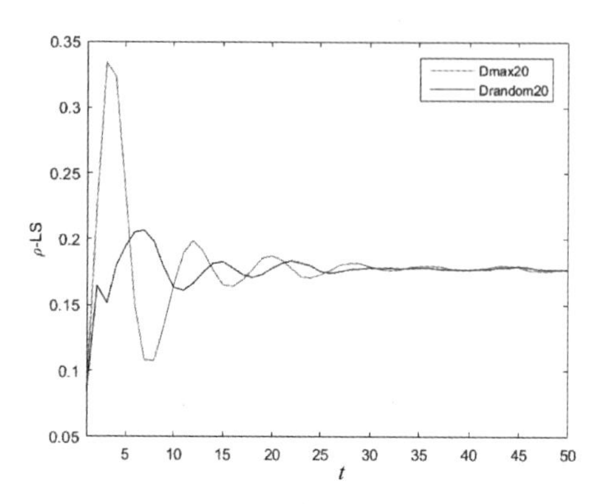

图 7-57 多传播源节点 $\rho-LS-t$ 曲线图

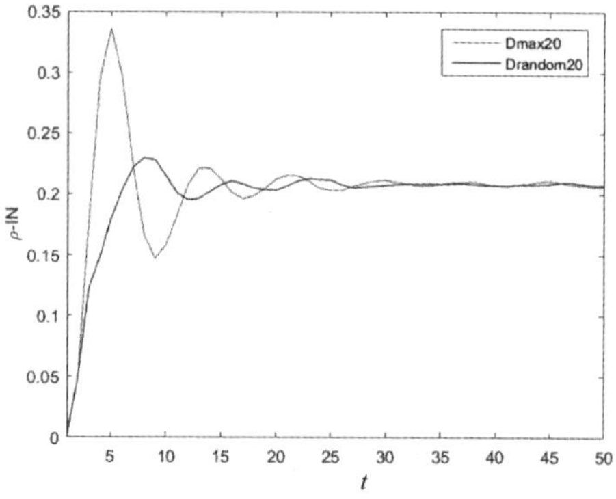

图 7-58 多传播源节点 $\rho-IN-t$ 曲线图

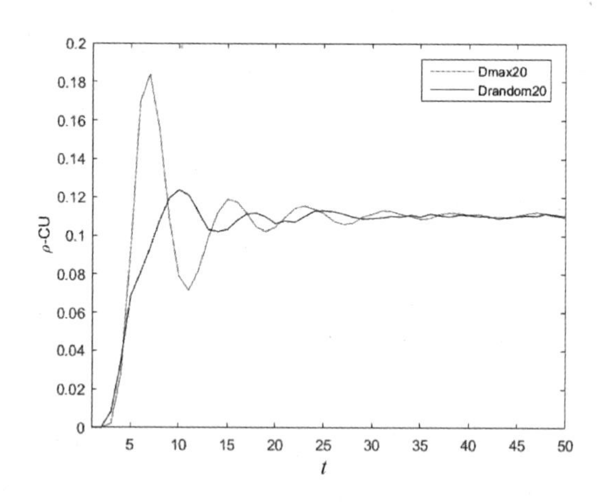

图 7-59 多传播源节点 $\rho-CU-t$ 曲线图

(3)不同状态转换参数对传播的影响。根据图 7-44 中的状态转换过程，结合前文对输入输出参数的定义，LS 态的输入参数为 αk，$\alpha k=0.02k$、$0.04k$、$0.08k$、$0.16k$，输出参数为 $\sigma+\mu$，$\sigma+\mu=0.9$、0.7、0.5、0.3，则新指标记为 $ls=\alpha k/(\sigma+\mu)=0.2k/9$、$0.4k/7$、$0.8k/5$、$1.6k/3$；IN 态的输入参数为 μ，$\mu=0.8$、0.6、0.4、0.2，而输出参数为 $\beta+\theta$，$\beta+\theta=0.2$、0.4、0.6、0.8，则新指标记为 $in=\mu/(\beta+\theta)=4$、1.5、0.67、0.25；CU 态的输入参数为 $\gamma+\theta$，$\gamma+\theta=0.2$、0.4、0.6、0.8，输出参数为 δ，$\delta=0.8$、0.6、0.4、0.2，新指标记为 $cu=(\gamma+\theta)/\delta=0.25$、0.67、1.5、4。

1)不同 LS 值对传播过程的影响

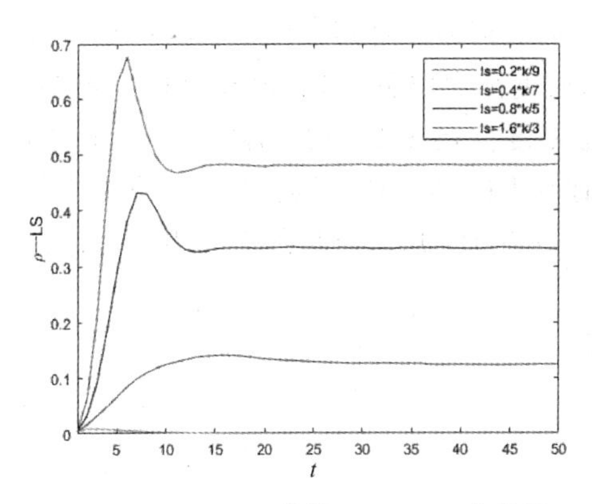

图 7-60　不同 ls 值的 $\rho-LS-t$ 曲线图

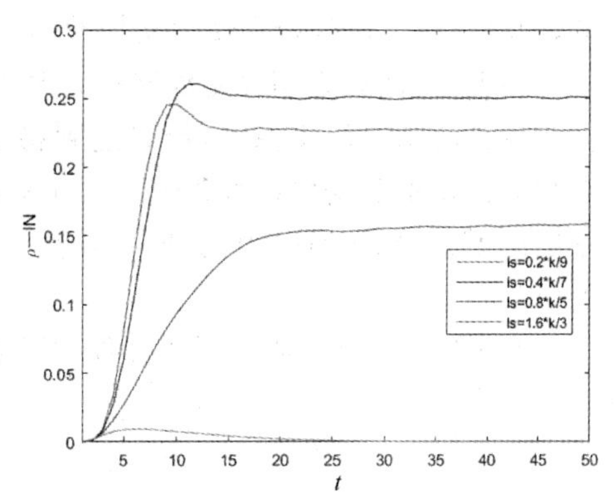

图 7-61　不同 ls 值的 $\rho-IN-t$ 曲线图

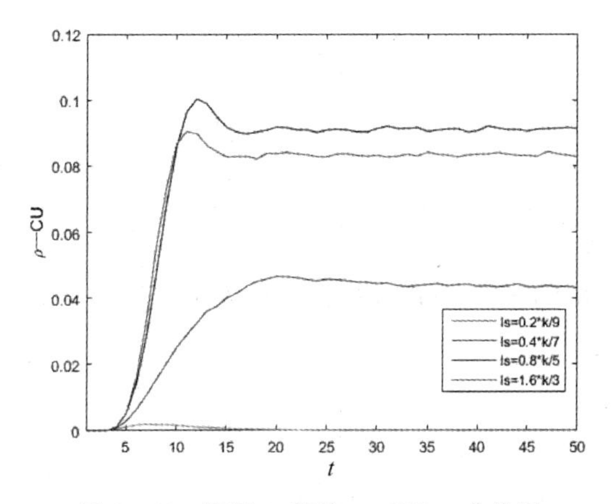

图 7-62　不同 ls 值的 $\rho-CU-t$ 曲线图

图 7-60 到图 7-62 显示了三种状态在不同 $\lambda_1 < 0$ 值时的密度变化图。与图 7-40 中 IN 态密度变化过程的原因类似，图 7-60 中 LS 态作为传播的动力学源头，其传播能力与 ls 值呈正相关，随着 ls 值增大，对应的 LS 态峰值密度和稳态密度也就越大，到达峰值的时间也就越短。当 ls 值充分小时，LS 态稳态密度将趋向于 0，即潜伏态的病毒无法在网络中持续传播，最终将在网络中彻底消失，这与定理 3 和定理 4 的结论相一致。

同时还可以看出，ls 值越大，LS 态的密度到达峰值后波动越大，这与节点之间的状态转换时间差有关。因为本文设定传播机制如下：一个节点状态向另一个状态转换，需要 1 个时间步长来完成转换过程，即一个节点在一个时间步长内只能处于一种状态。在传播初始阶段，CR 态向 LS 态快速转换，而已经成为 LS 态的节点同样也向 CR 态、IN 态转换，但需要一个时间步长来完成。同理 IN 态向 RS 态、RS 态向 CU 态、CU 态向 CR 态转换都需要经过相应的时间来完成，因此，LS 态密度能在传播初期快速增加达到峰值，此后和图 7－40 中分析的原因相似，其他状态相继完成转换，LS 态密度随之降低，然后重复循环过程，密度曲线在波动中趋于稳定，最终达到稳态密度。在图 7－61 和图 7－62 中，IN 态和 CU 态密度变化过程和图 7－60 又有所不同，区别在于最大的 ls 值对应的密度值不是最大。这种现象同样在图 7－41 出现，其原因与图 7－41 中的结论类似。

2）不同 $R_0 \geqslant 1$ 值对传播过程的影响

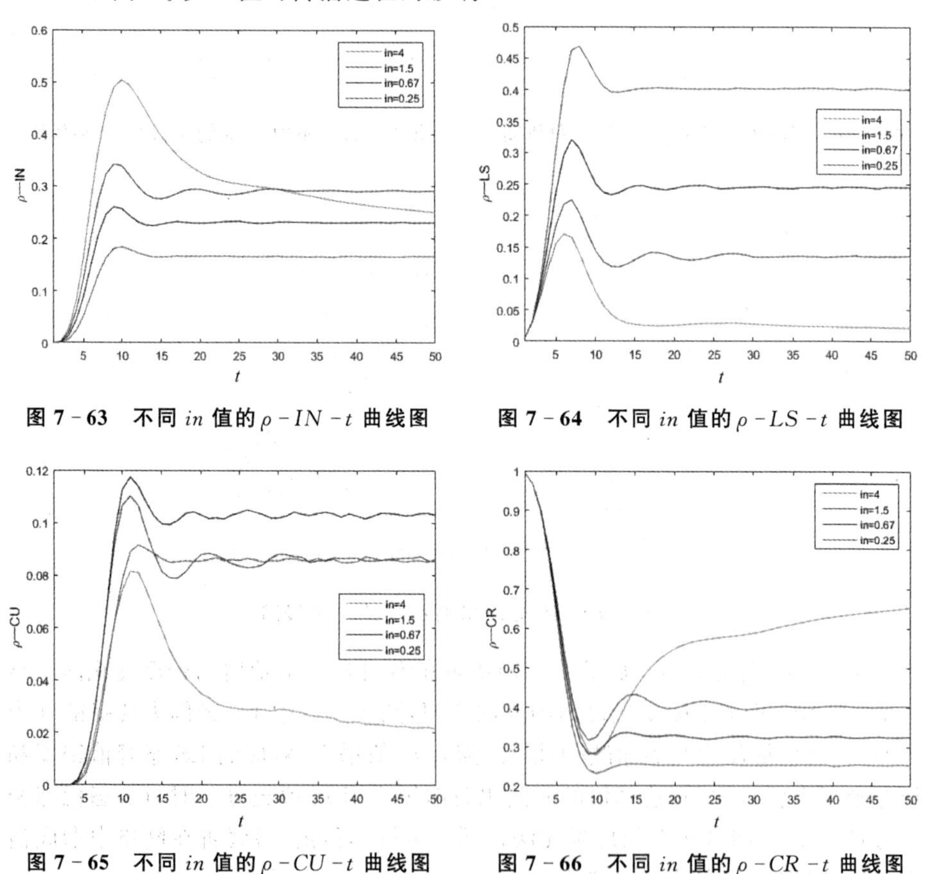

图 7－63　不同 in **值的** $\rho-IN-t$ **曲线图**

图 7－64　不同 in **值的** $\rho-LS-t$ **曲线图**

图 7－65　不同 in **值的** $\rho-CU-t$ **曲线图**

图 7－66　不同 in **值的** $\rho-CR-t$ **曲线图**

图 7－63 到图 7－66 显示了不同 cu 值时四种状态的密度变化情况（这里需要根据 CR 态密度变化过程分析其他三种状态密度变化的原因）。在图 7－63 中，cu 值越高，IN 态达到的峰值密度越高，且时间越短，最终稳态密度也越高。但当 $in=4$ 时，峰值时间反而增大，并且在仿真时间内未达到稳态密度，此时的密度值比 $in=1.5$ 时的稳态密度还要小一些，这种密度变化情况与图 7－40 中的相比又有所不同。横向对比来看，图 7－64 和图 7－65 中，$in=4$ 时 LS 态和 CU

态在仿真结束时密度处于 4 个 in 值的最低位，而图 7 - 66 中 $in=4$ 时，CR 态的密度在仿真结束时处在上升阶段。这说明了当 in 值过高时，LS 态输入和输出比例严重失衡，输出将远大于输入，在仿真过程的中后期有大量节点转换成 CR 态。

因此，可以得出结论：LS 态转换成 IN 态概率越高，同时 IN 态转换成 RS 和 CU 态概率越低，在其他状态转换参数不变的情况下，虽然会在短时间造成大量节点感染病毒，但长时间来看，整个网络的 CR 态密度会越来越高，这有利于提升整个网络抵抗病毒的效果。

3）不同 cu 值对传播过程的影响

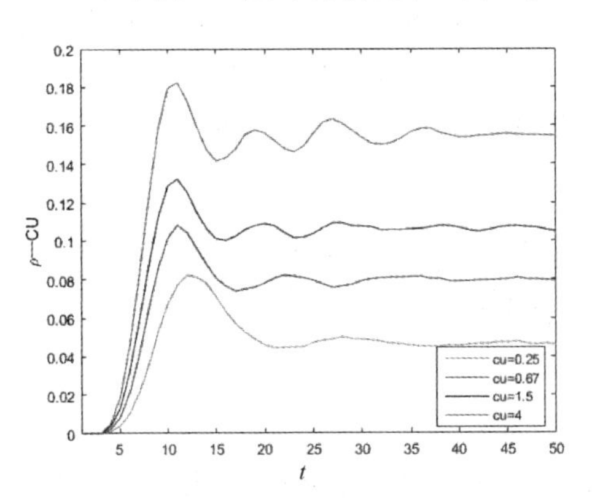

图 7 - 67　不同 cu 值的 ρ - CU - 曲线图

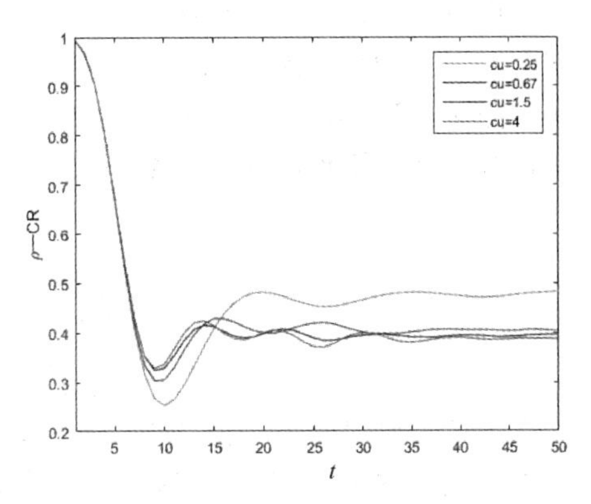

图 7 - 68　不同 cu 值的 ρ - CR - t 曲线图

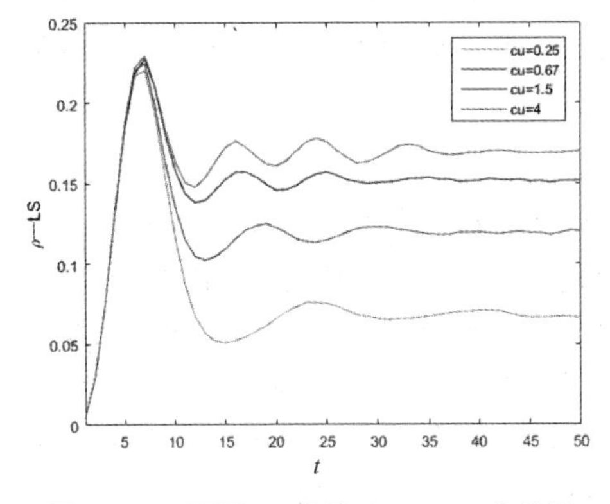

图 7 - 69　不同 cu 值的 ρ - LS - t 曲线图

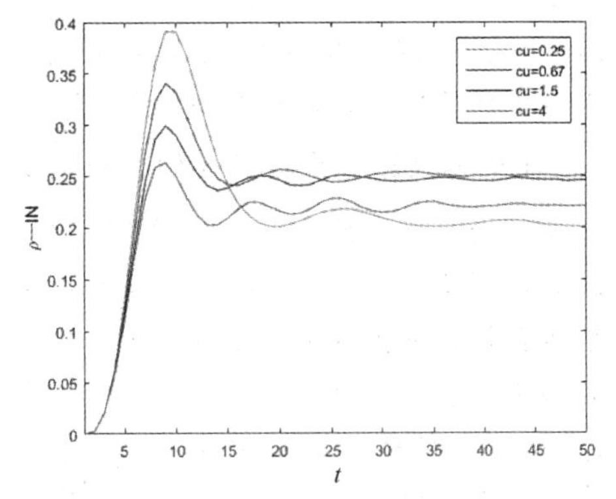

图 7 - 70　不同 cu 值的 ρ - IN - t 曲线图

图 7 - 67 到图 7 - 70 显示了不同 cu 值时四种状态的密度变化情况。图 7 - 67中，cu 值越高，CU 态密度就越大，这是显而易见的；而图 7 - 68 中，cu 值越低，CR 态密度曲线的区分度越大，这是因为 CR 态主要通过 LS—CR 转换过

程转换来的,而 CU—CR 这条转换过程对 CR 态密度影响较小,只有当 CU 态输出越大且输入越小,即 cu 值越小时,才对 CR 态密度产生一定影响;另外,从图 7-69中可以看出,LS 态密度随 cu 值升高而增大,密度变化趋势与 CU 态一致,说明 LS 密度变化与 CU 态密度变化呈正相关;最后从图 7-70 中可以看出,IN 态密度变化与 cu 值整体上呈现负相关,但当 $cu=0.25$ 时,IN 态的稳态密度反而最低。这是因为 $cu=0.25$ 时,网络中 CU 态和 LS 态大量减少,尤其是 LS 态减少的幅度比 cu 等于其他值时都要大,而 LS 态作为 IN 态的唯一输入来源,并且 IN 态输入参数 μ 保持不变(cu 值不涉及参数 μ),因此当 $cu=0.25$ 时,IN 态的稳态密度不升反降。

由以上分析可以得出结论:在其他状态转换参数不变的情况下,减小 IN 态和 RS 态向 CU 态的转换的参数 θ 和 γ ,增大 CU 态向 CR 态转换的参数 δ ,即 cu 值越小,则网络中 CU 态和 LS 态数量就越小,而 IN 态也将减小,此时最有利于提升整个网络抵抗病毒的效果。

7.3 小结

本章主要研究了无潜伏期和有潜伏期两种病毒传播模型下卫星网络的病毒传播过程。首先,构建了无潜伏期和有潜伏期两种病毒传播模型;其次,根据传播模型及状态转换过程,得出相应的动力学微分方程组,并根据基本再生数、Routh-Hurwitz 稳定性定理推导出两种模型的无病毒平衡点和有病毒平衡点;最后,通过设置不同传播源节点和不同状态转换参数对两种模型在网络中的传播过程和传播结果进行仿真评估,得出以下结论:

1.无潜伏期病毒传播评估分析结论

1)调整状态转换参数,网络中各状态出现两种稳态分布:一种是 IN 态、CU 态等密度趋向为 0(RS 态推理可知同样趋向为 0),网络中只剩下 CR 态;另一种是所有状态的密度都稳定在大于 0 的某处。这说明本书构建的网络同样也存在无病毒平衡点和有病毒平衡点,即当基本再生数 $R\geqslant 1$ 时,病毒将在网络中持续存在,当 $0<R<1$ 时病毒将在网络中全部消失,印证了定理 1 和定理 2 的正确性。

2)当传播源节点的度大于或等于整个网络平均度 k 时,无论是单传播源还是多传播源,无论是度最大的节点还是随机节点,IN 态和 CU 态的稳态密度各自保持不变;而当传播源节点度值小于平均度 k 时,其值越小,IN 态和 CU 态的稳态密度值也就越小,此时 IN 态和 CU 态的稳态密度与传播源节点度值呈正相关。

3)IN 态作为传播的动力学源头,在整个网络各个状态的稳态分布中起着决定性作用。在病毒传播的初期阶段,即 CR 态快速向 IN 态转换的过程中,提早采取相应措施,如对未感染的节点进行传输加密、修改传输协议或主动升级防火墙等措施降低未感染节点被感染的概率,此时 IN 态能够达到的峰值密度和稳态密度都将大大降低,因此,能有效降低病毒在网络中传播的风险。

4)网络中病毒一直存在的最根本原因在于 CU 态向 CR 态的转换。正因为有了这一条转换路径,导致整个状态转换过程形成一个闭环。从这点考虑出发,得出降低 CU 态向 CR 态转换的概率 δ ,即如何应对病毒的变异,同时加强免疫节点的免疫能力将是有效应对病毒传播的一种重要思路。

2.有潜伏期病毒传播评估分析结论

1)有潜伏期的传播过程,同样可以通过调整状态转换参数,使各个状态出现两种稳态密度分布:一种是网络中只剩 CR 态,其余状态密度为 0;另一种是所有状态密度都不为 0。这两种密度分布的结果同样印证了定理 3 和定理 4 的正确性。

2)与无潜伏期结论一致,在状态转换参数固定不变的前提下,节点稳态密度只与传播源节点度的大小和 k 有关,与源节点数量等其他因素无关。

3)各个状态的峰值密度对随机源节点的个数不敏感,对蓄意挑选的多个度最大的源节点比较敏感,而且蓄意挑选的源节点越多,峰值密度就越高,即平均传播的规模也就越大。

4)提高 LS 态转换成 IN 态的概率 μ ,降低 IN 态到 RS 和 CU 态的概率 β 和 θ ,虽然会在短时间造成大量节点感染病毒,但从长时间来看,整个网络的 CR 态密度会越来越高,这越利于提升整个网络抵御病毒的效果。

5)降低 IN 态和 RS 态向 CU 态的转换的概率 θ 和 γ ,提高 CU 态向 CR 态转换的概率 δ ,这样做最有利于提升整个网络抵御病毒的效果。

7.4 参考文献

[1] 邵佳佳,杨文东,江海. 基于复杂网络的航空联盟航线网络鲁棒性分析[J]. 华东交通大学学报,2020(1):39-46.

[2] MOTTER A E. Cascade control and defense in complex networks [J]. Physical Review Letters, 2004, 93 (9): 098701.

[3] 段东立,武小悦. 基于可调负载重分配的无标度网络连锁效应分析[J]. 物

理学报，2014，000(3):030501－1－030501－11.
[4] LI H，DU J PENG X Z，et al. Research on cascadinginvulneradility of community structure networks under intentional—attack[J]. Journal of Computer Applications，2014，34(4):935－938.
[5] 李浩敏，杜军，彭兴钊，等. 蓄意攻击下一类多社团网络级联抗毁性研究[J]. 计算机应用，2014，34(4):935－938.
[6] 关治洪，亓玉娟，姜晓伟，等.基于复杂网络的病毒传播模型及其稳定性[J].华中科技大学学报(自然科学版)，2011，39(1)：114.
[7] HADIM，GHADER R，SABER A. Stability and bifurcation analysis of an asymmetrically electrostatically actuated microbeam[J]. Journal of Computational and Nonlinear Dynamics,2015,10(2):021002(1－8).
[8] MARKJ，BENITOM. Modeling plant virus propagation with delays[J]. Journal of Computer and Applied Mathematics，2017，30(9)：611.
[9] LI Tao，WANGYuanmei， GUAN Zhihong. Spreading dynamics of a SIQRS epidemic model on scale－free networks[J]. Communications in Nonlinear Science and Numerical Simulation. 2014，19(3)：686.
[10] 郭世泽，陆哲明. 复杂网络基础理论[M]. 北京:科学出版社，2012.